高职高专"十一五"规划教材

★ 农林牧渔系列

植物化学保护

ZHIWU
HUAXUE BAOHU

卢颖 主编

化学工业出版社

·北京·

本书为高职高专“十一五”规划教材★农林牧渔系列之一，内容主要包括总论、各论和实验实训三部分。总论部分包括植物化学保护的基本概念、农药剂型和使用技术、农药的稀释计算和田间药效试验、农业有害生物耐药性及综合治理、农药对周围生物群落的影响、农药环境毒理。各论部分包括杀虫（螨、软体动物）剂、杀菌剂及杀线虫剂、除草剂、杀鼠剂、植物生长调节剂。实验实训项目精炼，涵盖了植物化学保护实践所需的主要技术。

本书适用于高职高专院校植物保护专业及相关专业，也可作为五年制高职、成人教育植物保护及相关专业的教材，还可供从事农业生产工作及农药市场营销人员参考。

图书在版编目（CIP）数据

植物化学保护/卢颖主编．—北京：化学工业出版社，2009.8（2023.8重印）
高职高专“十一五”规划教材★农林牧渔系列
ISBN 978-7-122-06471-4

Ⅰ．植…　Ⅱ．卢…　Ⅲ．植物保护-药剂防治-高等学校：技术学校-教材　Ⅳ．S481

中国版本图书馆CIP数据核字（2009）第140958号

责任编辑：李植峰　梁静丽　郭庆睿　　文字编辑：周　倜
责任校对：凌亚男　　装帧设计：史利平

出版发行：化学工业出版社（北京市东城区青年湖南街13号　邮政编码100011）
印　　装：涿州市般润文化传播有限公司
787mm×1092mm　1/16　印张13¾　字数336千字　2023年8月北京第1版第8次印刷

购书咨询：010-64518888　　售后服务：010-64518899
网　　址：http://www.cip.com.cn
凡购买本书，如有缺损质量问题，本社销售中心负责调换。

定　　价：35.00元

“高职高专‘十一五’规划教材★农林牧渔系列”建设单位

（按汉语拼音排列）

安阳工学院
保定职业技术学院
北京城市学院
北京林业大学
北京农业职业学院
本钢工学院
滨州职业学院
长治学院
长治职业技术学院
常德职业技术学院
成都农业科技职业学院
成都市农林科学院园艺研究所
重庆三峡职业学院
重庆水利电力职业技术学院
重庆文理学院
德州职业技术学院
福建农业职业技术学院
抚顺师范高等专科学校
甘肃农业职业技术学院
广东科贸职业学院
广东农工商职业技术学院
广西百色市水产畜牧兽医局
广西大学
广西农业职业技术学院
广西职业技术学院
广州城市职业学院
海南大学应用科技学院
海南师范大学
海南职业技术学院
杭州万向职业技术学院
河北北方学院
河北工程大学
河北交通职业技术学院
河北科技师范学院
河北省现代农业高等职业技术学院
河南科技大学林业职业学院
河南农业大学
河南农业职业学院
河西学院
黑龙江农业工程职业学院
黑龙江农业经济职业学院
黑龙江农业职业技术学院
黑龙江生物科技职业学院
黑龙江畜牧兽医职业学院
呼和浩特职业学院
湖北生物科技职业学院
湖南怀化职业技术学院
湖南环境生物职业技术学院
湖南生物机电职业技术学院
吉林农业科技学院
集宁师范高等专科学校
济宁市高新技术开发区农业局
济宁市教育局
济宁职业技术学院
嘉兴职业技术学院
江苏联合职业技术学院
江苏农林职业技术学院
江苏畜牧兽医职业技术学院
金华职业技术学院
晋中职业技术学院
荆楚理工学院
荆州职业技术学院
景德镇高等专科学校
丽水学院
丽水职业技术学院
辽东学院
辽宁科技学院
辽宁农业职业技术学院
辽宁医学院高等职业技术学院
辽宁职业学院
聊城大学
聊城职业技术学院
眉山职业技术学院
南充职业技术学院
盘锦职业技术学院
濮阳职业技术学院
青岛农业大学
青海畜牧兽医职业技术学院
曲靖职业技术学院
日照职业技术学院
三门峡职业技术学院
山东科技职业学院
山东理工职业学院
山东省贸易职工大学
山东省农业管理干部学院
山西林业职业技术学院
商洛学院
商丘师范学院
商丘职业技术学院
深圳职业技术学院
沈阳农业大学
沈阳农业大学高等职业技术学院
苏州农业职业技术学院
温州科技职业学院
乌兰察布职业学院
厦门海洋职业技术学院
仙桃职业技术学院
咸宁学院
咸宁职业技术学院
信阳农业高等专科学校
延安职业技术学院
杨凌职业技术学院
宜宾职业技术学院
永州职业技术学院
玉溪农业职业技术学院
岳阳职业技术学院
云南农业职业技术学院
云南热带作物职业学院
云南省曲靖农业学校
云南省思茅农业学校
张家口教育学院
漳州职业技术学院
郑州牧业工程高等专科学校
郑州师范高等专科学校
中国农业大学

《植物化学保护》编写人员

主　　编　卢　颖（黑龙江农业经济职业学院）

副 主 编　高　凯（济宁职业技术学院）

王红军（商丘职业技术学院）

编　　者（按姓名笔画排列）

王红军　（商丘职业技术学院）

王景顺　（安阳工学院）

卢　颖　（黑龙江农业经济职业学院）

冯艳梅　（济宁职业技术学院）

成泽艳　（信阳农业高等专科学校）

陈振峰　（保定职业技术学院）

易庆平　（荆楚理工学院）

高　凯　（济宁职业技术学院）

郭彩霞　（中国农业大学）

熊建伟　（信阳农业高等专科学校）

序

当今，我国高等职业教育作为高等教育的一个类型，已经进入到以加强内涵建设，全面提高人才培养质量为主旋律的发展新阶段。各高职高专院校针对区域经济社会的发展与行业进步，积极开展新一轮的教育教学改革。以服务为宗旨，以就业为导向，在人才培养质量工程建设的各个侧面加大投入，不断改革、创新和实践。尤其是在课程体系与教学内容改革上，许多学校都非常关注利用校内、校外两种资源，积极推动校企合作与工学结合，如邀请行业企业参与制定培养方案，按职业要求设置课程体系；校企合作共同开发课程；根据工作过程设计课程内容和改革教学方式；教学过程突出实践性，加大生产性实训比例等，这些工作主动适应了新形势下高素质技能型人才培养的需要，是落实科学发展观、努力办人民满意的高等职业教育的主要举措。教材建设是课程建设的重要内容，也是教学改革的重要物化成果。教育部《关于全面提高高等职业教育教学质量的若干意见》（教高［2006］16号）指出“课程建设与改革是提高教学质量的核心，也是教学改革的重点和难点”，明确要求要“加强教材建设，重点建设好3000种左右国家规划教材，与行业企业共同开发紧密结合生产实际的实训教材，并确保优质教材进课堂。”目前，在农林牧渔类高职院校中，教材建设还存在一些问题，如行业变革较大与课程内容老化的矛盾、能力本位教育与学科型教材供应的矛盾、教学改革加快推进与教材建设严重滞后的矛盾、教材需求多样化与教材供应形式单一的矛盾等。随着经济发展、科技进步和行业对人才培养要求的不断提高，组织编写一批真正遵循职业教育规律和行业生产经营规律、适应职业岗位群的职业能力要求和高素质技能型人才培养的要求、具有创新性和普适性的教材将具有十分重要的意义。

化学工业出版社为中央级综合科技出版社，是国家规划教材的重要出版基地，为我国高等教育的发展做出了积极贡献，曾被新闻出版总署领导评价为“导向正确、管理规范、特色鲜明、效益良好的模范出版社”，2008年荣获首届中国出版政府奖——先进出版单位奖。近年来，化学工业出版社密切关注我国农林牧渔类职业教育的改革和发展，积极开拓教材的出版工作，2007年底，在原“教育部高等学校高职高专农林牧渔类专业教学指导委员会”有关专家的指导下，化学工业出版社邀请了全国100余所开设农林牧渔类专业的高职高专院校的骨干教师，共同研讨高等职业教育新阶段教学改革中相关专业教材的建设工作，并邀请相关行业企业作为教材建设单位参与建设，共同开发教材。为做好系列教材的组织建设与指导服务工作，化学工业出版社聘请有关专家组建了“高职高专‘十一五’规划教材★农林牧渔系列建设委员会”和“高职高专‘十一五’规划教材★农林牧渔系列编审委员会”，拟在“十一五”期间组织相关院校的一线教师和相关企业的技术人员，在深入调研、整体规划的基础上，编写出版一套适应农林牧渔类相关专业教育的基础课、专业课及相关外延课程教材——“高职高专‘十一五’规划教材★农林牧渔系列”。该套教材将涉及种植、园林园艺、畜牧、兽医、水产、宠物等专业，于2008～2009年陆续出版。

该套教材的建设贯彻了以职业岗位能力培养为中心，以素质教育、创新教育为基础的教育理念，理论知识“必需”、“够用”和“管用”，以常规技术为基础，关键技术为重点，先

进技术为导向。此套教材汇集众多农林牧渔类高职高专院校教师的教学经验和教改成果，又得到了相关行业企业专家的指导和积极参与，相信它的出版不仅能较好地满足高职高专农林牧渔类专业的教学需求，而且对促进高职高专专业建设、课程建设与改革、提高教学质量也将起到积极的推动作用。希望有关教师和行业企业技术人员，积极关注并参与教材建设。毕竟，为高职高专农林牧渔类专业教育教学服务，共同开发、建设出一套优质教材是我们共同的责任和义务。

介晓磊
2008 年 10 月

前言

植物化学保护是高职高专植物保护专业的一门专业必修课程，也是一门理论性和实践性较强的课程。植物化学保护是对农业有害生物防治的重要手段，是综合防治的主要措施之一。目前国内没有植物化学保护高职高专教材，各高职院校都采用大学本科的植物化学保护教材和一些农药使用技术手册，这些参考书在体系和内容等方面不能满足高等职业教育培养技能型人才的需要。因此我们广泛搜集化学农药的最新研究成果及生产上的经验，在吸取相关院校教学经验的基础上，编写了本教材。本教材的出版填补了目前没有植物化学保护高职高专教材的空白。根据高职高专的特点，本教材在编写上具有以下三个特点：①注重基础理论知识为实践所用，以够用为度，简化了原理等内容；②农药品种增加了一些其他书籍没有介绍过的新品种（如杀菌剂及除草剂的新品种），且统一用通用名；③兼有实验实训内容，每章后有复习思考题。

本书内容主要包括总论、各论和实验实训三部分，总论部分包括植物化学保护的基本概念、农药剂型和使用技术、农药的稀释计算和田间药效试验、农业有害生物耐药性及综合治理、农药对周围生物群落的影响、农药环境毒理。各论部分包括杀虫（螨、软体动物）剂、杀菌剂及杀线虫剂、除草剂、杀鼠剂、植物生长调节剂。

参加本书编写的有：卢颖（编写前言，第八章第三、四节）；高凯（编写绪论，第一章，第九章第六、七、八节）；王红军（编写第二章）；易庆平（编写第三章，实验实训）；陈振峰（编写第四章，第九章第一、二、三节）；冯艳梅（编写第五章，第九章第四、五节）；王景顺（编写第六章，第七章第一、二节）；熊建伟（编写第七章第三节至第六节）；成泽艳（编写第七章第七、八、九节，第八章第一、二节）；郭彩霞（编写第十章，第十一章）。全书最后由卢颖统稿。

本教材适用于高职高专院校植物保护专业及相关专业，也可作为五年制高职、成人教育植物保护及相关专业的教材，还可供从事农业生产工作及农药市场营销人员参考。

本教材在编写过程中广泛参阅了许多专家、学者的著作、论文等，在此一并致以诚挚的谢意。

由于编写人员水平有限，时间仓促，书中存有不完善之处，敬请各位同行和读者在使用过程中，对本书中的疏漏和不足之处进行批评和指正，以便我们在今后修订中改正、补充和完善。

编者
2009 年 5 月

目录

总论

各 论

绪　论

一、植物化学保护的重要性、当前问题及对策

1. 植物化学保护的概念及在农业中的重要性

植物化学保护是指利用化学农药防治农业、林业的病、虫、草、鼠及其他有害生物。农业生产中，可选择多种措施来防控有害生物，如人工捕杀、物理防除、机械防除、生物防治及农药防治。虽然至今还未有一种完美无缺的理想措施，但现在以及将来相当长的时期内，农药防治仍为防控农业有害生物的首选重要措施。据统计，如不使用农药，农作物会平均减产70%，严重区域会出现绝产，使用了农药，平均损失为38%，在合理使用农药的情况下，局部区域可将损失降至非常低的程度。我国每年使用农药费用为100亿元人民币，减少经济损失300亿元人民币以上。农药是重要的农业生产资料，自20世纪50年代至今的半个世纪以来，世界粮食单产增加3.15倍，促使增产的四项主要因素中，农药占第一位，其次为化肥、良种、灌溉。我国常年发生的农业有害生物中，有100多种可对农业生产造成严重危害，而对这些有害生物的防治，主要的措施就是使用农药。联合国粮农组织（FAO）曾指出“化学合成农药仍将保持其在世界有害生物防治上的重要地位”。

2. 当前存在的问题

农药在为农业生产作出巨大贡献的同时，其负面效应也是客观存在的，人们对此并没有忽视。

农药有急性毒性、亚急性毒性和慢性毒性，尤其一些传统的高毒农药的使用，对人们的健康是有损害的，有的农药其性质较稳定，难以分解，残留期较长，由于富集效应，会在相当长的时间内继续危害人们不希望受害的动物以及人类本身。

一些杀虫剂在杀死有害生物的同时，对害虫的天敌也有很大的杀伤作用，天敌数量的减少，以及害虫耐药性的增强，也是导致虫害发生更为严重的原因之一。

目前使用的农药制剂中，一部分是原药有毒，有一些虽然原药无毒，但作为乳化剂的苯或二甲苯是有毒的，使用过程中会导致对大气、水源以及土壤的污染，进而影响破坏环境的生态平衡，损害人体健康。

农药使用不当也是造成防效降低，农产品污染、药害甚至发生中毒事故的重要原因，例如，随意加大用药量、农药不合理地混用、违禁农药使用等。

耐药性的出现已经不仅仅是针对杀虫剂而言，许多正在使用的杀菌剂也面临着耐药性逐渐增强的问题。

3. 克服的办法

过去对农药的要求是有效、经济、安全，现在转变为安全、有效、经济。历史上对病虫害防治起过重要作用的农药，含汞、砷、铅、大多数有机氯杀虫剂及某些有机磷杀虫剂，由于其毒性、残留及对环境的安全问题已被淘汰。我国在20世纪70年代禁止生产和使用汞制剂，在茶叶、蔬菜、水果等作物上禁用砷制剂；80年代禁用有机氯杀虫剂六六六、滴滴涕；

2007 年 1 月 1 日起在全国范围内禁止甲胺磷、甲基异柳磷、甲基对硫磷、久效磷和磷胺 5 种高毒有机磷农药的销售和使用。

随着对环保、食品安全、人身健康更高的要求，以及我国农药工业向更高层次的发展，还会陆续有不合时代要求的农药完成历史使命，退出生产和使用。

传统上的农药剂型以乳油、可湿性粉剂为主，由于存在环境污染、易漂浮扩散等弊端，现在被逐步限制使用，代之以对环境更为友好安全的水剂、水分散粒剂、悬浮剂、水乳剂、微乳剂等。

二、植物化学保护的发展历程、特点和发展方向

1. 植物化学保护的发展历程及特点

植物化学保护的发展史就是农药的发展历史，科技的发展和进步起了相当大的作用。

早在公元前 1500～1000 年，人们通过焚烧植物来驱赶蝗虫，用硫黄熏蒸防治虫害和病害。公元 1596 年，李时珍的《本草纲目》中记载的药品有不少是用来防治病害的，如砒石、雌黄、石灰、百部、藜芦、狼毒、苦参等；有些植物性杀虫剂在我国已有相当长时间的应用史，如烟草、苦楝、川楝等。19 世纪初期，在法国的波尔多地区出现了用硫酸铜与石灰水配制而成的波尔多液，标志着无机化学农药的最早出现。20 世纪 40 年代初出现的六六六、滴滴涕等有机氯杀虫剂，是有机合成农药的开始；1947 年出现了第一个有机磷杀虫剂——甲基对硫磷；50 年代又合成了氨基甲酸酯类杀虫剂。此后相当长时期内成为杀虫剂的三大支柱。

自 20 世纪 70 年代以来，新型高效农药被不断研制出并广泛应用：有机磷杀虫剂，如丙溴磷、三唑磷、毒死蜱等；氨基甲酸酯类杀虫剂，如丁硫克百威、硫双灭多威等；拟除虫菊酯类杀虫剂自 80 年代投向市场，目前其用量仅次于有机磷杀虫剂；近年出现的含氟、含硅的拟除虫菊酯类杀虫剂，如高效氯氟氰菊酯（功夫），杀虫活性更高；昆虫生长调节剂由于其持效期长，对环境安全，作用机制独特，近年得到广泛的应用，其中多为苯甲酰脲类，如灭幼脲、氟啶脲（抑太保）、氟铃脲等，还有一部分属于有机氮类，如昆虫加速蜕皮激素虫酰肼（米满）；抗生素类杀虫剂出现了阿维菌素，后又出现了其结构改造物甲氨基阿维菌素钠盐（甲维盐）；杂环类杀虫剂中开发出了超高效的新烟碱类杀虫剂吡虫啉等；除草剂中出现了活性很高的磺酰脲类，如苯磺隆（巨星）、烟嘧磺隆、苄嘧磺隆；唑类已成为目前应用最广的杀菌剂，如戊唑醇、丙环唑、苯醚甲环唑（世高）、氟硅唑（福星）等，杀鼠剂中研制出了第二代抗凝血剂，如溴敌隆；植物生长调节剂得到了迅速发展，影响很大的高活性化合物相继出现，如复硝酚钠（爱多收）、芸苔素内酯、吡效隆、DA-6 等。

就世界范围来看，自 1980 年起，除草剂的用量首次超过杀虫剂，占三类大农药的首位。我国近年来对高毒高残留的农药实施了禁用，三大类农药的比例渐趋合理，目前用量最多的为杀虫剂，但比例在逐渐降低，除草剂的用量占第二位。2004 年杀虫剂、除草剂、杀菌剂的比例为 48.9％、26.4％、10.5％。1996 年抗除草剂的转基因植物问世，被称为植物农药，迄今一直迅猛发展，种植转基因作物最多的是美国，我国种植面积较大的是抗虫棉。虽然转基因作物的安全性等问题当前仍在争论和探讨中，但无疑地，具有抗虫、抗除草剂、抗病特性的转基因植物使农药内涵有了进一步的延伸，并对相关农药的生产和应用产生重大影响。

2. 发展方向

今后农药将朝超高效、低毒、对环境无污染的方向发展。超高效是指新农药活性更高，

每亩[1]的用药量只有几克，甚至不足1g，而传统农药的用药量往往在几十克以上；低毒是指LD_{50}在1000mg/kg以上，无毒或近乎无毒，且不存在慢性毒性和三致（致畸、致癌、致突变）作用；新型超高效农药使用后在土壤中降解迅速、无残留，选择性强，只对靶标有害生物起作用，因此也是对环境友好无污染的农药。

三、植物化学保护的学习方法

植物化学保护的知识涉及多学科，实践性较强，学习和掌握好本课程，除了掌握本学科的知识外，掌握相关学科的知识也是非常重要的，如化学、农业昆虫学、农业微生物学、作物栽培、农业气象学等。同时，应多到农田参加生产实践活动、做好实践实习，才能科学合理地使用农药保护农林业生产。

复习思考题

1. 简述植物化学保护对农业的重要性。
2. 农药使用的不利影响有哪些？如何解决？
3. 结合个人实际，制定学习本课程的学习计划。

[1] 1亩＝667m^2。

总 论

第一章　植物化学保护的基本概念

知识目标

- 了解农药的定义、分类、名称，了解农药毒力、药效、毒性的含义。
- 掌握农药毒力、药效的表示方法，掌握农药急性毒性的分级标准。
- 了解农药对植物的影响，掌握引起植物产生药害的主要因素及植物药害的类型。

技能目标

- 能根据防治对象不同，选择不同种类农药进行防治。
- 根据 LD_{50} 或 LC_{50} 的数值会判断农药毒性级别。
- 能正确识别植物药害症状，并能及时采取有效的补救措施。

第一节　农药的定义及分类

一、农药的定义

农药是指具有预防、消灭或者控制危害农业、林业的病、虫、草、鼠和其他有害生物以及能调节植物、昆虫生长的化学合成或者来源于生物、其他天然物质的一种或者几种物质的混合物及其制剂。

二、农药的分类

（一）按原料的来源分类

1. 矿物源农药

由天然矿物原料加工配制而成的农药，其有效成分为无机物，也称为无机农药。此类农药多为农药发展初期的品种，目前使用较多的有硫悬浮剂、石硫合剂、氢氧化铜、波尔多液、磷化铝等。

2. 有机合成农药

主要指通过有机合成的方法生产出的农药。分子结构复杂、品种较多，是目前使用量最大的一类农药，常用的约有 300 多种，如杀虫剂中的有机磷类、拟除虫菊酯类、氨基甲酸酯类等，大多数杀菌剂、除草剂、植物生长调节剂均属于此类农药。

3. 生物源农药

利用生物资源生产出的农药多为生物源农药。包括动物源农药（蜕皮激素、保幼激素、性引诱剂等）、植物源农药（藜芦碱、苦参碱、川楝素、烟碱等）和微生物源农药（抗生素、苏云金杆菌等），自 20 世纪 90 年代诞生的转基因作物也属于生物源农药（本书不作详细介绍）。

（二）按用途分类

可分为杀虫剂、杀螨剂、杀软体动物剂、杀菌剂、杀线虫剂、除草剂、杀鼠剂、植物生

长调节剂八大类，每个大类又可按其他方式再细分。

1. 杀虫剂

杀虫剂是用于防治害虫的农药。主要指能防治昆虫类的害虫，有的杀虫剂同时具有杀螨类或杀线虫的效果，如甲氰菊酯（灭扫利）、阿维菌素既杀虫又杀螨，克百威既杀虫又杀线虫。在我国目前杀虫剂是用量最大的一类农药，农业、林业、卫生、仓储及畜牧方面害虫的防治都应用到杀虫剂。按作用方式，杀虫剂可再分为以下几类。

（1）胃毒剂　药剂通过害虫的口器和消化系统进入体内，使害虫中毒死亡。此类药剂一般是喷洒到植物体上，咀嚼式口器的害虫取食后经消化系统吸收而死亡，如马拉硫磷；有时做成毒饵，如辛硫磷拌炒过的麦麸或面粉。

（2）触杀剂　药剂喷洒到害虫体表，渗透至体内，或堵塞害虫的气门窒息而死，或干扰害虫的生理代谢、破坏虫体某些组织使害虫死亡，如高效氯氟氰菊酯、溴氰菊酯等。有时药剂滞留在物体表面，害虫爬过时可通过表皮、足、触角进入虫体发挥杀伤作用。

应用此类杀虫剂时应尽可能喷洒均匀，喷至虫体上，药效才能得以较好的发挥。

（3）熏蒸剂　药剂本身挥发成有毒气体，或与其他物质反应后释放出毒气，经害虫呼吸系统进入体内，造成害虫死亡。例如，敌敌畏、磷化铝。

（4）内吸剂　药剂喷洒到植物体上，被吸收到植物体内，并随体内汁液传导至多处部位，当刺吸式口器的害虫吸食植物汁液时中毒而死。如乐果、克百威等。

杀虫剂的作用方式不一定局限于一种，如有机磷杀虫剂，往往同时具有胃毒、触杀和内吸作用，而敌敌畏还具有熏蒸作用。内吸性杀虫剂的内吸性是针对植物而言的，对害虫来说实际上是胃毒作用。

（5）引诱剂　能引诱害虫的药剂，常用的有取食引诱剂，吸引害虫前来取食；性引诱剂，吸引异性害虫（雌性或雄性）前来，如地中海实蝇引诱剂。引诱剂本身也许无毒或毒性很低，可以与其他杀虫剂混用或将引来的昆虫捕捉。

（6）拒食剂　害虫接触药剂后即拒绝取食，或者取食量降低，最后由于饥饿而死亡，此类药剂为拒食剂，如印楝素。

（7）趋避剂　本身不具有杀虫作用，但能使害虫忌避，从而不造成危害，这类药剂为趋避剂，如避蚊胺、樟脑丸等。

（8）昆虫生长调节剂　扰乱害虫体内激素的代谢活动，进而影响其正常的生长发育，导致害虫死亡或失去繁殖能力。如保幼激素灭幼脲，阻止幼虫蜕皮，蜕皮激素虫酰肼则导致害虫过早蜕皮，从而导致脱水饥饿而死。

以上所介绍的（5）～（8）类杀虫剂不是直接杀死害虫，而是通过破坏害虫正常的生理活动和行为以达到杀死或防控害虫的目的，属于特异性杀虫剂。

2. 杀螨剂

用于防治害螨的药剂称为杀螨剂。此类药剂只具有杀螨作用而不能杀虫，如噻螨酮、哒螨灵。有的杀虫剂兼有杀螨活性，但主要活性是杀虫，故归为杀虫剂。

3. 杀软体动物剂

防治软体动物类有害生物的药剂。常用药剂如四聚乙醛。

4. 杀菌剂

抑制或杀灭真菌、细菌、病毒类病原菌的化学药剂。

（1）按作用方式分类

① 保护剂：能够杀死植物体表面的病原菌，通常在植物感病前使用。此类药剂不具有内吸性。常用的如波尔多液、代森锰锌、百菌清等。

② 治疗剂：具有内吸性，能杀死侵入植物组织内的病原菌。如戊唑醇、苯醚甲环唑、咪鲜胺、烯酰吗啉等。

（2）按化学结构和成分分类

① 无机杀菌剂：杀菌成分为无机物。如氢氧化铜、石硫合剂。

② 有机杀菌剂：杀菌成分为有机物的人工合成杀菌剂。此类杀菌剂占目前所用杀菌剂的大部分。如多菌灵、氟硅唑、霜霉威等。

③ 生物杀菌剂：指农用抗生素类杀菌剂和植物源杀菌剂，如井冈霉素、农用硫酸链霉素等。

5. 杀线虫剂

可杀灭植物病原线虫的药剂。此类药剂使用剂量往往较大，如硫线磷。应注意有些杀线虫剂属于高毒种类，且具有内吸传导性，按国家规定禁止用于蔬菜、果园等。

6. 除草剂

能够杀灭或控制杂草危害的药剂。单从名称上看，除草剂容易被误认为只对杂草起作用，实际上杂草和作物都是植物，若使用不当，作物也会被杀死或遭受药害。

7. 杀鼠剂

用于毒杀各种有害鼠类的药剂。

8. 植物生长调节剂

人工合成的，具有调节植物生长发育的一类化合物，也称为外源激素。植物生长调节剂具有与天然激素相似的性质，用量很少，作用非常明显，本身并不是营养物质，不能代替施肥。

三、农药的名称

1. 化学名称

制剂中有效成分的化学结构，按照化学命名原则定出的化合物的名称。由于化学名称专业性较强，且文字符号往往较繁琐，使用不太方便。

2. 通用名称

由国际标准化组织（ISO）制定并推荐使用的名称，用英文写成，且第一个字母为英文小写，全世界通用。我国制定的中文农药通用名称，在中国通用，农药产品标签上应注明通用名称。例如，国际通用名称 mancozeb，相应的中文通用名称代森锰锌。

3. 商品名称

农药生产厂家在为其产品办理登记时所使用的名称，成分相同的农药制剂出自不同的厂家，商品名称并不相同。例如，溴氰菊酯的商品名称有敌杀死、凯素灵等，代森锰锌的商品名称有大生、新万生、喷克等。

第二节 农药的毒力和药效

一、农药毒力和药效的含义

毒力是指农药本身对有害生物毒杀能力的大小，即某种药剂对病、虫、草、鼠毒杀致死

的程度。一般在相对严格控制条件下，用精密测试方法，采取标准化饲养的试虫、菌种或杂草而给予各种药剂的一个量度，作为评价或比较标准。测定农药毒力通常在室内进行，所测定结果一般不能直接应用于田间，只能提供防治上的参考。

药效是农药本身和多种因素综合作用的结果，指在田间实际应用中，农药对有害生物的防治效果。在田间应用的过程中，有多种因素会影响该农药毒力的大小，如不同的气候条件，作物的生长发育状况，防治对象的生长发育特点，施药方法，以及土壤状况等。因此，可以理解为药效指的是农药毒力在田间的实际表现，由于受多种因素的影响，与室内测定的结果是不完全相同的。药效是在田间条件下或模拟田间条件下进行测试的。因此对防治工作具有实用价值。

二、毒力和药效的表现方法

衡量农药毒力大小的指标一般有 4 种。

① 致死中量：使供试生物群体的 50%个体死亡所需的药剂用量，用 LD_{50} 表示。

② 致死中浓度：使供试生物群体的 50%个体死亡的药剂浓度，用 LC_{50} 表示。

③ 有效中量：使供试生物群体的 50%个体产生某种药效反应所需的药剂用量，用 ED_{50} 表示。

④ 有效中浓度：使供试生物群体中有 50%个体产生某种药效反应所需的浓度，用 EC_{50} 表示。

表示杀虫剂药效的指标一般有如下 4 种。

① 半数致死时间：或称致死中时，在一定条件下，供试生物群体 50%个体死亡所需的时间，用 LT_{50} 表示，单位一般用天。

② 半数击倒时间：或称击倒中时，在一定条件下，供试生物群体 50%个体被麻痹击倒所需的时间，用 KT_{50} 表示，单位一般用分钟（min）。

③ 击倒中量：在一定条件下，供试生物群体 50%个体被击倒所需的药量，用 KD_{50} 表示，单位用 g/m^2 或 g/m^3。

④ 击倒率：施用药剂后，中毒击倒的个体数占群体总个体数的百分率。

击倒与致死并不是相同的概念，害虫被击倒后，也许已经死亡，也许只是被麻痹处于昏迷状态，或称假死状态，经过一段时间后，有的个体死亡，有的个体可能会复活。

第三节　农药的毒性

农药的毒性指农药对人体、家畜、家禽、水生生物和其他有益动物的危害程度，是衡量某种农药对人及有益动物安全性的一个重要指标。常以大鼠通过经口、经皮、吸入等方法给药测定农药的毒害程度，推测其对人、畜潜在的危险性。农药对高等动物的毒性通常分为以下三种形式。

一、急性中毒

通常用大白鼠作为受试动物，一次性给药或短时间内多次给药，24～48h 出现中毒症状，甚至死亡，以受试动物半数死亡所需药剂的有效剂量表示，包括急性经口毒性（LD_{50}）、急性经皮毒性（LD_{50}）及急性吸入毒性（LC_{50}），数值越大，毒性越小。我国目前规定的农药急性毒性分级暂行标准如表 1-1 所示。

表 1-1 中国农药急性毒性的分级标准

毒性分级	经口半数致死量 LD_{50}/(mg/kg)	经皮半数致死量 LD_{50}/(mg/kg)	吸入半数致死浓度 LC_{50}/(mg/m³)
剧毒	≤5	≤20	≤20
高毒	5～50	20～200	20～200
中等毒	50～500	200～2000	200～2000
低毒	500～5000	2000～5000	2000～5000
微毒	>5000	>5000	>5000

二、亚急性中毒

亚急性中毒是指多次重复接触一定剂量的农药所产生的毒害作用。亚急性经口毒性是在1～4周内以喂养方式连续给药，亚急性经皮毒性是在3周内连续以涂擦皮肤方式给药，亚急性吸入毒性是在3～4周内以吸入的方式给药。一定时间后表现出中毒症状，其表现往往与急性中毒相似，需要检测的项目有中毒表现、体重变化、取食变化，以及临床症状的变化。

三、慢性中毒

长期低剂量的农药对动物所产生的毒性。采取长期衡量饲喂的方式，至少要半年以上，通常是1～2年的时间，观察内容与急性和亚急性中毒基本相同，同时还要观察“三致”作用——致畸、致癌、致突变。

一旦发现某种农药有“三致”作用，则此种农药会立即被禁用。新农药研发过程中，若发现有此种作用，研发会立即停止。

第四节　农药对植物的影响

一、农药对植物的药害

由于农药的使用而对农作物生长发育及产量品质产生不良的影响，称为药害。比如，棉花上使用乙烯利时，促进棉花落叶，秋桃吐絮，属于药效；而喷在葡萄上，造成落叶落粒，则叫药害。

1. 植物药害的类型及症状表现

(1) 按药害发生的时间分类

① 急性药害。施药后短时间即表现出受害症状的，叫急性药害。如用氧化乐果防治桃树蚜虫，很快出现叶片和果实脱落的现象；用百草枯防除玉米田杂草，由于未采取定向喷雾的方式，造成大量玉米叶片干枯，都属于急性药害。

② 慢性药害。施药后较长时间才表现出受害症状的叫慢性药害。用2,4-D防除麦田双子叶杂草时，由于使用剂量过高或时间过早过晚，虽然短时间内未有异常现象，但到抽穗期时，出现抽穗困难或抽出的麦穗呈扭曲状，则为慢性药害。

(2) 按药害发生的作物分类

① 直接药害：施药后对当季作物造成的药害。

② 间接药害：由于残留问题造成的对下茬作物的药害，或由于农药雾滴飘移导致附近作物发生的药害，属于间接药害。例如，麦田使用了含甲磺隆或氯磺隆的除草剂，除草效果

很好，小麦生长也正常，但下茬种植大豆或花生时，生长受到严重影响。再如，玉米田使用了乙·阿合剂防除杂草，周围的黄瓜、棉花、豇豆等敏感蔬菜或作物遭受药害，幼叶畸形并出现斑点。

(3) 按药害的症状分类

① 隐性药害。外观上不见明显受害症状，生长正常，但最终造成产量和品质的下降。

② 可见性药害。肉眼即可看出作物形态上的受害症状。如叶色反常、生长停滞、幼叶变形、叶片出现坏死斑点等。

归纳起来，药害的症状主要有：褪绿、畸形、枯萎、生长停滞、不孕、（叶片、幼果）脱落、裂果。

2. 引起植物产生药害的主要因素

引起植物产生药害的因素比较多，归纳起来，主要有药剂、作物、环境和人为因素四大方面。

(1) 药剂原因

① 药剂的种类。总的来说，除草剂、植物生长调节剂易产生药害，其次是杀菌剂，杀虫剂则较为安全。

除草剂易产生药害的原因是，杂草和作物本质上都是植物，有许多相同相似之处，比如，草甘膦为灭生性除草剂，若用于玉米田化学除草，极易伤害玉米，产生药害。植物生长调节剂本身就是调控植物生长发育的药剂，应用不慎易出现药害。

② 农药的剂型、质量。农药的剂型较多，乳油较易产生药害，其次为可湿性粉剂。水剂、水分散粒剂等相对安全。纯度高、质量好的农药较安全，纯度低、质量差的农药，由于杂质较多，则较不安全，易产生药害，如80%的配位态代森锰锌很安全，而70%或60%的代森锰锌易产生药害。

③ 施药浓度及次数。有时为提高农药的防治效果，使用的药剂浓度加大，次数增多，也就增加了产生药害的可能性。

④ 农药混用不当。农药具有一定的酸碱度，若酸性与碱性的两种农药在一起混用，要么导致农药失效或药效降低，要么易产生药害。

(2) 作物原因　不同作物对某些药剂比较敏感，使用时应加以注意，如桃树、石榴树及枣树对氧化乐果敏感，易产生药害。再如，葫芦科及豆科植物对乙·阿合剂敏感，易发生药害。植物在幼苗期、花期及幼果期对药剂较为敏感易发生药害。

(3) 环境因素　有风的天气易产生药害，施用除草剂时由于飘移作用，尤为明显。高温高湿时易产生药害，尤其在温室用药时，一定要在天气晴朗的条件下施药，阴天湿度较大易发生药害。黏土和沙壤土相比，由于沙壤土的土壤缝隙大，不易吸附药剂，故沙壤土易产生药害。

(4) 人为原因

① 施药器械有问题。喷雾器漏水或喷片的小孔过大，喷出的药液不成雾状，植物体接触药液多的部分易出现药害。

② 稀释用水不清洁。最好用井水或自来水稀释药液，若用其他变质的水，则易产生化学反应，导致出现药害。

③ 喷雾器未清洗干净。喷施过除草剂的喷雾器，若未清洗干净，其中残留的除草剂易造成药害。

④ 农药的误用。农药误用的情况生产中也较常见，容易出现药害的情况是除草剂的误

用，例如，误把除草剂当作杀虫剂或杀菌剂使用，杀双子叶杂草的除草剂用在了双子叶植物上，或杀禾本科杂草的除草剂用在了禾本科作物上等。

3. 植物药害的补救措施

(1) 喷水　多数情况下，植物表面的药剂要经过 8h 左右才能完全进入植物体内，若药害发现及时，可采取喷水的方式洗掉植物表面的药液，减轻药害的发生。

(2) 灌溉　植物发生药害后，生长往往受到抑制，灌溉可起到促进生长的作用，一定程度上缓解了药害，若配合施用速效肥料，效果会更好。

(3) 喷施相应解害剂　根据造成药害的药剂性质，喷施性能相反的另一种药剂，以起到抵消作用，解除药害。例如，针对大多数抑制生长的药害，可采用芸苔素内酯、复硝酚钠等促进生长的植物生长调节剂，尽量不用赤霉素，因为赤霉素的作用是单纯使细胞伸长，没有增粗健壮的效果。

二、农药对植物生长发育的刺激作用

有一部分杀虫剂、杀菌剂、除草剂（不包括植物生长调节剂）在使用后，对作物会产生一种类似于喷施过叶面肥的效果，即有刺激作物生长发育的作用，作物通常表现为叶色浓绿、根系发达、长势健壮、开花授粉及果实发育良好、抗逆性增强。

在安全剂量下，生产上常见到的实例有：有机磷农药、菊酯类及烟碱类，如吡虫啉农药，据认为是药剂中的某种元素如磷是植物生长发育的必需元素；也有的药剂，有类似于植物生长调节剂的性质；还有一种常用的杀菌剂代森锰锌，其中所含的锰和锌都是微量元素，锰有促进光合作用的效果，锌能促进植物体内生长素的合成，可以防治生理性病害小叶病，以及促进果实膨大。

也有一种意见认为，由于农药对病虫草害起到了防控作用，为作物提供了适宜的条件，间接促进了作物的生长发育。

复习思考题

1. 名词解释：农药　急性毒性　药害
2. 按作用方式可将杀虫剂分为哪些种类？
3. 保护性杀菌剂与治疗性杀菌剂区别在何处？
4. 农药的毒力与药效有什么联系和区别？
5. 农药的急性毒性分为哪五个级别？
6. 试论述如何避免药害的产生？

第二章　农药剂型和使用技术

知识目标

- 理解并掌握原药、农药制剂、药剂的分散体系与分散度、农药辅助剂、表面活性剂及农药剂型等基本概念。
- 掌握表面活性剂的作用、种类及在农药中的应用。
- 掌握农药辅助剂、剂型种类及其应用。
- 理解并掌握科学使用农药的原则。

技能目标

- 能会识别农药剂型。
- 能依据防治对象、施药环境等因素确定最佳的施药方法。

第一节　农药的加工和农药制剂

一、农药的加工

由化工厂合成的未经加工的高含量农药被称为原药。固体状态的原药叫原粉，液体状态的原药叫原油。

农药除了极少数水溶性很强或挥发性强的农药可直接用水或空气分散之外，绝大多数原药经化学合成后，由于不溶于水或难以溶于水，及农田单位面积需用农药有效含量特别少等原因，必须与一定量，一定种类的辅助剂、载体相配合，制成便于使用的形态的工艺过程叫农药加工。

经过加工后的农药能使农药原药获得特定的、稳定的形态，便于流通和使用，以适应各种应用技术，充分发挥原药的自身效力。使之喷洒在靶标上，分布均匀、黏着性强，表现良好防治效果；使高毒农药低毒化，提高施药者的安全性；混合制剂具有兼治特点，且延缓有害生物耐药性的发展。

二、农药制剂

农药经过加工后，制成不同含量和不同用途的产品，这些产品统称为农药制剂。农药制剂为精细化工产品，农药有效成分可得到经济、高效、方便和安全使用。

农药制剂名称由三部分组成。第一部分为农药的有效成分含量，常用质量分数（%）或质量浓度（g/L）表示；第二部分是农药原药的名称；第三部分是剂型的名称。如50%辛硫磷乳油、15%毒死蜱颗粒剂。也有少数农药原药不需加工也可使用，如硫酸铜、溴甲烷等，其名称为该药剂的通用名称。根据农药制剂的物理形态及其使用方式，农药制剂区分为各种剂型，如粉剂、可湿性粉剂、乳油、油剂等，这些剂型的使用方法各种各样，如喷粉、喷雾等。

第二节　农药的分散度与药剂性能

一种原药要加工成何种剂型、制剂，应按照有利于提高药效和理化性质的稳定性，加工成本更低，使用更方便、更安全等原则。而农药制剂的应用涉及它在生物靶标上的分布、吸附、展布、渗透、转移、滞留等多方面因素，这些都与农药原药在制剂中的分散度及其施用后到生物靶标上的分散度有关，除个别情况外，均要求农药制剂在生物靶标上有高度或较高度的分散性。所以农药的分散度是农药加工和农药应用中的基本理论和技术之一。

一、药剂的分散体系与分散度的概念

1. 农药的分散体系

农药原药在制剂中的分散通过加工手段完成，而在靶标上的分散是通过施药手段完成的。原药或制剂在分散介质中分散而形成各种分散体系。

农药剂型可分为均质分散体系和非均质分散体系两大类，均质分散体系是溶液状态的体系，如水溶液剂型（水剂）、油溶液剂型（油剂）。它们的共同特征是：剂型和制剂都是透明溶液，不含任何固体物。非均质分散体系是由几种互不相溶的物质经过分散而组成的。油类及不溶于水的固体物质在水中形成的分散、固体物在固体介质中所形成的分散、固体物在空气中所形成的分散等，均属于非均质分散体系。从物态结构上看，以固态原药（分散质）与固态填料（分散介质）所加工成的粉剂和可湿性粉剂，为固-固分散体系；将液态原药溶于有机溶剂及乳化剂中而形成的乳油，为液-液分散体系。从应用角度上看，粉剂的粉粒、液剂喷雾形成的雾滴，熏蒸剂所释放出的气体于空气中分别形成固-气、液-气、气-气分散体系。这些都是在农药加工和使用中常出现的分散体系。

2. 分散度的概念

分散度是指药剂被分散的程度。农药应用上的分散体系，其分散质应当具有一定的分散度，分散度的大小对药剂性能产生一系列重大的影响。分散度是衡量制剂质量或喷洒质量的重要指标之一。

假若把一个边长等于 1cm 的立方体分割成边长 100μm 的立方体，再分割成边长 10μm 的立方体，计算分割前及两次分割后的颗粒数、总表面积、总覆盖面积（即立方体的一面与靶体的接触面）、总体积、比面（即颗粒的总体积与总面积之比值）。计算结果显示颗粒的总体积不发生变化，而总表面积、总覆盖面积、颗粒数、比面随着分割次数增加而增加。农药的分散度通常用分散质直径大小来表示。颗粒越小个数就越多，比面就越大，分散度也就越大。

二、分散度对药剂应用性能的影响

1. 提高分散度对药剂性能的影响

① 增加药剂覆盖面积，提高药剂防治效果。

② 增强药剂颗粒（或液珠）在处理表面上的附着性，一般颗粒越小，质量就越轻，受药表面的吸附力大于颗粒质量，则不易从表面上滚落；否则，则易从处理表面滚落。

③ 改变药剂颗粒运动性能。药剂喷出后，粗的颗粒重力较大，很快向垂直方向沉落；

而较细的颗粒易受空气的浮力作用，因此在空间可做水平方向运动，散布较为均匀。且在一定条件下，出现理论上常讲的布朗运动（即颗粒在空中无规则运动）和飘翔效应（飘移作用）。

④ 提高药剂颗粒表面能。药剂表面能是指药剂的溶解能力、气化能力、化学反应能力及吸合能力。表面能往往与分散度成正相关。药剂表面能的提高有利亦有弊，这是因为溶解能力、气化能力和化学反应能力的提高往往有利于药剂初效作用，而不利于药剂的持效作用。

⑤ 提高悬浮液的悬浮率及乳液的稳定性。可湿性粉剂的水悬液，颗粒越细，在水中的悬浮时间越长。乳液中的油滴越小，越不易油水分离。

2. 适当控制分散度对农药性能的影响

由于一些农药或剂型的某些缺陷而带来化学防治中的一些副作用，如污染环境、残留毒性等，致使当前对某些农药加工出现了新的趋势，如利用适当降低农药分散度和控制有效成分从农药制剂中的释放速率的加工技术等，其剂型如粒剂、缓释剂等。粒剂或缓释剂可降低有效成分释放速率，减少农药损失，延长持效期和减少施药次数。

第三节　农药辅助剂

在农药加工制剂或施用过程中，那些能改善药剂理论性质，便于使用或贮藏，有利于增强农药的防治效果的辅助物质，统称为农药辅助剂，简称为农药助剂。它们本身基本上没有生物活性，但选用是否得当，对农药制剂的性能有很大的影响。

一、农药辅助剂的种类

农药辅助剂的种类很多，按其用途可分为如下几种。

1. 填充剂

在农药加工时，用来稀释农药原药的惰性固体物质，称为填充剂（fillers）。多应用于加工粉剂、可湿性粉剂等。目前常见的填充剂有硅酸盐类如滑石、黏土、硅藻土等；碳酸盐类如石灰石、白云石等；非矿物性填料，如玉米芯经过提炼糠醛后的废渣和木炭粉等。

2. 溶剂

溶剂（solvents）是指农药加工和应用技术中使用的溶解和稀释农药原药的有机溶剂。多用于加工乳油等剂型。而在近年来研发的一些新制剂及应用技术中，如油剂、高浓度液剂、静电喷雾、超低容量喷雾等，更凸显出溶剂的重要。常用的溶剂有苯、甲苯、二甲苯等。

3. 润湿剂

润湿剂（wetting agents，又称湿展剂）是能降低水的表面张力，使药液在处理对象（植物、害虫等）的固体表面易于湿润展布，增加接触面积，减少流失，提高药效的物质。如天然的皂角、茶枯、蚕沙、亚硫酸纸浆废液、合成洗衣粉等，及人工合成的月桂醇硫酸钠、拉开粉等。主要用于可湿性粉剂、水分散粒剂、水剂及悬浮剂的加工。

4. 乳化剂

乳化剂（emulsifiers）是使原来互不相溶的两种液体（如油和水），在它的存在下能使其一种液体容易形成很小的液珠稳定分散在另一种液体中的助剂。如烷基苯磺酸钙、聚氧乙

基脂肪酸酯、蓖麻油聚氧乙基醚等。多用于加工乳油、水乳剂和微乳剂。

5. 分散剂

分散剂（dispersing agents）有两种：一种为农药原药的分散剂，是一种高黏度的助剂，可以将熔融的原药分散成为细小的胶体颗粒，如纸浆废液、茶枯浸出液、氯化钙等；另一种为粉剂的分散剂，可防止粉剂絮结，喷撒时能很好地分散开，主要用于可湿性粉剂、水分散粒剂和悬浮剂的加工。

6. 增效剂

增效剂（synergists）是一种本身没有毒杀作用，与某些农药混用时，能提高这些农药的毒杀效果的助剂。目前它的使用，已成为减轻农药污染、降低毒性、提高防治效果、克服或延缓有害生物耐药性和防治抗性有害生物、降低成本的手段。如增效磷、增效胺、月桂氮草酮等已有大量生产并投入使用。

7. 稳定剂

稳定剂（stabilizers）是一种能抑制或减缓农药制剂物理性能发生变化或农药有效成分在贮存过程中发生分解失效的助剂。如粉状制剂结块或絮结，乳剂分层、颗粒剂崩解等，稳定剂可分为有效成分稳定剂，如环氧化豆油等；制剂稳定剂，如碳酸钙、乙二醇等。

8. 黏着剂

黏着剂（stickers）是指能增强农药在固体表面上（如植物、害虫、病菌等）黏着性能的助剂。如粉剂中加入适量矿物油，悬浮剂中加入适量的聚乙烯醇等，可明显增加黏着性，延长持效期，提高药剂的防效。

农药助剂种类和应用随着农药加工技术和农药应用技术的进步而不断得到发展。除上述主要助剂种类外，还有一些农药助剂，如防止农药在加工和使用时产生大量泡沫的抑泡剂，降低或消除除草剂对作物药害的解毒剂，本身不能燃烧，但能供给燃烧所需要的氧的助燃剂以及发烟剂等。

二、表面活性剂的含义、作用、种类及应用

1. 表面活性剂的含义

表面活性剂是一类具有特殊化学结构的分子。不论表面活性剂属于何种类型，都是由性质不同的两部分组成。一部分是由疏水亲油的碳氢链组成的非极性基团，另一部分为亲水疏油的极性基团，为不对称的分子结构，所以这种分子结构也被称为“两亲性分子”。这种特殊结构的两亲性分子在许多文献中习惯用一根类似于火柴棒形状的长分子来形象地表示［见图 2-1(a)］。当特殊结构的分子进入水中后，整个分子会“浮”在水面上或存在于油/水界面之间，分子的亲水一端进入水界中，而不亲水的另一端被排斥在水面之外或进入油层中［见图 2-1(b)］。

亲水的圆球部分在水相中，而直链部分在油相中。即亲水的分子或基团能与水分子互相亲和衔接，或者说这种分子或基团能够与水分子形成水合物；而不亲水的分子或基团不能与水分子亲和，不能进入水中而被排斥在水相之外。

具有“两亲性”的化学物质，不一定都是表面活性剂。如醋酸钠（CH_3COONa）具有两亲性，但由于它的非极性基（—CH_3）的疏水性很弱，而极性基（—COONa）的亲水性又很强，当把它加入水里，亲水力显著大于疏水力，而使整个分子被拉入水中。相反，如钙肥皂 $(RCOO)_2Ca$，其极性基的亲水性太弱，而非极性基的疏水性又太强，因而其整个分子浮于水面，亦不能表现出表面活性现象。“两亲性”物质分子一端的亲水力与另一端的疏水

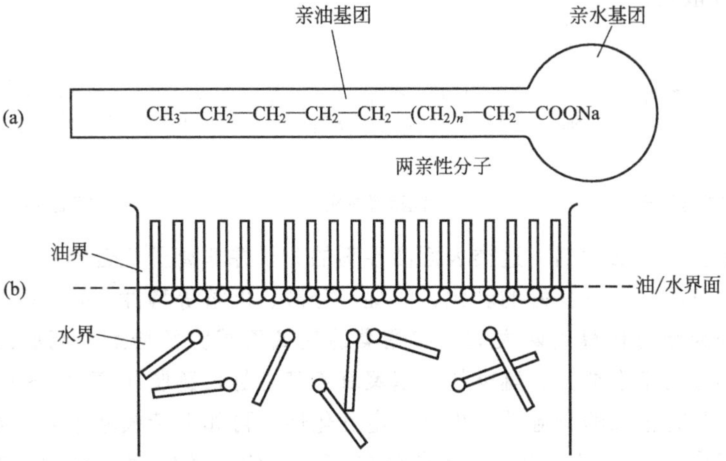

图 2-1 表面活性剂的分子结构示意

圆圈代表亲水基团；长杆和长线条代表不亲水的基团

力达到一定平衡时，才能表现出表面活性现象。表面活性剂的亲油性、亲水性的强弱还常用HLB值（hydrophile-lipophile balance）来表示，该值愈小，亲油性愈强；该值愈大，亲水性愈强。

2. 表面活性剂的作用

表面活性剂的主要作用是降低液体的表面张力，所谓表面张力，即液体表面分子的向心收缩力。表面张力越大，喷雾时形成的雾滴越大，表面张力越小，形成的雾滴越小。液体表面层分子的性质不同，其表面张力不同。实践证明，降低药液表面张力的有效方法是在药液中加入可降低表面张力的物质，这些物质从溶液中被吸附到溶液的表面上，由于这些物质较水表面上水分子的表面张力为低，从而可降低水的表面张力，表面张力降低显著的物质，可作为表面活性剂。如水的表面张力较大，在一般情况下为 73×10^{-5} N/cm，若为含 0.05%油酸钠的水溶液，其表面张力仅为 27×10^{-5} N/cm。显然，油酸钠可作为表面活性剂使用。

3. 表面活性剂的种类及应用

表面活性剂可分为五大类，即阴离子型、阳离子型、两性离子型、非离子型及性质不明的天然表面活性剂。以下仅介绍与农药加工关系密切的一些类型，如阴离子型、非离子型、混合型及天然表面活性剂的种类和应用情况。

（1）阴离子型表面活性剂　在水中可解离成阴离子和阳离子两部分。以阴离子（突出于水面）产生降低表面张力作用，这一般是疏水性的阴离子和亲水性的阳离子形成的盐。

肥皂是最简单的一种阴离子表面活性剂。属长碳链脂肪酸的钠盐或其他碱金属盐类化合物。金属元素与脂肪酸的羧基所形成盐的结构就是皂类化合物的亲水性部分。

在农药剂型中使用最多的是长碳链与苯结合的脂肪族和芳香族亲油性基团所形成的磺酸化合物与钠离子所生成的阴离子表面活性剂。其中，苯环上所连接的长碳链是十二烷基所形成的磺酸化合物的钠盐（代号 ABS-Na），也是洗衣粉中常用的一个重要成分，具有很强的表面活性作用和湿润展布性能。若用钙离子代替钠离子，则十二烷基苯磺酸钙是高效能复合乳化剂。如二丁基萘磺酸钠（商品名称为拉开粉 BX）则是很强的湿润展布剂和纤维渗透剂，它是用萘作为亲油性基团所生成的丁烷基取代萘磺酸钠盐作为阴离子表面活性剂的。亚甲基二萘二磺酸钠（亦称为分散剂 NNO）则是最常用的十二烷基苯

磺酸钠很强的分散剂。

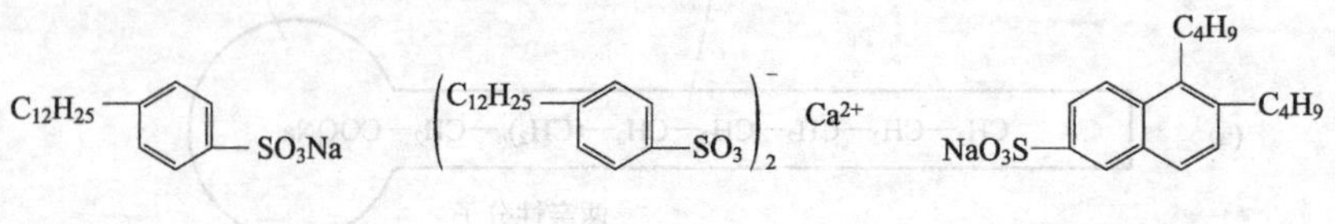

十二烷基苯磺酸钠　　十二烷基苯磺酸钙　　拉开粉BX

(2) 非离子型表面活性剂　这类表面活性剂的分子并非离子化合物，在水中并不产生阴离子和阳离子，抗硬水，有良好的乳化、润湿、分散、助溶等特性，是农药加工使用的主要乳化剂。主要分为酯类和醚类两大类。如酯类的聚氧乙基脂肪酸酯，脂肪酸部分为亲油部分，聚氧乙基部分为亲水部分。醚类的烷基聚氧乙基醚是长链脂肪醇（8～12 个碳）与环氧乙烷的缩合物，具有很强的润湿性，也有一定乳化性。再如多芳核基聚氧乙基醚，是多芳核与环氧乙烷的聚合物，它们种类多，乳化性能好，是优良的农用乳化剂。如商品农乳 600 号、农乳 700 号均属此类。

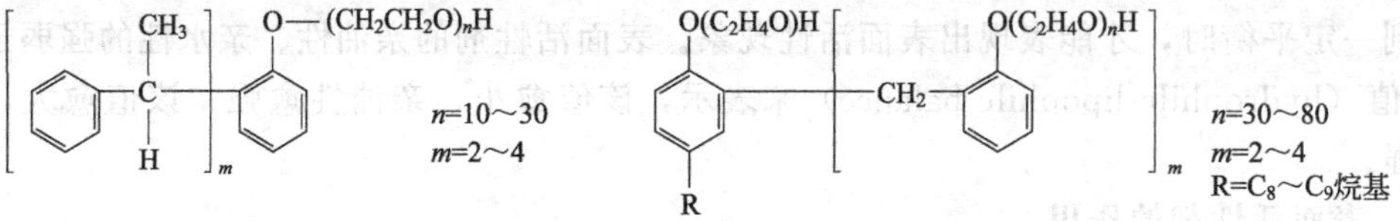

农乳600号　　农乳700号

(3) 混合型表面活性剂　混合型表面活性剂多为非离子型表面活性剂和阴离子型表面活性剂中的十二烷基苯磺酸钙的混合，也有非离子型表面活性剂之间的混合。在表面活性剂混用时，必须掌握单体表面活性剂以及配制乳油中原药、有机溶剂的某些重要的物理化学性质。如亲水亲油平衡值（HLB 值）、无机性值等。混合型表面活性剂的 HLB 值及无机性值，需要与所配乳油中的原药和有机溶剂的 HLB 值及无机性值均相适应，这样才能达到良好的乳化特性。

(4) 天然表面活性剂　在自然界中，从植物体内以及植物和动物的水解产物中分离出来的一些天然产物很多也具有表面活性，故称为天然表面活性剂，它们虽有表面活性，其分子上的极性基和非极性基又不明，所以又称为性质未明的表面活性剂。例如，皂角的水提取物是很好的湿润剂，大豆榨油后残渣的组分大豆蛋白，是很好的黏着剂和湿展剂。造纸工业的纸浆滤清液（即亚硫酸纸浆废液）具有表面活性和较强的分散性能，它是可湿性粉剂、矿物油浓乳剂的重要湿展剂和分散剂，并具有一定的乳化作用。动物残体经过水解处理后其水解产物是蛋白质的水解物，它易溶于水，具有保护胶体和乳化性能，可用作胶悬剂、涂抹剂等的助剂。

三、表面活性剂在农药加工和农药使用中的应用

1. 表面活性剂在农药加工中的应用

在化学农药加工的剂型中除了有效成分之外，大多含有各种类型的表面活性剂，尤其是湿润剂、乳化剂。

湿润剂是可湿性粉剂农药的主要成分。一般有机原药不易被水湿润，有的填料也不易被湿润或湿润速度太慢，但混有湿润剂后，会很快被水湿润，有利于提高悬浮率，假如可湿性粉剂加工时没有适当湿润剂，它在水稀释时就很难湿润，水的表面张力足以支持这些粉粒漂

浮在水面上，那么就无法形成分散性良好的可供喷雾的悬浮液。有适当湿润剂，可湿性粉剂湿润时间就短，悬浮率就高，药液稀释后喷洒在植物表面上其湿展性也好。

乳化剂是乳油农药的主要成分。乳油是各类农药加工剂型中最重要的剂型之一。它是由原粉或原油加有机溶剂，再加适当的乳化剂配制而成的。乳油加水稀释时一般能自动分散，形成在一定期限内稳定而又适合于喷洒的乳化液。若乳化剂不适当，乳油兑水稀释后药液不稳定，会出现浮油或沉淀，药液往往无法喷洒均匀，导致药效无法正常发挥，并可能产生药害。

2. 表面活性剂在农药使用中的应用

供喷雾使用的农药，其成分离不开表面活性剂。它除了满足对农药乳化、湿润、渗透、分散等作用外，其过量部分可降低水的表面张力，这有利于药液对受药表面的湿润与展布。湿润是指液体和固体表面完全接触。展布是指液体在固体表面湿润后，并在它表面上扩展的现象。一种液体在固体表面上，应先有湿润后再有展布，不能湿润也就不能展布。

一般来说，任何药液滴在固体上且稳定后，其液滴可能出现三种状态，即$\angle\theta>90°$；$\angle\theta=90°$或$\angle\theta<90°$。$\angle\theta$为当液滴和固体接触后，在接触处作一切线，切线和固体表面形成的角度，被称为接触角。如图 2-2 所示。

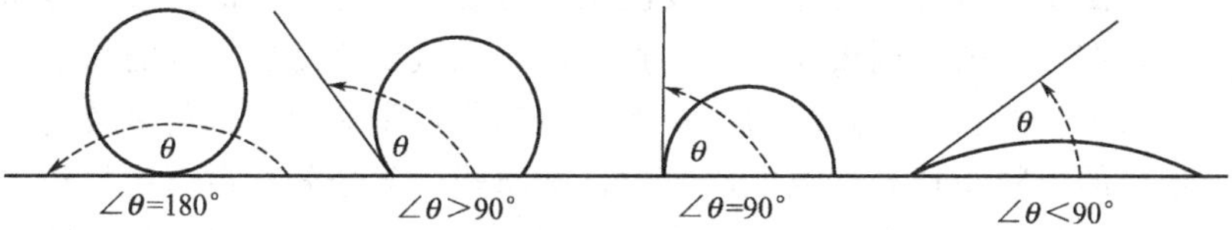

图 2-2　液体在固体表面湿润展布情形

$\angle\theta$越小，说明药液的湿润性越好，展布的面积越大；当$\angle\theta>90°$时，液体不能在固体表面湿润、展布，而呈球状，如果固体表面倾斜，液滴会滚落，也很容易被风、机械震动所吹落或震落；当$\angle\theta=90°$时液体只能湿润表面，不能展布；当$\angle\theta<90°$时，液体就能湿润固体表面，并能展布到极大面积。

药液在固体表面上形成接触角的大小与其表面张力有密切关系。当一种液滴在固体表面上展布后达到平衡时，形成一个接触角θ。如图 2-3 所示的顶部P处有 3 个作用力，即液-固界面张力（r_3），使液滴从P点向右移动；气-固界面张力（r_2），则使液滴从P点向左移动；液-气界面张力（r_1）即液体的表面张力，则使液滴从P点沿液面切线方向移动。这三种界面张力平衡了，接触角也就稳定，即$r_2=r_3+r_1\cos\theta$，因此$\cos\theta=(r_2-r_3)/r_1$。

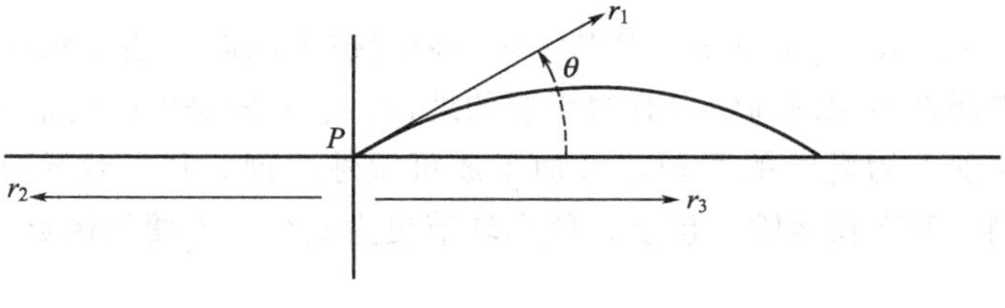

图 2-3　接触角的形成

由上式的关系可见：降低r_1和r_3能助液滴展布。一些表面活性剂如洗衣粉等，可降低药液的表面张力（r_1），也可降低液-固界面张力（r_3），因此，在喷雾防治有害生物时，药液中加些洗衣粉，可增加药液在植物和虫体上的展布性，提高药效。

第四节 农药的剂型和性能

农药原药加入辅助剂，经过加工制成便于使用的一定药剂形态，叫做剂型，例如，干制剂类的粉剂、可湿性粉剂、颗粒剂、片剂等；液体制剂类的乳油、悬浮剂、水剂等。理论上，一种农药原药可以加工成很多剂型，但是，在实际应用中，剂型的选择，应取决于使用上的必要性、安全性和经济上的可行性。

一、粉剂

粉剂（dustable powders，DP）是一种低浓度粉末状制剂，为古老剂型。目前，我国农药市场上粉剂药种较少，但它衍生了一些新剂型，如一些不同规格的粉剂。

1. 组成

粉剂的组成主要有农药原药和填料。为防止粉剂在贮运过程中结块，往往需要添加分散剂或抗结块剂。填料常用的有滑石、叶蜡石、硅藻土、白炭黑、高岭土、陶土等，加入非离子型表面活性剂，如农乳 300 号、农乳 400 号、BP 乳化剂等。

2. 加工方法

粉剂的加工方法主要有直接粉碎法、浸渍法、母粉法三种。所谓直接粉碎法，即将确定的农药原药和填料按一定的比例放在一起，直接进行机械粉碎而加工成的粉剂。浸渍法即将原药溶解好后，均匀喷洒在已粉碎好的填料上，溶剂蒸发脱除后，原药多较均匀地被吸附在粉粒表面上，选用的填料粉粒若空隙度比较大，则原药一部分分布在填料粉粒内，一部分被吸附在粉粒表面上。母粉法：先用少比例填料与原药粉碎制成高浓度粉剂，即母粉，母粉被运输到用药地区，再与粉碎好的填料按要求混匀后使用。

3. 质量标准

中国粉剂的质量标准为：农药有效含量不低于标明的含量，粉粒细度是 95%通过 200 目的标准筛，筛孔内径 74μm，含水量不大于 1.5%，酸碱度为 pH5～9。这种细度的粉粒，平均直径为 30μm，一般用于拌种、配制毒土等防虫治病。还有一些粉粒更细，如 95%通过 300 目筛，粉粒平均直径为 10～15μm，通过 325 目筛，粉粒平均直径为 5～12μm。它们一般可用于温室大棚的粉尘法施药，能够在温室大棚的空间形成飘悬时间比较长的粉尘，扩散性能比较强，能在作物上形成均匀的沉积分布。但若供大田喷撒，从环保角度考虑，则不是越细越好。

二、可湿性粉剂

可湿性粉剂（wettable powders，WP）是一种能被水润湿且能在水中分散悬浮的一种粉末状剂型。在农药剂型和制剂中占有很重要的地位。它有较好的生物活性，对于那些难溶于有机溶液，无法加工为乳油的原药，可加工成可湿性粉剂。其有效成分含量较一般粉剂高，性能优于粉剂。兼有在运输、包装、使用环节更为安全、方便的优点。

1. 组成

可湿性粉剂主要组成为农药原药、湿润剂、分散剂、填料等，有些品种还需要加稳定剂、警戒剂等其他助剂。如 10%吡虫啉可湿性粉剂由 10%的吡虫啉有效成分、4%的湿润剂、6%的分散剂、80%的填料组成。一般所采用固体填料多为矿物性惰性物质，如高岭土、硅藻土、白炭黑、轻质碳酸钙等，自然界贮藏量较为丰富并且分布极广，极易获得。常用的

润湿剂、分散剂品种中有油酸甲基氨基乙基磺酸钠、木质素磺酸钠或钙、十二烷基硫酸钠。

2. 加工方法

其加工方法有液态原药加工方法和固态原药加工方法。液态原药加工方法，即液态原药首先与分散剂混合或互溶，再与吸附性强的填料混合后，经粉碎达到规定细度而成。固态原药加工法，即将固态原药与一定量经过精选的添加剂和填料混合，经粗粉碎、细粉碎后成为母粉，再与分散剂及初步粉碎的填料混合，再经过粉碎达到规定的细度混合而成。

3. 质量标准

可湿性粉剂的质量标准有：有效成分含量、悬浮率、湿润性能、水分含量及酸碱度。主要指标除有效成分含量不低于制剂规定标准，水分含量小于3%，酸碱度为pH5～8外，较主要的指标为悬浮率和湿润性能。悬浮率是指制剂用水配成悬浮液后，经一定时间，其有效成分在水中的悬浮百分率。沉淀速度越慢，悬浮时间越长，悬浮率就越高，表明在喷洒过程中药液中的有效成分能较稳定地悬浮在水中，从而能均匀沉积在植物表面上。联合国粮农组织公布的农药可湿性粉剂指标是悬浮率一般应达50%～70%，有效成分粒径应达5μm左右。中国规定，老品种悬浮率达40%，新品种应达70%，平均粒径15μm。从而可看出，我国可湿性粉剂的悬浮率已达到或接近了国际水平，而粒径指标尚存有一定差距。农药的湿润性能一般用湿润时间来表示，所谓湿润时间是指将一定量的制剂按规定方法撒到水面后被水完全湿润所用的时间。联合国粮农组织对可湿性粉剂规定的湿润时间为1～2min。我国对新品种要求的指标是1～2min。而对老品种要求的指标为5～15min。

该剂型可供喷雾使用，也可灌浇根、泼浇用。但不能直接作喷粉用。

三、可溶性粉剂

可溶性粉剂（soluble powders，SP）是指由水溶性农药原药和少量水溶性填料混合粉碎而成的水溶性粉剂。外观类似于可湿性粉剂。可溶性粉剂有效成分含量一般可达到60%～90%。它浓度高，贮存时化学稳定性好，加工和贮运成本相对较低；它为固体剂型，可用塑料薄膜或水溶性薄膜包装；与乳油相比，药效相近，可节省包装费和运输费，且相对安全。与可湿性粉剂相比，这种制剂不存在喷雾液的药剂微粒沉降不均匀的问题，药液也不会堵塞喷头。但易吸湿结块，应特别注意包装，贮藏时防潮。

1. 组成

可溶性粉剂一般由原药、填料和适量的助剂组成。其原药多能加工成可溶性粉剂，常温下在水中能溶解，如敌百虫、乙酰甲胺磷等，在水中难溶或溶解度很小，但当转变成盐后能溶于水，如多菌灵盐酸盐、巴丹盐酸盐等。其填料可用水溶性的无机盐，如硫酸钠、硫酸铵等，也可用不溶于水的填料，如黏土、白炭黑等，但其细度必须98%通过320目筛，这样配制成药液后不至于出现填料粉粒分离沉淀的现象，不会妨碍喷雾。其助剂，大多数是阴离子型表面活性剂，非离子型表面活性剂或是两者的混合物，主要起助溶、分散、稳定和增加药液对生物靶标的湿润和黏着力。

2. 加工方法

该剂型的加工方法有热熔融喷雾干燥法、粉碎法及结晶析出干燥法。要采用哪一种方法，要取决于农药种类和理化性质，其成品中的有效成分在水中是否可溶。

3. 质量标准

有效成分含量不低于制剂标准要求，完全溶解时间一般为2～3min，水分含量不超过3%。该剂型在使用方法上与可湿性粉剂、乳油近同。

四、乳油

乳油（emulsifiable concentrates，EC）是一种常用的农药剂型，入水后可分散成乳状液的油状均相液体。乳油在我国农药市场的份额非常大，约占60%以上。它具有药效高、使用方便、性质稳定、容易加工等优点。它的湿润性、黏着性、渗透性和残效期优于可湿性粉剂。但含有对环境污染的有机溶剂、对植物易产生药害、贮运时也不安全等缺点。不过，近年来各国对传统农药乳油进行了改进，如选用更安全的有机溶剂，以水代替有机溶剂等。

1. 组成

该剂型主要由农药原药、溶剂和乳化剂组成，在某些乳油中还需要再加入适量的助溶剂、增效剂、渗透剂和稳定剂等辅助剂。常用溶剂有甲苯、二甲苯等。乳化剂常采用复配乳化剂，即一种或几种混合非离子型乳化剂和一种阴离子型乳化剂，这是比较常见的复配乳化剂组合。

2. 分类

乳油加水稀释后的状态可出现可溶性乳油、溶胶状乳油、乳浊状乳油三种类型。

可溶性乳油为入水后，有效成分能迅速溶于水，形成透明溶液的乳油类型。如敌百虫、敌敌畏等。它不是乳剂状态，故不存在乳化稳定性问题。溶解所需时间越短，则分散性越好，一般应在10min以内，最好在3～5min全部溶解。

溶胶状乳油为入水后能自动分散，搅拌后能形成半透明淡蓝色溶胶状溶液的乳油类型。如多数拟除虫菊酯类乳油。油球大小一般为0.1μm以下，乳化稳定性好，对水温、水质适应性强。

乳浊状乳油为一种入水后能形成白色不透明乳浊状溶液的乳油类型。该乳浊液有的稀释后在摇动的玻璃容器里有萤光附壁现象出现，有的像牛奶状而摇动时看不到萤光附壁现象，有的稀释后成粗乳状分散体系。前两者乳浊液稳定性较好或合格，而后者乳浊液稳定性差，易产生药害，要注意预防。

3. 质量标准

其质量指标除有效成分含量不低于制剂标准外，还有乳化分散性、乳液稳定性、水分含量、酸碱度、贮存稳定性等，其中，以乳化分散性和乳液稳定性最重要，质量良好的乳油注入水中时能自行分散成云雾状白色乳液，稍加搅拌，立即形成均匀的乳剂。稀释后的乳剂，在短时间内不发生油水分离现象。若乳油在贮存时遇低温出现结晶或絮凝，即有些农药品种的有效成分在有机溶剂（如甲苯、二甲苯等）中的溶解度随着气温的降低而下降，所以在低温时有可能会有原药结晶析出。出现这种情况，若该乳油在使用时结晶能够自动重新溶解，则可以正常使用；而乳油中絮凝物的出现，多是由于农药原药或溶剂中含有杂质所致，摇动后能够消失则可正常使用。乳油除兑水稀释喷雾使用外，也可作涂茎、灌根、拌种、浸种等使用。

五、粒剂

粒剂（granules，G）是由原药、载体和助剂加工成的粒状农药剂型。该剂型的优点为：①使高毒农药低毒化使用，有的农药如克百威等在禁止喷雾使用的情况下，加工成颗粒剂后，采用穴施、撒施等方法使用，防治害虫；②可控制有效成分释放的速度，延长持效期；③使液态药剂固态化使用，如杀蚁油25%水剂改制成颗粒剂；④降低药害出现概率，减少

环境污染，避免伤害有益昆虫；⑤使用方便，提高劳动效率。但粒剂加工费一般比粉剂高，在多数情况下使用方法也受到一定的限制。

1. 分类

粒剂的分类方法有很多种，按颗粒大小可分为大粒剂（粒径范围 5000～9000μm）、颗粒剂（粒径范围 297～1680μm）、微粒剂（粒径范围 74～297μm）；按加工方法可分为包衣法粒剂、挤出成型法粒剂、吸附法粒剂等；按防治对象可分为杀虫粒剂、杀菌粒剂、除草粒剂等；按载体解体性可分为非解体性粒剂和解体性粒剂。

2. 组成

粒剂由原药、载体和辅助剂组成。原药，有的是固体，也有的为液体。载体，可承载原药，无生物活性，如硅石、硅砂、沸石、珍珠石等。辅助剂按作用可分为黏结剂、吸附剂、湿润剂、稳定剂和着色剂等。

3. 加工方法

加工方法一般有挤出成型法、包衣法和吸附法三种。挤出成型法，即将原药加到载体上，加水搅拌成药泥，再挤压成条、切断、烘干即可。包衣法，即将原药及助剂均匀附在载体上，再用包衣剂进行包衣处理即可。吸附法，即可用多孔型粒状载体吸附药剂，造粒而成。

4. 质量标准

关于农药粒剂的质量，规定了如下标准：①有效成分含量不低于剂型规定的标准；②颗粒重有 90%以上符合国家标准；③水分一般小于 3%；④一般规定颗粒完整率应不少于 85%，即破碎率不大于 15%；⑤一般规定产品的脱落率不大于 5%；另外，还有水中的崩解性和 pH 值的指标规定。

六、水分散粒剂

水分散粒剂（water dispersible granules，WG）是一种入水后能迅速崩解、分散形成悬浮液的粒状农药剂型。该剂型的优点：崩解性、分散性、悬浮性好，有效成分含量高，有的高达 90%；物理化学性能稳定，处理时无粉尘，贮运安全，包装费低，流行性好，避免了可湿性粉剂在使用时的粉尘对操作者和环境的污染毒害的缺点。

1. 组成

该剂型的组成有农药原药、助剂及少量填料。助剂有分散剂、湿润剂、崩解剂、消泡剂、黏结剂、防冻剂等。分散剂如木质素磺酸盐；润湿剂如烷基萘磺酸盐；崩解剂有膨润土；消泡剂如非离子皂类等。

2. 加工方法

加工该剂型一般可采用干法生产和湿法生产。

干法生产：首先将农药原药、助剂及载体混合均匀，经气流粉碎成极细的粉状，加入一定量的水搅拌后，挤压造粒或采取其他手段造粒，烘干后过筛，最后包装成产品。

湿法生产：将农药原药与助剂混合后经砂磨机研细成水悬浮剂，将水悬浮剂中的水分烘干至一定程度后开始造粒，再烘干。经筛选后即得产品。

3. 质量标准

质量标准除有效成分含量不低于该剂型规定外，颗粒未崩解率应低于 0.01%；悬浮率应达到 80%，不低于 60%；水分含量小于 2%，颗粒粒径范围为 210～2360μm。

七、水剂

水剂（aqueous solutions，AS）是一种农药原药的水溶液剂型。一般情况下，用于加工水剂的农药原药应易溶于水，且水溶液化学稳定性好，如杀虫双。为了使水剂喷洒在植物表面有一定的展布性，常加入湿润剂为助剂。使用时按需用的浓度兑水后即可施用。

与乳油相比，加工时不需用有机溶剂，仅需加适量表面活性剂，药效与乳油相当。但是，有的农药品种不稳定，长期贮存易分解失效。

八、水乳剂

水乳剂（emulsion in waters，EW）是指将不溶于水的农药原药先溶解在与水不相溶的溶剂中，然后再分散到水中形成的一种热力学不稳定分散体系的剂型。水乳剂用大量的水取代了芳香类有机溶剂，所添加的黏度调节剂一般从食品添加剂中选取，是国际公认的对环境安全的农药新剂型。与乳油相比，减少了对环境的污染，降低了着火的可能性，减少了对人、畜毒性和刺激性以及对农作物的药害危险。但是水乳剂仍含一部分有机溶剂，即仍存在着安全隐患，且加工过程复杂。

九、微乳剂

微乳剂（microemulsions，ME）是农药有效成分和乳化剂、分散剂、防冻剂、稳定剂、助溶剂等助剂均匀地分散在水中，形成透明或接近透明的均相液体。

微乳剂用水代替有机溶剂，减轻了对环境的压力，是一种绿色环保剂型；研究开发方便，中小企业的实验室都可开展；生产投资少、控制简单、易于掌握和推广；由于添加了大量的表面活性剂，一般田间药效比乳油高5%～10%。但是，由于微乳剂自身结构特点，注定了微乳剂中有效成分含量一般最高仅有25%左右。微乳剂所需用的有机化工材料较多（如乳化剂等），对于生长期短的蔬菜和水田，要谨慎使用。该剂型的生物活性、安全性、药害特性以及微乳理论和配制加工技术、贮存等问题，还有待于进一步深化和完善。

十、悬浮剂

悬浮剂（aqueous suspension concentrates，SC）又称水悬浮剂或胶悬剂，是一种不溶于水的固体原药分散悬浮在含有多种助剂的水相介质中的胶状液体制剂。其优点：水悬浮剂产品分散于水后悬浮率往往大于90%。较同等剂量的可湿性粉剂防治效果好。在同等效果时用药量可节省20%～50%。生产安全、成本较低、施用方便。另外，使用时加水喷雾，不会发生由于产生沉淀而导致堵塞喷嘴现象。但是，它的助剂系统较为复杂，配方研制较繁琐。悬浮剂有一定的黏性，易附着于包装物上，造成用药时难以准确计量，不易倾倒完全。产品质量取决因素很多，容易造成质量不稳定。

该剂型制剂包括固体原药、水和多种助剂：①分散相，即农药原药，它必须是难溶于水的固体；②连续相，即普通自来水；③分散剂，如磺酸化木质素钠盐等；④增稠剂，如羧甲基纤维素钠等；⑤湿润剂，可选用阴离子表面活性剂及非离子表面活性剂。另外还有稳定剂、防冻剂、消泡剂、防腐剂、pH调整剂等。

十一、种衣剂

种衣剂（flowable concentrate for seed coating，FSC）是含有成膜剂的药剂包覆在植物

种子表面上，脱水干燥后表面上形成一层药膜，紧密牢固地附着在种子外的制剂。国内目前常见的是悬浮种衣剂和干粉种衣剂两种。种衣剂、拌种剂、浸种剂统称为种子处理剂。种子处理剂并不是严格意义上的一种剂型，种衣剂也不是一种农药剂型，在联合国的剂型代码目录中也没有种衣剂这种剂型名称，它只是在悬浮剂、可湿性粉剂、可溶性粉剂等中添加足量的成膜剂混合制作而成的。种衣剂处理种子，药力集中，利用率高，持效期长，药效高，又对环境污染小。另外，由于它是一种复配剂，除防虫治病外，还可促进植物生长发育。种衣剂只能作种子包衣处理使用。

1. 组成

对原药要求较高纯度，一般应在95%以上，如多菌灵、克百威都要求在97%以上的原药方可加工高质量种衣剂。目前作为种衣剂的活性成分主要是杀虫剂、杀菌剂、植物生长调节剂和微肥等。常用的杀虫剂如克百威、毒死蜱、吡虫啉等；杀菌剂如多菌灵、福美双、甲霜灵、三唑酮、戊唑醇等。

种衣剂的基本剂型为悬浮剂、可湿性粉剂，所用基本助剂与此两种剂型基本相同。除此以外，比较特殊的是成膜剂和警戒色。

成膜剂要求成膜快，不易脱落，具有良好的透气性和透水性，一般为天然或人工合成高分子化合物如羧甲基淀粉钠、羧甲基纤维素钠、海藻酸钠等。

警戒色多为水溶性颜料，要求种子处理后永久性着色。

2. 加工方法

加工方法与基本剂型（悬浮剂、可湿性粉剂）相同。

3. 质量标准

①有效成分含量不低于标明含量。②细度影响成膜质量，对悬浮种衣剂要求95%粒径≤2μm，98%粒径≤4μm。③黏度影响包衣的均匀度和牢固度，其值因作物不同存在差异。④成膜性是衡量种衣剂质量的重要指标，好的种衣剂在自然条件下进行包衣后，能迅速固化成膜，并牢固附着在种子表面，不脱落、不粘连、不成块。固化成膜时间一般不超过15min。⑤种衣剂牢固度表明种衣薄膜在种子表面黏附的牢固程度，要求脱落率不大于0.7%。

4. 种子包衣技术

种衣剂对种子处理时一般需采用一种专用的种子包衣机进行流水作业。

十二、油剂

用非水溶性的有机溶剂或油类作为溶剂制备的农药原药的均相透明溶液，通称为油剂（oil solutions，OS）。它是专供超低容量喷雾的一种剂型，所以又称超低容量喷雾剂（ultra low volume agents，ULV）。该剂型加工中，一般是将农药原药直接溶解在有机溶剂中，有的要加助溶剂或化学稳定剂。该剂型一般含有效成分为20%～50%，不需要加水稀释而直接喷洒。油剂在毒理学方面的特殊意义如下。

① 在杀虫剂中，以油剂类作为分散介质特别有利于杀虫剂的毒力发挥，尤其是接触性杀虫剂。在昆虫躯体的外表皮上和触角上有许多神经感觉器官和化学感觉器官，对接触性杀虫剂特别敏感，这些感觉器官外表层也完全是亲脂性的蜡质外膜，因此，特别容易被油剂渗透（油剂农药的杀虫效果远高于其剂型）。

② 油剂的细雾滴沉落在作物叶面上，很容易展开成为极薄的油膜，因为油类溶剂的表面张力极小，而且与作物叶片表面之间完全亲和，雾滴能完全展开。所以油剂直接喷雾时制

剂中无须配加湿润助剂和其他表面活性剂。

③ 油剂类农药一旦沉积在作物表面，很容易牢固地黏附在蜡质表面，对于雨水和风都有很强的抵御能力，不会被淋失和吹落，所以作物表面对于油剂具有比较强的持着力。

十三、烟剂

烟剂（smokes）是一种引燃后，有效成分以烟状分散体系悬浮于空气中的粉末状农药剂型。如拟除虫菊酯烟剂等，烟剂的使用工效高、不需任何器械、不需用水、简便省力。而在施用烟剂时，受自然环境尤其是气流影响较大，所以一般适用于植物覆盖度大或空间密闭场所中的病虫害防治，如于林区、果园、仓库、温室大棚内等环境下用药。

烟剂由农药有效成分、化学发热剂、辅助剂等 3 个基本组成部分制成的粉状混合物，细度全部通过 80 目筛。化学发热剂，主要成分为氧化剂和燃料，氧化剂又称为助燃剂，如氯酸钾、硝酸钾，燃料如木屑粉等各种碳水化合物。辅助剂一般用来控制化学发热剂的反应速率以及所产生的温度，如滑石粉、石墨粉、氯化铵等。化学发热剂所产生的温度和热量取决于所用的物料和配方比例。烟剂需加工成一定的形状或采取一定的充填方式，较通用的有烟雾罐、烟雾烛、烟雾筒、烟雾棒、烟雾片、烟雾丸等。施用时，点燃后可燃烧，但应只发烟而没有火焰，农药有效成分因受热而气化，在空气中冷却又凝聚成固体微粒，直径达 0.1～2μm，沉积到植物上的烟粒不但对害虫有良好的触杀和胃毒作用，而且空气中的极微小的烟粒还可通过害虫的呼吸道进入体内而起致毒作用。

十四、其他剂型

1. 缓释剂

可以控制农药有效成分从加工品中缓慢释放的农药剂型称缓释剂（controlled release formulations，CRF）。它是具有控制释放能力的各种剂型的总称。缓释剂具有延长农药的持效期、减少施药次数、降低用药量和药剂的使用毒性等优点。虽然加工成缓释剂可能会提高生产成本，但带来的经济、社会和生态效益是可观的。

缓释剂依据其加工方法，可分为物理型缓释剂和化学型缓释剂两大类。物理型缓释剂主要是利用包衣封闭与药剂渗透，贮存体吸附与药剂扩散，药剂与贮存体溶解固化和药剂解析等基本原理而制成的缓释剂，如微胶囊剂、塑料结合剂、多层带缓释剂、纤维片缓释剂、吸附包衣型缓释剂等。化学型缓释剂是使带有羟基、羧基或氨基等活性基团的农药与一种有活性基团的载体，经过化学反应结合到载体上而成的。在使用中，农药又从载体上慢慢解析出来。它主要有自身缩合体、直接缩合体和桥架缩合体三种类型。

2. 可分散片剂

可分散片剂（water dispersible tablet）是指遇水可迅速崩解形成均匀混悬液的片剂，是国外近年来研究较热门的一种新型制剂。它集中了在水中自动崩解、形成悬浮液，供喷雾使用的泡腾片剂与水分散粒剂，吸潮分解熏蒸毒杀害虫的片剂的优点于一身；又吸收了片剂中的外形特点，较水分散粒剂对环境更安全，保持了泡腾片剂的崩解速率快，水分散粒剂悬浮率高的优点，使其在保证药效不降低的前提下对环境和施药者更安全，没有粉尘，减少了对环境的污染。由于可分散片剂具有上述诸多优点，因此近年来得到了较快速的发展。

除上述介绍的剂型外，还有气雾剂、乳膏剂、追踪粉剂、防蛀剂、毒饵、混合剂等。

第五节　农药的施用方法

为把农药施用到目标物上所采用的各种施药技术措施，称为农药的施用方法。施药方法很多，目前在我国常见的有喷粉法、喷雾法、种苗处理法、撒颗粒法、熏蒸法、烟雾法、毒饵法、涂抹法等多种，且随着科学技术的进步，生产的需要和环保意识的增强，施药方法也不断改善和增多。

使用农药来防治有害生物，目的是要用最少的农药获得最佳防治效果，且不能引起人、畜中毒和环境污染。这就表明了人们在使用农药时，不仅要考虑农药种类、剂型、药量的选择，而且还要考虑植物生态、防治对象、施药环境及选择的施药工具等。然后经过归纳综合、分析筛选，确定最佳的施药方法。

一、喷粉法

喷粉法即是利用机械产生风力把粉剂吹散，使粉粒覆盖在靶标及作物表面，并要求药粉能在靶区产生有效沉积，以达到较好的田间防治效果。喷粉法的主要优点是工效高，作业不受水源限制，在干旱、缺水的地区更具有应用价值。细粉粒的药效好、沉积覆盖也比较均匀。缺点是粉粒飘移性强，易污染环境，所以喷粉法的使用越来越受到限制。而在特殊环境的农田，如封闭的温室、大棚内、果园等仍在使用。喷粉法按采用的施药手段可分为手动喷粉法、机动喷粉法、粉尘法、静电喷粉法等。

1. 手动喷粉法

手动喷粉法是用手摇喷粉器进行喷粉的方法。目前国内常用的有丰收-5 型胸挂式手摇喷粉器和丰收-10 型背负式手摇喷粉器，两者工作原理相同。喷粉时，药桶装粉前，先把开关关上，药粉不可装满，一般不超过桶体积的 3/4，黏重的药粉还应更少些，以便空气流通。转动摇柄的速率要快慢一致，一般为 30～35r/min，喷粉管应放平，或稍向前下方倾斜，以利于药粉排出。

2. 机动喷粉法

机动喷粉法是使用背负式弥雾喷粉机或拖拉机喷粉机进行田间喷粉的施药方法。目前主要使用背负式弥雾喷粉机，如东方红-18 型弥雾喷粉机。喷粉时有直管（短管）和长塑料薄膜管喷撒之分。直管喷粉适用于短距离喷粉，其喷粉工作原理如图 2-4 所示，喷粉时，右手提喷粉管控制喷向，左手操纵粉门操纵杆控制喷粉量。喷口距作物 2m 左右，射程约 15m。在无风或一级风时，是针对性喷施作业，机手行走的同时左右摇动喷头，一般以走一步将喷头左右各摆动一次为宜。当风力较大时，走向最好与风向垂直，喷向与风向一致或稍有夹角，从下风向的第一个喷幅的一端开始喷粉。长塑料喷雾喷粉，即将直管更换成长塑料薄膜喷管进行喷粉，喷管长一般为 20～25m，直径为 10cm，管口每隔 20cm 有一个直径 9mm 小孔，喷粉时将小孔转朝向地面或向后倾斜，由两人操作，一人背机并操纵油门、粉门和长管的一端，另一人拉住长喷管的另一端，使喷管横跨农田，两人平行前进。行走速度要一致，保持喷管有一定弧度，不要硬拉喷管。切不可使喷管与地面摩擦，一般可以用汽油机的转速和排粉量来控制漂浮程度，汽油机转速增加，排粉量减少，喷管就向上飘；反之，则喷管往下沉。

3. 粉尘法

粉尘法是在封闭的温室、大棚等保护地种植的植物上进行手动喷粉的一种特殊形式。粉尘法所用的粉剂必须通过 325 目标准筛，粉粒的粒度有 50%以上小于 20μm，粉剂的容积密

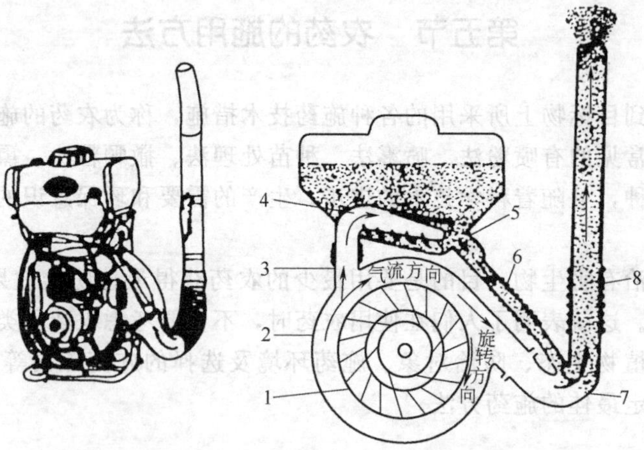

(a) 外形图　　(b) 结构和工作原理

图 2-4　东方红-18 型弥雾喷粉机

1—叶轮装组；2—风机壳；3—出风筒；4—吹粉管；5—粉门体；6—输粉管；7—弯头；8—喷管

度达到 0.6g/cm^3 以下。

保护地粉尘法施药优点主要表现如下：第一，施药时不需要用水，不会造成因喷雾施药温室大棚内湿度骤增，植物病害易发生发展，阴天也可用药；第二，药剂的有效利用率大幅度提高，降低了用药量，并且可减轻温室大棚植物上的农药残留量；第三，工效高，每亩温室大棚喷粉作业仅需 5～10min，比喷雾法的工效提高 20 倍以上；第四，操作简单方便，由于粉尘的布朗运动和飘翔效应，喷粉时不必进行行内逐株喷撒，只需沿棚室的走道单线走动即可。如果使用丰收-5 型手动喷粉器，摇转速率不低于 35r/min；如果使用丰收-10 型手动喷粉器，摇转速率不低于 50 r/min。排粉速率为 150～200g/min。

在温室、大棚中粉尘法施药时，只需沿直线从里面一端慢慢走向外面一端，喷粉管平直或稍上，不可把喷粉器的喷口对准植物进行喷撒，否则不但喷撒沉积不均匀，反而容易引起粉剂堆积过多，浪费用药或引发药害。晴天采用粉尘法施药，最好选择在傍晚进行，因为在阳光较强时喷粉，叶片表面“热致迁移现象”比较强，细粉沉积时间过长，不容易很快沉积在叶片上。叶面结露后，闭棚太久不宜喷粉，因为棚室内开始结露，室内空气湿度增大，叶面开始有露水，粉尘扩散分布受阻，粉尘的沉积均匀性将会降低。

4. 静电喷粉法

静电喷粉法是在用静电喷粉机进行喷粉时，通过喷头的高压静电给农药粉粒带上电荷，又通过地面给作物的叶片和叶片上的害虫带上相反的异电荷，靠这两种异性电荷的相互吸引力，把农药粉粒紧紧地吸着在叶片上或害虫体上，其附着量比常规非静电喷粉的多 5～8 倍，粉粒越细小，越容易附着在叶片和害虫体上。

二、喷雾法

喷雾法是指利用喷雾机具，使喷射出的细小雾滴均匀地覆盖在植物及防治对象上的施药方法。它是在农药施用中最常用的一种方法，可供喷雾使用的剂型有：微乳剂、水剂、可湿性粉剂、可溶性粉剂、悬浮剂、水分散粒剂、超低容量喷雾剂等。喷雾法的优点是药液可直接接触防治对象，而且分布均匀，见效比较快，防效比较好，方法简单容易操作。缺点是药液容易飘移流失，药液易沾污施药人员而引起中毒，并受水源限制。

影响喷雾效果的因素很多，主要归纳为以下几个方面：农药的理化性能，如液滴在固体表面的湿展性等，药械对药液的雾化情况，生物表面的结构特点如同种药液对茸毛多、蜡质层厚的叶面不易湿展，而对茸毛少、蜡质层薄的叶面则较易湿展。常见的作物，按湿润难易程度排列次序如下：稻＞麦＞花生＞甘蓝＞葱＞大豆＞柑橘＞烟草＞马铃薯＞桃＞李＞梨＞柿＞苹果＞茶＞桑等。药液在不同昆虫体壁上湿展的差异也往往很大，如某些害虫具有保护层（介壳虫）和厚蜡质层（苹果绵蚜）等，一般药液很难在其体表湿展。水质对药液也有影响，如水的硬度大小，硬水对乳液和悬浮液的稳定性破坏作用很大，有的药剂在硬水中可能转变成为非水溶性或难溶性的物质而丧失药效，如 2,4-D 钠盐等，有些硬水的硬度大，通常碱性亦大，一些药剂易被碱分解，严重影响药效。喷雾时遇大风，喷后遇雨，也影响喷雾效果。

依据药液雾化的原理主要分为压力雾化法、弥雾法、旋转离心雾化法等三种。

① 压力雾化法。即药液在压力下通过狭小喷孔而雾化的方法称压力雾化法，这种雾化方法的特点是喷雾量很大，但雾化的雾滴粗细程度差异很大。

② 弥雾法。这种方法的雾化过程分为两步连续进行，第一步，药液箱内的药液受压力而喷出直径较粗的雾滴；第二步，它们立即被喉管的高速气流吹张开，形成一个个小液膜，被空气碰撞破裂而成弥雾。

③ 旋转离心雾化法。又称超低容量弥雾法。离心雾化的机械有两种，一种为电动手持超低容量喷雾器，在其喷头上安装圆盘转碟，转碟边缘有一定数量的半角锥齿。药液滴在高速转动的圆盘上，药液抛到空气中，形成雾浪，随气流弥散。另一种为在 18 型背负式弥雾喷粉机的喷口部位换装 1 只转盘雾化器，也能达到离心雾化的效果。这种雾化方法的雾化细度取决于转盘的旋转速度和药液的滴加速度，转速越高药液滴加速度越慢，则雾化越细，雾化器的转速要求很高，一般为 7500r/min，试验结果表明，手持超低容量喷雾器转速为 7000～8000r/min，雾滴直径多为 50～80mm，东方红-18 型超低容量喷雾器转速 8000～10000r/min，雾滴直径多为 15～75mm。

除以上几种雾化原理外，还可利用超声波原理、机械振动原理来雾化，不过应用的范围很窄，有些作为商品还比较困难。

喷雾法是当前使用最广泛的施药方法，发展很快，具体方法较多，按用药量可分为：常量喷雾法、中容量喷雾法、低容量喷雾法、很低容量喷雾法、超低容量喷雾法。根据我国国情及习惯，在实际生产应用中，通常分为常量喷雾法、低容量喷雾法和超低容量喷雾法三种类型。

1. 常量喷雾法

常量喷雾法，又称高容量喷雾法。常量喷雾的药械有人力加压的工农-16 型背负式喷雾器和动力加压的工农-36 型机动喷雾器。常量喷雾常用的剂型一般可选用乳油、可湿性粉剂、悬浮剂、可溶性粉剂和水剂等，这些制剂的有效成分含量在 20%～80%。每公顷喷药液一般为 450～1500L。喷出的雾滴直径为 150～400μm。常量喷雾与喷粉比较，具有附着力强、残效期长、效果高等优点。但是存在着工效低、劳动强度大、药液易流失浪费、用水量多、污染土壤和环境等缺点。

从作用的动力来分，有手动喷雾法、机动喷雾法和航空喷雾法等三类。

(1) 手动喷雾法　手动喷雾法是以手动方式产生的压力使药液通过液力式喷头喷出，与外界静止的空气相冲撞而分散成为雾滴的施药方法。它是我国最普遍的喷雾方法，它适合于小规模农业结构，尤其适合个体农户使用。常量喷雾的药械人力加压的有工农-16 型背负式

喷雾器等，见图 2-5。手动喷雾法所用的喷雾器不论是哪种类型的，它们的喷头只有一种，即切向离心式空心雾锥喷头（见图 2-6），喷孔片的孔径有 0.8mm、1.0mm、1.3mm、1.6mm。手动喷雾器的喷头喷孔片，应根据作物和病虫情况选用，一般作物的前期喷药，应选用小号喷孔片，如棉花、油菜等作物的幼株期等。喷雾量增加时应换用中号或大号的喷孔片。

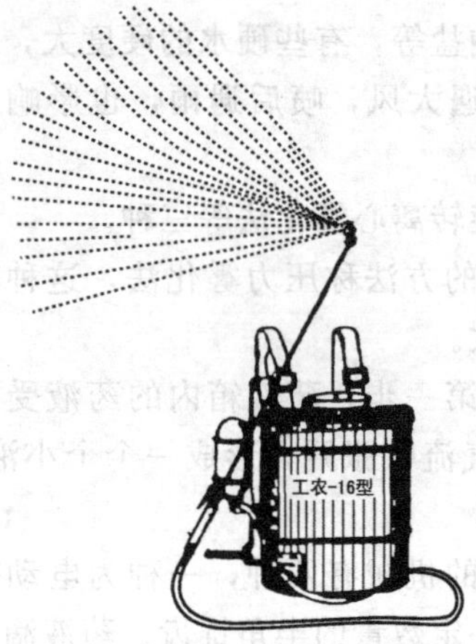

图 2-5　工农-16 型背负式喷雾器

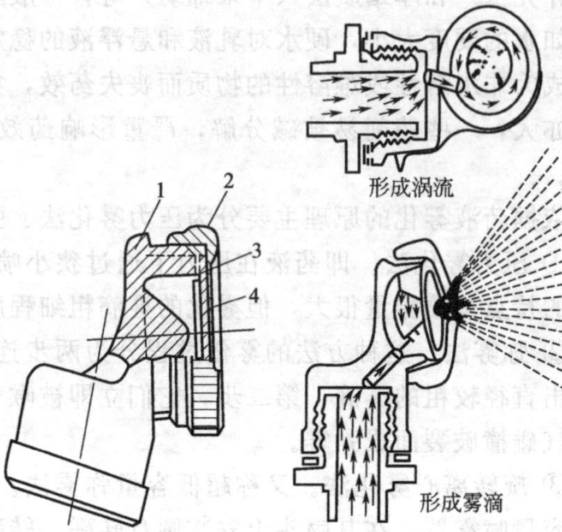

图 2-6　切向离心式空心雾锥喷头及工作原理

1—头体；2—喷头帽；3—垫圈；4—喷头片

(2) 机动喷雾法　以机械或电力作为雾化或喷洒动力的喷雾方法叫做机动喷雾法。此种喷雾器械叫机动喷雾机，常量喷雾的药械动力加压的有工农-36 型机动喷雾机等（见图 2-7）。

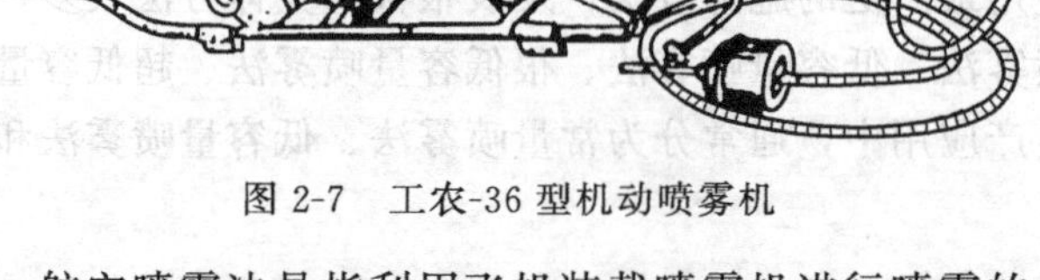

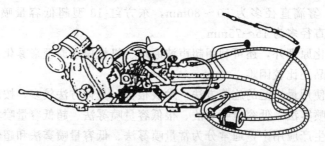

图 2-7　工农-36 型机动喷雾机

(3) 航空喷雾法　航空喷雾法是指利用飞机装载喷雾机进行喷雾的一种施药方法。飞机喷雾效率高，适用于连片种植的作物，以及果园、草原、森林、荒滩等地块。飞机喷雾的技术要求较高，也较复杂，一般必须由航空喷药技术专业队和专业部门去实施。

2. 低容量喷雾法

低容量喷雾法的药液用量一般为每公顷 7.5～450L，喷出的雾滴直径为 100～150μm，使用的药械有东方红-18 型背负机动弥雾喷雾机、手动工农喷雾器等，采用小孔径的喷片。低容量喷雾与常量喷雾比，其显著特点是省工、省药、省水、费用低、工效高、防治及时。与超低容量喷雾比，具有农药剂型要求不高（所有可用于常量喷雾的剂型均可用于低容量喷雾），对气象条件要求不严格，对器械要求不严格，简单易行，容易掌握等优点。

低容量喷雾一般按行进速度、作业方向和雾流沉降在作物上的方式可分为飘移性喷雾法、针对性喷雾法、针对性飘移喷雾法、定向喷雾法。飘移性喷雾法，即在风速大于 0.5m/s，作

物高度 0.8～1m 时采用的一种低容量喷雾法。喷药时，操作者在上风处行走，喷头高出作物顶端 1m，喷孔与风向相同。该法作业速度快，工作效率高。但易受阵风和上升气流的影响。往往出现漏喷现象。针对性喷雾法，为在风速小于 0.5m/s，作物高度低于 0.8～1m 时采用的一种方法。喷药时，操作者在上风处与风向成垂直方向行走，喷头高出作物顶端 0.5～1m，喷头孔朝下，每走一步，喷杆左右摆动一次。但作业速度较慢，注意摆动位置不能覆盖人的前进路线。针对性飘移喷雾法，该法是由飘移性喷雾法和针对性喷雾法组合而成的。操作时，近处的喷孔朝下，进行针对性喷雾，远处喷孔向外进行飘移性喷雾。定向喷雾法，即操作者将喷头指向目标物喷雾，该法适应性强，药效好，但工效低。

用背负式手动喷雾器进行低容量喷雾，又称“三个一”喷雾作业法，即用 1mm 孔径的喷头片，背负式喷雾器装 1 箱药水，喷洒 1 亩地。据测定，此喷雾法在作物体上药剂沉积量比常量喷雾法高约 20%，因而，防治效果是比较好的。用手动喷雾器进行低容量喷雾作业，一般将工农-16 型和 552-丙型手动喷雾器喷头上的孔径分别为 1.3mm 和 1.6mm 的喷头片，换成孔径为 0.7mm 或 1.0mm 小孔径喷头片，就可以进行低容量喷雾。

3. 超低容量喷雾法

超低容量喷雾法的药液用量一般在每公顷 7.5L 以下，雾滴直径为 70μm 左右。超低容量喷雾法一般选用专供此种方法用的油剂（超低容量喷雾剂）。使用的药械有东方红-18 型背负式机动超低容量喷雾机、额娃式手持电动超低容量喷雾机。超低容量喷雾，由于喷洒时雾滴十分细小，而且用油配制不易蒸发，在植株中的穿透性好，从而达到较高的防治效果。但是，超低量喷雾时，要注意：一要选择无风或微风天气进行，要避开中午前上升气流大、气温高时作业，以减少雾滴的挥发和飞逸；二要注意施药安全，防止施药人员经皮肤或呼吸道摄入高浓度的药液而引起中毒。

静电喷雾法也是一种超低容量喷雾技术，是通过高压静电发生装置使喷出的雾滴带电荷的喷雾方法。这种带电雾滴受作物表面感应电荷吸引，对作物产生包抄效应，将作物包围起来，因而可沉积到作物叶片的正面和背面，从而提高了防治效果，静电喷雾器喷出的雾滴直径为 30～50μm。

三、其他施药方法

1. 土壤处理法

土壤处理法，即对土壤表面或土壤表层进行药剂处理的一种施药方法。剂型可以是颗粒剂、胶囊剂、微胶囊剂等固态药剂，乳油等液态药剂，也可以用气体药剂。该方法能防治土壤中有害生物、杂草及种子携带的病虫，内吸性药剂经种子、幼芽或根吸收后也能达到杀灭地上有害生物的目的。

它包括有全面土壤处理和局部土壤处理。全面土壤处理，一般对整块农田进行喷雾、撒粉、撒粒、浇灌、土壤熏蒸等药剂处理，在播种前进行，这种处理方法对土传性病虫害以及杂草的防治比较彻底，但所耗用的农药量也比较大。苗圃土传性病虫害和杂草的防治采用土壤全面处理较方便，且经济效益大。仅对农田局部地段进行用药的施药方法，称为局部土壤处理法，例如，播种沟（穴）施药、作物行间或行边开沟施药、果树等根区施药、土壤注射熏蒸、营养钵施药等，均为局部土壤处理。

土壤用药时，要考虑到土壤质地、有机质含量、土壤颗粒成分、土壤水分、土壤 pH、土壤微生物等，还有雨水、灌溉水等一些因素，因为它们能影响农药的性能、半衰期和残效期，如除草剂草甘膦入土壤后会很快与土中的铁、铝等金属离子结合而失去活性。

2. 种苗处理法

它是把药液施在种子和苗木上的一种施药方法。种苗处理法包括拌种法、种苗浸渍法、种衣法等。

(1) 拌种法　即用干的药粉处理种子，让药粉沾到种子上，一般采用一种在能旋转的容器（拌种器）装入种子及称好的药粉，使之以 40～50r/min 的速度旋转，处理数分钟即可。注意转速不宜快，带毛的种子（如带绒毛的棉籽）不能用拌种器。另外用一定量的药液与种子拌和后，再堆闷一段时间，使种子收尽药液，这也是拌种的一种方法，多称为湿拌或闷种。

(2) 种苗浸渍法　即用药剂的水溶剂、乳油液或悬浮液浸渍种子、秧苗、苗木或插条等的施药方法。通过浸种或浸苗，可使种子充分吸水，以利催芽播种，可以使种苗吸收农药，防止病虫入侵，可以杀死种子及秧苗、苗木或插条等内外的病菌或害虫。用于浸种苗的药剂多为水剂或乳油、悬浮剂，也可以用可湿性粉剂。浸种时，药液用量以浸没种粒为限。浸种药剂可连续使用，但注意要及时补充所减少的药液量。浸种温度一般要在 10～20℃以上，温度高时，应适当降低药液浓度或缩短浸种时间。药液浓度、温度、浸种时间，对各种种子均有一定的适用范围。

(3) 种衣法　该法是用种衣剂包衣种子的方法，此方法已广泛用于小麦、玉米、大豆、花生等作物上。

3. 熏蒸法

熏蒸法是用熏蒸剂在常温下蒸发成为气体，于密闭条件下熏杀病、虫、鼠的施药方法。常用的药剂有液态的氯化苦、敌敌畏等，有气态的溴甲烷、熏灭净等，有固态的磷化铝、二氯苯、樟脑丸等。

实施熏蒸防治应该在密闭空间或相对密闭的环境下进行，多用来防治收获后的农产品、果树、苗木中的病虫；杀灭土壤中的病虫及杂草种子，防治温室、大棚栽培植物上的病虫，以及居室中的害虫。

4. 熏烟法

熏烟法是指利用农药烟剂在热力下气化后在空气中形成烟来防治病虫的一种施药方法。此法多用于密闭空间和密闭度高的森林、果园等。

5. 撒粒法

撒粒法是指将颗粒剂农药撒施到一定范围内以防治植物病虫害的一种施药方法。对毒性高或易挥发的农药品种，不便采用喷雾和喷粉方法，可以制备成颗粒剂撒施。该法无须配制药液，可以直接使用，方便、省工，且无粉尘和雾滴飘移。

6. 泼浇法

泼浇法是指将药液借用洒水壶或瓢直接泼洒在农作物上或果树树盘下面，来防治病虫害的一种施药方法。此法用药量比喷雾法稍多，用水量比喷雾法多达 10 倍，一般每亩用水 400～500L。泼浇法在稻田使用最多，主要用于防治稻株下部活动的水稻螟虫、稻飞虱等害虫。

7. 毒饵法

毒饵法，即用农药和害虫等有害动物喜食的饵料配制成毒饵，并同时撒到一定的场所，来毒杀害虫等有害生物的一种施药方法。该法适用于诱杀具有迁移活动能力、咀嚼取食的有害动物，如害鼠、害虫、蜗牛和蛞蝓等。

毒杀害虫常用的饵料可用豆饼、花生饼、麦麸等，用药量一般为饵料量的 1%～3%。

也可用鲜水草或野菜，药剂用量一般为饵料量的 0.2%～0.3%。

8. 注射法

注射法，即在树干的适宜位置钻孔深达木质部，再注入内吸性农药，从而达到防虫治病目的的一种施药方法。药剂注入植物体后，随树体的水分运动而发生纵向运输和横向扩散从而均匀地分布在植物体内。主要用于防治林木、果树、行道树等蛀干害虫。

注射法包括有高压注射法，即利用 XH 轻型高压树干注入器，或 JZ-3 型手压式树干注射机，在一定压力下，将药液注入树干、树根内，另外还有自流注入法、灌注法、虫孔注射法等。

9. 包扎法

包扎法也是利用内吸性药剂向顶输导的特性，将药剂用吸水性材料吸收后，包裹在树干周围，或把药液涂刷在树干周围，再用防止药液蒸发的材料包扎好，让药剂通过树皮进入树内发挥药效作用的一种施药方法。

包扎法和注射法的相同之处是：将药剂强制性送到树干内。不同之处是：包扎法把药剂包在树干外，让药剂通过树皮皮孔而进入木质部或导管系统，而注射法是把药剂直接注入树干，吸收更快。

10. 涂抹法

涂抹法是将药液涂抹在植株的某一部位上的一种施药方法。所选用的农药是内吸剂或是能比较牢固地黏附在植物表面上的触杀剂。但一般需要配加适宜的黏着剂，例如，在树干上涂抹杀菌剂、杀虫剂或杀螨剂，可以杀灭在树干上栖息、蛰伏或直接为害的有害生物。另外，利用药剂的内吸作用，对植株局部涂抹施药，药剂内吸输导到叶片毒杀刺吸式口器害虫。如对玉米、棉花可以涂茎杀蚜。用药剂涂抹瓜果类的花器，可以保花、保果，提高坐果率。涂抹法能集中用药、省药、减少污染，但费工。

第六节　农药科学使用基本原则

植物化学保护的核心内容就是农药的科学正确使用，这要求人们在使用农药时，注意和生产实践及千变万化的自然条件紧密结合，进行综合分析和具体、灵活实施。本节主要叙述农药的安全、合理、适期、混合使用以及影响农药效果的环境因素。

一、农药的安全使用

农药是一类生物活性物质，很小的剂量就能引起针对性的生物体强烈的生理或病理反应。农药的安全使用含义很广。人的安全固然第一，而对保护对象农作物的安全，对农业有害生物天敌的安全，对畜、禽、鱼、蜂、蚕等养殖业动物的安全等，同样也是要考虑的问题。本节仅阐述对人的安全，其他安全问题在本书其他章节已叙述。

多年来我国国务院及有关部门为农药的安全管理、科学使用、严防中毒下达了一系列通知。从事农药工作的人员应熟悉有关内容并严格遵守，以防中毒事故的发生。具体要从以下几方面去做。

1. 严防农药经皮肤进入人体而引起中毒

① 商品农药搬运、装卸、分装时，不要让药剂黏附人体皮肤，量药、配药时要戴胶皮手套；喷雾、撒粉时要穿防护衣服；施药前应仔细检查药械，如有毛病修好再用，施药时人要在上风向，对作物采取隔行喷药操作。

② 用过的防护衣物，要及时用清水洗涤干净，无法清洗干净的要销毁。洗涤时，有的可用肥皂去洗，但是如敌百虫等遇碱毒性更强的农药，则不能用肥皂水洗。

③ 皮肤一旦黏附了药剂，应立即停止作业，进行清洗。若是眼睛被溅入了药液或撒进了药粉更危险，必须立即用大量洁净的清水冲洗，一般应冲洗 15min 以上。

2. 严防农药经人的呼吸道进入人体而引起中毒

① 农药贮存室应经常通风换气，若是密闭的室内、仓库，人在其中作业时，要戴防毒面具，并严格按照特定的重点作业有关规定，在专业人员指导下进行。

② 农药容器应密闭好，如有渗漏，应及时处理。

③ 进行农药操作时，口、鼻不要靠近药剂，并应戴防护口罩，防护口罩用后要及时清洗。

④ 配药或田间施药时，不要站在上风头，且不吸烟。

⑤ 若不慎吸入农药，身体感到不适，应立即停止工作，转移到空气新鲜场所。

3. 严防农药经口进入人体而引起中毒

① 严格禁止非蔬菜、果树使用的农药在蔬菜、果树上使用。在临近收获植物上施药，尤其是瓜果、蔬菜，要严格把握安全间隔期。

② 农药不得与可食用的商品混放、混装，药剂处理过的种子、刚施过农药的农田要有明显标识。盛过农药的容器，不得再盛放食用品、饮料等。

③ 于农田、果树等处进行施药操作时或操作后未经洗手、洗脸，严格禁止吸烟、进食、喝水。喷头堵塞时，要用清水冲洗，绝对不能用嘴吹。

4. 其他安全使用措施

① 积极学习并严格遵守农药使用准则。

② 选择身体健康的青壮年担任施药员，凡体弱多病者、患皮肤病者、农药中毒未恢复者、皮肤有伤口者、三期妇女（月经期、孕期、哺乳期）等均不得到田间施药或暂停施药。

③ 施药人员每次喷药时间一般不宜超过 6h，连续施药 3～5 天后，应换工 1 天。

④ 要注意防火、防爆。有许多农药尤其乳油是易燃品，且燃烧时易爆炸，不易扑灭，又污染环境。因此，切勿靠近火源，甚至有些产品如磷化铝吸潮、分散，放出磷化氢气体，在空气中含量高时会引起自燃。因此，重要的仓库、帐幕不能漏水，药片要分散放置，切不可数片堆积一起，以防药片分解时产生热量而导致自燃。

二、农药的合理使用

1. 要明确不同类型农药的有效防治对象

不同种类的农药都有各自的理化性质和防治范围，即使防治范围较广的农药，也不是对所有病虫都有效。因此，要正确选择农药种类，一般情况下，杀虫剂用于杀虫，杀菌剂用来防治植物病害，除草剂用来灭除杂草。即使同一种农药如杀虫剂，对不同害虫效果也不一样，如敌百虫对菜青虫、跳甲等害虫效果很好，对蚜虫的防效却差。氰戊菊酯能防治许多害虫，但对螨类的防治效果较差。石硫合剂对白粉病防效好，而对霜霉病的防效却差。因此，人们应充分了解农药的有效防治对象才能对症下药。

2. 要明确同一种防治对象在不同地区存在一定生物学特性的差异

实践已经验证，同一种防治对象在不同地区的行为、危害习性等也有变化，要做到合理选择农药进行防治，对防治对象特点和习性建立正确的认识是很重要的，例如，在河北省防治小麦长管蚜很有效的氧化乐果和溴氰菊酯，而在甘肃却低效。在北方用来防治水稻白叶枯

病效果良好的药剂，而在广东稻区却防效不佳等。因此，对农药品种以及用药量的选择持慎重态度，而不应草率从事，以免误用农药而造成不应有的损失和浪费。

另外，任何新农药的选用和推广均需经过预试和示范实验，决不能单凭某些文献报道或其他地方的经验来简单选用。

三、农药的适期使用

适期施药主要指用药剂攻击有害生物生长发育过程中最脆弱的时期和环节，这要在对有害生物发生发展规律和药剂基本特点全面了解的基础上而决定。即农药的施药时间应根据不同的防治对象、种群消长情况和为害特征及作物和杂草的生育期、药剂性能等来灵活掌握。总的来说，在病、虫、杂草发生的初期施药，防治效果较为理想，因为这时病、虫、杂草发生量少，尚未扩展蔓延，自然抵抗力弱，防治对象易被杀死、控制。例如，对一些食叶性害虫可以在害虫种群密度较明显上升、尚未造成为害之前开始喷药，这样可以取得比较明显的效果。对钻蛀性害虫或为害隐蔽的害虫，应在害虫种群开始上升和为害形成之前喷药。也可按作物的生长情况进行施药，如玉米田一代玉米螟防治期应在玉米植株侧视喇叭口见雄蕊开始至抽雄 1/2 植株达 10%止，大约 4～5 天。再如防治气传性病害，一般在发病初期及时用药，保护性预防药剂必须在发病初期或前期用药，治疗性药剂用药也不能太晚，施用芽前除草剂应在播前或播后芽前施用。

四、农药的混合使用

1. 农药混合使用的概念及意义

将两种或两种以上含有不同有效成分的农药制剂混配在一起施用，称为农药的混合使用。农药生产企业依据应用要求，将两种或两种以上的农药，通过合理的配方筛选，加工定型为一种稳定制剂，通常称为混剂或复配剂。农户在大田用时，将两种或两种以上的农药制剂，加入到施药容器中，混匀后施用，俗称现混现用。农药科学混用的意义有以下几方面。

(1) 农药科学混用，能达到扩大防治对象和使用范围，达到兼治与省工的目的　如甲霜铜是甲霜灵和二羧酸铜混配而成的，可用于霜霉病和细菌性角斑病并发的黄瓜上。除草剂都•阿混剂是由都尔和莠去津复配而成的，它们可用于玉米、苹果等田，兼治 1 年生单、双子叶杂草，及多年生杂草。

(2) 农药科学混用，能提高药效，降低用药量　如三环唑、井冈霉素混剂用于防治水稻病害时，三环唑专治稻瘟病，井冈霉素则主要治纹枯病，但前者成本高，而后者对前者防治稻瘟病有增效作用，因此它们的混用，既兼治又增效，降低了用药量。

(3) 农药的科学混用，能延缓病虫杂草产生耐药性的速度，延长农药品种使用期限　如在 20 世纪 70 年代，我国浙江省等地区因水稻害虫对许多有机磷制剂分别产生了耐药性，影响了它们的使用。80 年代以来，推广了农药混用，马拉硫磷、敌百虫等与稻瘟净混用，对有一定耐药性的水稻螟虫、稻飞虱、叶蝉等害虫效果好，成本也降了，不但解决了具有耐药性的防治问题，也延长了老农药品种的使用寿命。

(4) 农药的科学混用，能降低药剂毒性和减少药害的产生　如仅用阿特拉津防除玉米杂草，量稍大的情况下，易使后茬冬小麦发生药害；而用乙•阿合剂防除玉米杂草，则能避免对后茬冬小麦的影响。

2. 农药混合使用的原则

(1) 农药混合后，效果互不干扰，可以混用　农药生产企业生产农药混剂，有厚实技术

力量，一般能达到质量要求的标准，但对于农户的现配现用，千万不能简单地认为把几种农药配到一起即可，而要查手册与资料，如农药混用是否正确，还要有使用经验，如有许多杀虫剂和杀菌剂可以混用，用辛硫磷和多菌灵处理小麦种子，既可防治小麦地下害虫，又可防治小麦土传性病害。

（2）农药混合后，能提高药效，可以混用　农药混合后，两个组分之间发生增效的例子很多，有机磷杀虫剂和氨基酸酯杀虫剂混合，常可提高防治耐药性害虫的效果。如有机磷类的乐果和氨基甲酸酯类的异丙威混配能对水稻三化螟防治增效。另外，凡含有生物碱类的农药与碱性农药混合时，可使生物碱游离，从而提高了药效，乳油杀虫剂中加入适量煤油，不仅能增强对昆虫体壁的渗透性，还能发挥农药的触杀作用。

（3）农药混合后，不能影响有效成分的化学稳定性，不能破坏药剂的物理性状　农药有效成分的结构和化学性质是其生物活性的基础，混用时一般不应让有效成分发生化学变化，反之，易使农药失效，如有机磷类和氨基甲酸酯类农药对碱性比较敏感，遇之易分解失效；菊酯类杀虫剂和二硫代氨基甲酸类杀菌剂在较强碱性条件下也会分解；2甲4氯钠盐等农药品种与硫酸烟碱、抗菌剂401等酸性药剂混合会分解或降低药效；二硫代氨基甲酸类杀菌剂与铜制剂混用可生成铜盐，则降低了药效。

有许多植物农药与可湿性粉剂混合后，可以改善可湿性粉剂的湿润展布性状，从而大大提高药效。农药混合最起码要求两种乳油混用，仍具有良好的乳化性、分散性、润湿性、展布性能。两种可湿性粉剂混用，则仍具有良好的悬浮率、湿润性、展布性。而有些农药混合则破坏了药剂的物理性状，如乙烯利水剂等与一般乳油混合有时会出现破乳现象，在这种情况下就不能混用。用肥皂作乳化剂的油乳剂，不能与含钙的农药混用，否则就会出现乳化不良的现象。包括兑水配成悬浮液使用的可湿性粉剂、乳油等，凡混合后出现絮结和大量沉淀现象的，也会降低药效，这是乳化性被破坏的缘故，自然不能混合使用。

（4）农药混合后的安全问题

① 对植物的安全，如波尔多液和石硫合剂，二者均是碱性杀菌剂，混合后即可产生黑褐色的多硫化铜，不仅使两种农药都失去杀菌力，而且对植物也可产生药害。

② 农药混合后有效成分更为混杂，万一造成人员中毒不好抢救，因此混配后毒性要在低毒范围内。近年来，国家对此也有所控制，对于混剂毒性在高毒范围内的配方不予进行农药登记。

五、影响农药效果的环境因素

影响农药防治效果的环境因素有很多种，其中主要的环境因素是温度、湿度、雨水、光照、风、土壤性质和作物长势等，施药时在这些环境因素的影响下，不但明显影响着生物体的生理活动，也影响着药剂的理化性质。因此，在生产实践中，常见到同一种农药在同一作物上的同一种害虫施用，而因环境条件不一样，防治效果明显不同。

（1）温度对药效的影响　一般来说，环境中的温度因素对药效影响较大。尤其是对杀虫剂而言更是如此，这涉及一个“温度系数”的概念，即某种农药在20℃时对某种试虫的致死中量（LD_{50}）和30℃时致死中量的比值，该系数如等于或近于1，表明温度对药效的影响不大；若是该系数大于1，则表明该药剂为正温系数；如小于1，则为负温系数。一般来说，一些正温系数的农药在高温时比低温时的药效要高，如北方用敌稗防除稻田稗草，中午前后喷药药效较好。一些负温系数的药剂，如拟除虫菊酯类，在低温下施药效果较好。

（2）湿度对药效的影响　湿度对药剂防治效果影响较小，但很复杂，常因药而异，如湿

度大，有利于粉剂的附着，从而提高药效。而喷粉时，若露水过重，则对粉粒的扩散、分布和均匀沉积反而不利，而且还有可能造成喷粉器吐粉不利。

(3) 光对药效的影响　绝大部分农药在光照下都有不同程度的分解，甚至有些农药在光照下稳定性很差，易分解失效。如杀虫剂辛硫磷、杀菌剂敌磺钠、除草剂氟乐灵等。但有的农药改变施药方法残效期就长一些，如辛硫磷拌种要比喷雾的残效期长一些。但有些药剂，特别是不少除草剂，只有在光照下才能起到杀草作用。

另外，风也能影响药剂的粉粒、雾滴的飘移、分布、沉积，影响着药效的发挥。对于刚施过药后的植物遇到雨水冲洗，必定大幅度降低药效。

复习思考题

1. 名词解释：原药　原粉　原油　农药制剂　分散度　分散体系　农药辅助剂　表面活性剂　农药剂型

2 为什么农药原药要加工成一定剂型？

3. 简述提高分散度对药剂性能的影响。

4. 常用农药辅助剂有哪几种？

5. 农药表面活性剂的类型和作用是什么？

6. 简述表面活性剂在农药加工和农药使用中的应用。

7. 常用农药剂型有哪些？能够加水稀释喷雾使用的农药制剂有哪几种？

8. 试比较书中粉剂、可湿性粉剂、可溶性粉剂等剂型的优点和缺点。

9. 农药的施药方法有哪几种？

10. 怎样预防人体农药中毒？

11. 农药混合使用的原则有哪些？

第三章　农药的稀释计算和田间药效试验

知识目标

- 了解农药有效成分含量及农药用药量的表示方法。
- 掌握农药田间药效试验的内容、类型、基本要求、设计原则。

技能目标

- 能正确进行农药的稀释计算。
- 学会农药田间药效试验的调查取样方法。
- 能会农药田间药效试验结果的计算及撰写试验报告。

第一节　农药的稀释与计算

一、农药有效成分含量的表示方法

我国农药制剂标签中有效成分含量表示方法，通常有以下两种。

1. 质量分数（%）

指农药有效成分的质量与总质量之比。固体制剂的有效成分含量以质量分数（%）表示。如75%噻吩磺隆可湿性粉剂，即表示100g这种药剂中含有效成分噻吩磺隆75g。

2. 质量浓度（g/L）

指每升制剂中含有效成分的质量（g）。液体制剂的有效成分含量以质量浓度（g/L）表示。如480g/L毒死蜱乳油，即表示每升这种药剂中含有效成分毒死蜱480g。

二、农药用药量的表示方法

商品制剂用药量用倍数或ml/亩、ml/hm^2 表示，有效成分用药量用mg/kg或 g/hm^2 表示。倍数指药液或药粉中稀释剂（水或填充剂）的量为原药剂量的多少倍。如10%氯氰菊酯乳油稀释3000～5000倍，该法反映的是制剂的稀释倍数，而不是农药有效成分的稀释倍数。在配农药时，如果未注明按容量稀释，均按质量计算。生产上往往忽略农药和水的密度差异，即把农药的密度看作1g/ml。

三、农药的稀释计算方法

① 已知农药的质量和稀释倍数，计算稀释剂（水）的用量。

$$稀释剂用量=原药剂质量\times稀释倍数$$

例：80%敌敌畏乳油瓶装100ml，稀释倍数为1000倍，求1瓶药应兑多少水？

计算：

$$100ml\times1g/ml=100g$$

$$100g\times1000=100000g=100kg$$

② 已知农药的稀释倍数，计算原药剂质量？

原药剂质量＝稀释剂质量/稀释倍数

例：40％氧化乐果乳油稀释倍数1000倍，那么1个喷雾器需加制剂多少克（一般手动喷雾器盛水约15000g）？

计算：　　15000g/1000＝15g

③ 已知有效成分含量及每公顷所用有效成分的量，计算每亩地所用商品制剂的量（$1hm^2$＝15亩）。

$$农药制剂取用量=\frac{每亩需用有效成分量}{制剂中有效成分含量}$$

例：70％的百菌清可湿性粉剂，用药量为有效成分$1275g/hm^2$，一亩地用制剂多少克？

计算：　　$1275g/hm^2 \div 15$ 亩$/hm^2$＝85g/亩

85g/亩/70％＝121g/亩

第二节　农药的田间药效试验

一、田间药效试验的内容

田间药效试验是在自然条件下研究农药使用的各种效果，在农药的开发、生产和使用上具有实际指导意义，是农药推广应用前不可缺少的试验阶段。田间药效试验内容可概括为以下三个方面。

(1) 药效及其应用技术的试验　主要包括以下试验内容：①新品种的筛选试验；②新品种之间效果比较，对有希望的农药新品种按各自适宜的使用技术比较药效；③施药时间，研究对有害生物的防治适期；④使用剂量和施药次数，研究使用的最佳剂量和最佳施用次数；⑤使用方式，研究采用喷雾、毒土、涂茎、熏蒸等方便而有效控制有害生物的使用手段；⑥环境与耕作栽培条件对药效影响的研究；⑦农药混用的研究。

(2) 农药对作物及天敌影响的试验　包括农药对作物产量、安全性、抗逆性和有益生物的影响。

(3) 农药理化性质及加工剂型与药效关系的试验

二、田间药效试验的类型和基本要求

(一) 田间药效试验的类型

1. 根据试验目的分类

(1) 农药品种比较试验　农药新品种在投入使用前或在当地从未使用过的农药品种，需要做药效试验，为当地大面积推广使用提供依据。

(2) 农药剂型比较试验　对农药的各种剂型做防治效果对比试验，以确定生产上最适合的农药剂型。

(3) 农药使用方法试验　包括用药量、用药浓度、用药时间、用药次数等进行比较试验，综合评价药剂的防治效果，以确定最适宜的使用技术。

2. 根据试验程序分类

(1) 田间筛选试验　根据实验室和温室内所获得的试验结果（如使用浓度、试验作物、防治对象等）而进行的首次田间试验和小规模限制性试验。主要是测定某农药在田间条件下

的生物活性、作物耐药能力和使用的大致浓度。

（2）小区试验　农药新品种经过实验室测定有效后，需要进行田间实际药效测定而进行的小面积试验。主要是确定农药的作用范围，不同土壤、气候、作物和有害生物猖獗条件下的最佳使用浓度（量）、最适的使用时间和施药技术，为农药登记提供科学依据。

（3）大区试验　大区试验是在小区试验得到初步结论的基础上进行的，试验处理项目较少，是为了证实小区试验的真实性而做的重复试验。大区试验需3～5块试验地，每块面积在300～1200m^2；化学除草小区试验面积不小于0.5亩，大区试验面积不小于1.4hm^2。大区药效试验可不设重复，必要时可设几次重复。大区试验一般误差较小，试验结果的准确性较高。试验应设标准药剂对照区。

（4）大面积示范试验　大面积示范试验是农药产品取得临时登记后，采用小区和大区试验所得的最佳使用剂量、最适的施药时间和方法等而进行的生产性验证试验，经过实践检验，切实可行的方可正式推广使用。

另外，农药田间试验还应包括对作物的安全性试验（药害试验）、产量增产试验和对天敌等有益生物的影响试验等。

（二）田间药效试验的基本要求

农药田间药效试验是在自然环境条件下进行的，最接近生产实际情况，但由于环境条件难以控制，增加了试验的复杂性和难度。为了有效地做好试验，提高试验的准确度和精确度，使各地的试验资料和历年的试验记录具有一定的可比性和参照性，田间试验要符合以下基本要求。

（1）试验目的明确　农药田间药效试验要按各种不同的试验目的，制定相应的试验方案。

（2）试验条件有代表性　试验条件应能代表将来准备推广试验结果地区的自然条件（如试验地土壤种类、地势、土壤肥力、气候条件等）和农业栽培条件（如轮作制度、施肥水平等）。

（3）试验结果可靠并具有可重复性　在试验的全过程中，必须尽最大努力准确地贯彻各项操作技术，避免发生人为错误和系统误差。

在相同条件下，再进行试验，应能重复获得与原试验相似的结果。农药品种登记时，要提供2年、4个不同自然条件地区以上的田间小区药效试验报告以及农药品种在不同年份和不同地区的表现，使农药品种在推广后能和原来的试验结果相一致，获得预期的效果。

三、田间药效试验的设计原则

田间试验设计的主要目的是减少试验误差，提高试验的精确度，使研究人员能从试验结果中获得无偏差的处理平均值及试验误差的估计量，从而能进行正确而有效的比较。要降低试验误差，就必须针对试验误差来源，通过试验设计加以克服。

1. 选择有代表性的试验地

选择有代表性的试验地是使土壤差异减少至最小限度的一个重要措施，对提高试验精度有很大作用。选择试验地要考虑的因素如下。

① 试验地的地势应平坦，肥力水平均匀一致。

② 试验地的作物生长整齐、树势一致，而且防治对象常年发生较重且为害程度比较均匀，且每小区的害虫虫口密度和病害的发病情况大致相同。特别是杀菌剂试验，要选择高度感染供试对象病害的品种进行试验。

③ 试验地的田间管理水平相对一致，并符合当地的实际情况。

④ 试验地应选择离房屋、道路、水塘稍远的开阔农田，以保证人、畜安全和免受外来因素的偶然影响。

⑤ 试验地周围最好种植相同的作物，以免试验地孤立而易遭受其他因素为害。

另外在试验田的管理上，还应注意：①作物品种、种植方式、密度、长势、施肥、灌溉、中耕等管理措施要一致，②试验处理以外的防病、治虫、除草等植保措施要一致；不能使用与试验药剂有相似作用的其他药剂，以免试验结果含混不清；③不允许在同一试验田内做多次阶段性药效试验，即在作物的某一生育阶段或试验对象的某一发生期内进行施药处理和调查。

2. 按照要求设置处理数和重复数

根据试验目的要求和试验内容来设置处理项目，一般新农药品种的药效比较试验，药剂品种多，处理项目就多；而剂型、用药量、施药方法等的比较试验，处理项目就比较少；一般小区试验处理项目不宜太多，以 5～10 个为宜。农药登记用的小区试验，一个药剂不得少于 3 个剂量处理，同时设常用农药对照（设常用量 1 个剂量处理），以及不施药空白对照，共计不得少于 5 个处理。

重复次数的多少，一般应根据试验所要求的精确度、试验地土壤差异的大小、供试作物的数量、试验地面积、小区的大小等具体决定。对试验精确度要求高、试验地土壤差异大、小区面积小的试验，重复次数可多些，否则可少些。通常情况下，要求把试验误差的自由度控制在 10 以上，即（处理数－1）×（重复数－1）＞10。由此推算，3 个处理的试验，每个处理需要重复 6 次；4～5 个处理的试验，每个处理需要重复 4 次。一般每个处理重复次数以 3～5 次为宜。大区试验和大面积示范试验一般可不设重复。

3. 运用局部控制

为克服重复之间因地力等因素造成的差异，试验可运用局部控制。局部控制就是分范围、分地段地控制非处理因素，使对各处理的影响趋向于最大程度的一致，这是降低误差的重要手段之一。

4. 采用随机排列

试验采用局部控制后，重复之间的差异被控制住了，但重复（区组）内的差异仍然存在。为使各种偶然因素作用于每小区机会均等，那么在每重复内设置的各种处理只有用“随机排列”才能符合这种要求，反映实际误差。要求每一处理有均等机会设置在任何一个小区上。可采用抽签法，查随机数字表或用函数计算器发生随机数等方法确定。

5. 设立对照区

为进行药剂之间效果的比较，必须设立对照区。对照区有 2 种，即不施药的空白对照区（以 CK 表示）和常规标准药剂（一般为推广应用的常用药剂）对照区。个别试验如除草剂试验，除上述对照外，还可设人工除草或机械除草作对照。

无论是小区试验、大区试验或示范试验，都应设空白对照处理。对照区宽度为 1.5～2.0m，其长度与处理等长。如果条件不允许，大区试验和示范试验可在每个处理区内设 3～5 个点，每点面积为 10～20m^2，作为空白对照处理。

6. 设置保护行和隔离行

为使供试品种或处理能在较为均匀的环境条件下进行试验，并避免相互干扰的影响，应在试验地周围设置保护行，小区间设置隔离行 2～3 行。保护行的宽度至少在 1m 以上。水田中试验（特别是杀菌剂和除草剂试验）小区间应筑小田埂隔离，以免药液随田水小流。如

为示范试验，小区间也可不筑小田埂，但仍要留4～5行植株作为隔离行。

四、田间药效试验的调查与记载

各类药效试验调查中最重要的是取样方法和取样数量。其取样方法是否正确和取样多少是影响试验结果的重要因子。限于人力和时间，不可能将试验区内的供试对象进行逐一调查，也很难全部调查清楚。因此，只能通过抽取有代表性的样点对总体进行评估。由于各种病、虫、草、鼠等生物学特性不同、被害作物在田间的分布也不同，在取样调查时，首先必须明确调查的对象、项目和内容，根据调查对象在田间的分布型，然后采用适当的取样方法和适宜的样本数，使调查得到的数据更能反映出客观真实的情况。

1. 常见的病虫空间分布型

病虫的空间分布型常受多种因素的影响，因此，进行病虫田间调查，必须根据不同的分布型选择相应的调查方法，使调查结果具有较好的代表性。病虫种群的空间分布型是由物种的生物学特性和生存环境条件所决定的。

(1) 均匀分布　特点是分布均匀，个体之间独立，互相无影响。均匀分布是随机分布中的一种特殊形式。如三化螟成虫、卵块、玉米螟卵块等，由于分布较均匀，因此，取样数量可少点，取样方法一般可采用5点、棋盘及对角线等。

(2) 随机分布　又称潘松（Poisson）分布型，是一种稀疏型的分布。特点是分布比较均匀，种群内的个体之间互相独立无影响，每一个体在抽样单位中出现概率相等。这种分布型的病虫，取样数可少些，每个取样点可大些。

(3) 核心分布　是一种不均匀分布，即种群内的个体在田间分布呈多数小集团形成核心做放射状蔓延。核心分布型是聚集分布的一种，但核心之间为随机分布。核心分布又分为两型：①核心大小相近似的核心分布叫奈曼（Neyman）核心分布；②核心大小不等的叫Polya-Eggenberger（P-E）核心分布。这种分布型，样本数量要多一些，样本要小一些。如三化螟幼虫等，取样数量较多，可采用棋盘取样法、平行线取样法等。

(4) 嵌纹分布　也称负二项式分布，也是一种不均匀分布。在空间形成很不均匀的疏密相间、呈嵌纹状的分布集团。对这种分布型，取样的样点宜多，而每个样点宜小，要求不同密度的集团都能均匀选入样点。如棉红蜘蛛等，取样数量较多，可采用棋盘、平行线等。

2. 试验取样方法

采用适宜的取样方法，使取样点在试验区内分布得合理，所取样本具有代表性。通常采用随机取样，即田间各个取样单位都有同等机会被抽取作为样本，常用的取样方法有以下5种方法。

(1) 五点取样法　适合于密集或成行的作物，可按一定面积、长度、植株数量选取样点，特点是简单、取样点较少，但样点可较大些，适于随机分布型病虫的药效调查。

(2) 对角线取样法　可分单对角线和双对角线两种。与五点取样相似，取样点较少，每个样点可稍大些，适用于随机分布、核心分布型病虫的药效调查。

(3) 棋盘取样法　适于田块较大，特点是样点较多，准确，适用于随机分布型或核心分布型。适于随机分布、核心分布型病虫的药效调查。分布不均匀、发生较轻的病虫宜采用棋盘式取样法。

(4) 平行线取样法　适于成行的作物田，取样点多，准确，每个样点应小些。适于核心分布型病虫的药效调查，如调查水稻螟虫螟害率采用200丛或240丛的取样。

(5)“Z”字形取样法　适用于田间分布不均匀如病虫分布田边较多，田中较少，特点

是样点较多。如稻蛀茎夜蛾（大螟）等嵌纹分布型病虫在田边发生较多或蚜虫、红蜘蛛前期在田边点片发生时，宜用此法。

3. 抽样数确定

进行抽样调查时，首先要确定对防治对象抽取多少样本。抽样数少了不准确，不能满足统计要求；抽样数多了人力所不及或浪费人力。一般地说，理论抽样数的多少依赖于 3 个因素：①空间分布型，昆虫种群数的聚集度越高所需抽取的样本越多；②置信水准和允许误差，这两个标准是按调查者的需要和可能来确定的，置信水准越高（如 $t=1.96$，置信概率为 0.95），允许误差越小，所抽的样本数越多；③种群密度，当聚集度、置信水准和允许误差相同时，种群密度越高，需抽取的样本数越少。

在实际药效调查中，有关这方面的研究目前尚少，特别是小区药效试验的取样量的研究更缺，目前多沿用一些习惯的做法，尚无统一的标准和规定。实际工作中，每增加一个调查点，工作量增加很多，特别是处理数和重复数较多时更是如此。如果调查数过多，超出调查人员承受能力的限度，则不可能获得准确的结果。一般以 5～8 个取样点为宜，取样数量不宜少于处理作物的 1%。

4. 试验取样单位

田间药效试验的取样单位，根据田间病、虫、草、鼠害的种类、不同虫态活动栖息的方式，及不同作物种类而灵活应用。取样单位（如面积、长度、容量、质量、植株或植株的部位）、取样时间都要统一。

（1）面积　常用于调查统计土壤害虫和密植的大田作物中的害虫。例如调查 0.1m^2 中的害虫数，若调查土壤害虫，应随着虫种和时期决定挖土取样的层次和深度。

（2）长度　较适用于调查条播密植作物上的病虫害。例如统计 1m 行长内的虫数或被害株数等。

（3）植株或植株一部分　适用于调查大株作物的虫数或受害程度。很多种害虫在植株上有一定的栖息部位，特别是那些体小不甚活泼、数量多、群聚在一起的害虫，如蚜、螨、蚧及各种病虫斑点等可取植株某一部分，如叶片、花蕾、果实等。

（4）容积　常用于调查贮粮害虫，例如统计每立方米容积中的虫数。

（5）质量　常用于调查贮粮害虫，例如调查每千克质量中的虫数。

（6）时间　常用于调查比较活泼的害虫，以单位时间内采得或目测到的虫数来表示。如一块玻片上经一定时间捕捉到空气中的孢子数等。

（7）器械　根据各种害虫的特性设计特殊的调查器械，如用捕虫网捕扫一定的网数，统计飞虱、叶蝉、盲蝽成虫的单网虫数。

取样单位和样点大小应根据植物种类、播种方式而定，一般密植禾谷类作物可采用 0.25m^2（撒播）或 1m 行长植物上的虫数，棉花每点 10～20 株，若虫口密度很大可检查一定叶面积上的虫口数，如蚜螨类害虫可检查 1cm^2 或一定叶片数上的虫口数。果树每小区选择 3～5 株，每株按东、西、南、北、中选 5 个方位，每个方位随意调查 5 片有虫或有卵的叶片。

5. 调查记载的内容

数据记录是试验实施及取样调查的一项重要工作。试验实施的全过程中的每项活动和环境情况，都应及时、如实地记录，切忌追记。一般应记录下列内容。

① 试验地点、土壤类型，如为药剂处理土壤或施药于田水和土表，应测土壤 pH 值及有机质和水分含量。

② 供试作物种类、品种及其生育阶段。

③ 试验对象的病虫草的发生及分布情况、病情指数、害虫的虫态和虫龄、杂草的生育阶段等。

④ 试验设计、小区面积和数目、排列方式及田间分布图。

⑤ 药剂名称、含量、剂型及生产厂家、施药日期和剂量。

⑥ 施药方法和使用机具（如喷雾器型号、喷孔大小和形状、使用压力、毒土撒施的深度）。

⑦ 施药时和施药后数天内的气象条件。

⑧ 药效调查日期、取样量和取样频率及调查方法、调查数据。

⑨ 用其他药剂、肥料灌溉情况及在试验区进行的其他管理措施。

⑩ 对作物、非靶标生物（天敌、有益生物）的生长影响以及对作物产量和品质的影响。

五、田间药效试验结果的计算

1. 杀虫剂药效试验结果计算

杀虫剂药效试验结果的计算应根据害虫发生规律、田间分布情况、施药方式、作物类别以及施药后调查时间而灵活掌握。

$$\text{虫口减退率}=\frac{\text{施药前虫数}-\text{施药后虫数}}{\text{施药前虫数}}\times100\%$$

杀虫药剂田间药效试验结果，害虫自然死亡率可以忽略不计时，常以死亡率或虫口减退率表示，亦称相对防治效果。但在自然死亡数量大的情况下，还要计算校正死亡率或校正虫口减退率。

（1）直接计数法　常用的计算公式有：

$$\text{防治效果}=\left(1-\frac{CK_0\times PT_1}{CK_1\times PT_0}\right)\times100\%$$

$$\text{防治效果}=\frac{PT-CK}{100-CK}\times100\%$$

式中，PT_0 为药剂处理区药前虫数；PT_1 为药剂处理区药后虫数；CK_0 为空白对照区药前虫数；CK_1 为空白对照区药后虫数；PT 为药剂处理区虫口减退率；CK 为空白对照区虫口减退率。

（2）目测法　对个体小、密度和繁殖量大的蚜虫、螨类等，尤其在试验处理项目多、重复次数多的药效试验中，调查费工、费时，难以逐个计数，可采用目测法。步骤是：①把调查叶片上的虫口数按一定数量分成几个等级；②把各处理区和对照区每次分级调查的数据，用下式计算虫情指数：

$$\text{虫情指数}=\frac{\sum(\text{各级叶片数}\times\text{相对级数值})}{\text{调查总叶数}\times\text{最高级数值}}\times100$$

计算防治效果：

$$\text{防治效果}=\left(1-\frac{T\times CK_0}{T_0\times CK}\right)\times100\%$$

式中，T 表示处理区施药后的虫情指数；T_0 表示处理区施药前的虫情指数；CK_0 表示对照区施药前的虫情指数；CK 表示对照区施药后的虫情指数。

（3）几种害虫的药效计算　杀虫剂对棉铃虫的药效计算公式：

$$\text{蕾铃被害率}=\frac{\text{被害蕾铃数}}{\text{总蕾铃数}}\times100\%$$

$$保蕾铃效果=\frac{对照区蕾铃被害率-处理区蕾铃被害率}{对照区蕾铃被害率}\times100\%$$

杀虫剂对二化螟、三化螟的药效计算公式：

$$枯心率或白穗率=\frac{总枯心数(或总白穗数)}{总调查株数}\times100\%$$

$$防治效果=\frac{对照区枯心(白穗)率-处理区枯心(白穗)率}{对照区枯心(白穗)率}\times100\%$$

杀虫剂对地下害虫（蝼蛄、蛴螬、金针虫、地老虎）等的药效计算公式：

$$幼苗被害率=\frac{被害苗数}{总苗数}\times100\%$$

$$保苗效果=\frac{对照区幼苗被害率-处理区幼苗被害率}{对照区幼苗被害率}\times100\%$$

2. 杀菌剂药效试验结果计算

（1）调查发病普遍率　调查目的是以病害发生的普遍与否表示药剂的效果，因此是以一整株或一叶片为计算单位，每一株或每一叶片上发现病症即算发病，计算调查总株（或总叶）数中发病百分率。优点是：方法简单，对某些全株性系统发病的病害如大麦条纹病、坚黑穗病、小麦散黑穗病、水稻恶苗病、干尖线虫病等病害特别适合，缺点是不能精确表示发病轻重度。

$$发病率=\frac{发病株(叶)数}{调查总株树}\times100\%$$

（2）分级计算法　有些病害如叶斑病等，因同一植株上或不同植株上危害程度有轻重之别，可根据叶上的病斑数，分成若干等级，例如分为 0、1、2、3、4、5 等六级，级数可按具体情况或多或少。分别检查药剂防治区别和不施药对照区的各级病叶数，计算防治区和对照区的病情指数。计算方法如下：

$$病情指数=\frac{\sum(各级病叶数\times相对级数值)}{调查总叶数\times最高级别代表值}\times100$$

$$防治效果=\left(1-\frac{CK_0\times PT_1}{CK_1\times PT_0}\right)\times100\%$$

式中，CK_0 为空白对照区施药前病情指数；CK_1 为空白对照区施药后病情指数；PT_0 为药剂处理区施药前病情指数；PT_1 为药剂处理区施药后病情指数。

若施药前未调查病情基数，防治效果按下式计算：

$$防治效果=\frac{CK_1-PT_1}{CK_1}\times100\%$$

3. 除草剂药效试验结果计算

化学除草剂田间药效试验结果，常以单位面积内杂草株数、鲜重情况的变化，计算除草效果。

$$防治效果=\left(1-\frac{CK-PT}{CK}\right)\times100\%$$

式中，PT 为药剂处理区存活杂草数（或鲜重）；CK 为空白对照区存活杂草数（或鲜重）。

除草剂试验中，对发生数量多、密度大的杂草种类，可用目测分级的方法评价除草剂的除草效果。但目测法须经实践、练习，取得经验后方可采用。

4. 杀虫剂、杀菌剂及除草剂药害试验分级标准

试验中要检查药剂对作物是否有害，记录药害的类型、危害程度和危害症状（矮化、褪

绿、畸形)。如药害能计数和测量，可用绝对值表示如株高等，也可按药害程度分级记录。

(1) 杀虫、杀菌剂对作物药害分级标准　见表 3-1。

表 3-1　杀虫剂和杀菌剂对作物药害的分级标准

分级		叶面被害率	分级	果面被害率
1	无危害	0	1 无危害	无锈斑
2	可忽视	<6.0%	2 轻度	有 10%以下锈斑
3	轻度的	6.1%～12.5%	3 中度	有 11%～30%的锈斑
4	中度	12.6%～25.0%	4 严重	有 30%以上的锈斑
5				
6				
7	严重	25.1%～50%		
8	很严重	>50%		
9				

(2) 除草剂对作物药害的分级标准　除草剂药害试验应该设人工除草作一基本对照。关于除草剂中毒症状评价，若症状可以计算或测量的，用绝对数值表示，如株数、高度等。若症状不能计算的，可采用以下分级标准（表 3-2）和百分率标准（表 3-3）进行。

表 3-2　除草剂药害分级标准

级　别	中毒症状
1	植株没有症状，健康
2	很轻度矮化
3	有轻微，但清晰可见的症状
4	有较重的症状，如失绿等，但对产量无影响
5	植株稀少，严重缺绿或矮化，预计对产量有损失
6	严重危害，直至整个植株死亡

表 3-3　除草剂药害百分率标准

程度	受害情况
无	完全无药害
微	微药害微小，对生长无影响
小	对生长有影响，但恢复以后，估计不会减产，或减产在 5%以内
中	对生长、产量有影响，估计减产率为 6%～15%
大	对生长、产量影响较大，估计减产率为 16%～30%
极大	药害极大，估计减产 30%以上

六、田间药效试验报告的撰写

试验完成后的 1 个月以内应写出试验报告（附原始数据），并加盖试验单位公章。为了提高农药登记田间药效试验报告质量，促进农药登记资料进一步规范化、科学化，农药登记田间药效试验报告分为封面和正文两部分，撰写内容遵循一定的要求。

（一）报告格式封面要求

封面上应以醒目大字标明试验名称（包括药剂含量、名称、剂型、作物、防治对象）、试验委托单位、承担单位、试验地点、试验许可证编号、技术负责人（具有农艺师以上的职称）、参加人员、报告完成日期。技术负责人名字需手签并加盖认证单位公章，报告还需盖骑缝章，正文使用宋体四号字（表格除外），末页需写明试验完成日期并加盖公章，统一用A4纸打印。

（二）报告正文内容要求

1. 试验条件

（1）作物和靶标　作物、品种名称、试验对象中文名和拉丁名。

（2）环境条件　如试验地情况、肥水管理、种植密度、生育期等。

2. 试验设计和安排

（1）药剂

① 试验药剂及处理剂量。应注明药剂含量、通用名称和剂型；试验方案规定的用药剂量。

② 对照药剂。应注明药剂含量、通用名称和剂型及生产企业、用药剂量（一般为当地常规用量，特殊试验可视目的而定）。

（2）小区安排

① 小区排列。说明小区排列方式。

② 小区面积和重复。说明试验小区实际面积和重复次数。

（3）施药方式

① 施药时间和次数。说明用药次数、每次施药日期、作物生育期、靶标生物生长期、用药时的天气状况（施药时及施药后7天内的降雨量、温度等气候资料）。

② 使用器械和施药方法。说明施药器械名称和施药方法（喷雾、泼浇、毒土、浸种、拌土等），并说明小区用药和用水（土、沙）量。

③ 气象资料。说明试验期间降雨和气温情况，尤其是可能影响试验结果的恶劣气候因素，如严重和长期的干旱、暴雨等。

④ 土壤资料。说明土壤类型、土壤肥力、作物产量水平、试验期间施肥和排灌情况等；土壤处理剂、除草剂须提供土壤pH值、有机质含量土壤条件、施肥水平、灌水情况、水层深度、持续时间等栽培情况及评价方法，包括调查的方法、时间、项目以及产量测定。

⑤ 防治非靶标生物情况。说明所用药剂名称、用药次数和用药时间。

3. 调查

（1）调查方法和分级标准

（2）调查时间和次数　说明基数调查时间和试验期间调查的时间和次数。

（3）调查数据及计算　需将每次调查的各处理四个重复的数据全部列出，并计算出平均数和防效。

（4）对作物的影响　说明对作物有无药害，如有，说明药害程度（级别）或与空白对照相比药害百分率；说明对作物有无有益影响，如有，说明哪方面的影响（如促进早熟、刺激生长等）。

（5）对其他生物的影响

① 对有益生物的影响。说明对试验区内和周围野生生物、鱼类和有益昆虫的影响。

② 对其他病、虫、草等的影响。说明对非靶标病、虫、草有益或无益的影响。

③ 对产量和品质的影响（植调剂）。列出每小区产量，计算与空白对照和对照药剂相比的增（减）产百分率；处理区产品营养成分、贮藏性能、外观、商品价值等与对照相比情况。

④ 结果。列出对试验数据进行生物统计分析的结果并说明计算、统计的方法。

4. 结果分析与讨论

(1) 药剂评价　评价药剂防效（防效、速效性、持效期）、安全性、对有益生物影响、与常用药剂相比优点和缺点等情况，说明可否大面积推广使用。

(2) 技术要点　推荐使用剂量及使用方法和次数，提出相应的使用技术及相关注意事项。

(3) 原因分析　若试验结果不理想或年度间差异较大，从气候、耕作制度、栽培管理措施、发生基数、用药时期、调查方法等方面分析其原因，并提出建议。

复习思考题

1. 48%毒死蜱乳油稀释 1500 倍或 2.5%敌杀死乳油稀释 2500 倍，计算一喷雾器水（15kg）加入该药剂的量。

2. 试说明田间药效试验的程序及试验设计原则。

3. 早春种植甜玉米时在下种盖土后用阿特拉津均匀喷在畦面上然后再盖膜，另留出不施药的对照区，在玉米出苗后 20 天对除草剂的防治效果进行调查，五点取样，每点 $0.20m^2$，各查 $1m^2$，分别将样点内杂草贴地面割下，称重，施药区杂草鲜重为 0.05kg，对照区杂草鲜重为 1.5kg，计算防除效果。

第四章　农业有害生物耐药性及综合治理

知识目标

- 了解害虫、植物病原物、杂草等有害生物的抗药性现状及产生抗药性的原因。
- 掌握影响农业有害生物抗药性发展的因素及抗药性治理措施。

技能目标

- 能够正确判断农业有害生物的抗药性，并能针对农业有害生物的具体种类，制定抗药性治理措施。

随着化学农药的广泛使用，有害生物的耐药性已成为当前化学防治中的一个重要问题。目前，至少有 500 多种昆虫及螨、150 多种植物病原菌、230 多种杂草生物型、2 种线虫及 5 种鼠产生了耐药性。在农业生产中，害虫、螨类及病原菌的耐药性问题比较突出，其次是杂草的耐药性。

第一节　害虫的耐药性

一、害虫耐药性的发展概况

害虫对杀虫剂抗性发展的历史，也是杀虫剂发展应用的历史。自从 1908 年首先发现美国的梨圆蚧对石硫合剂产生抗性之后，直至 1946 年，仅发现 11 种害虫及螨产生耐药性。1946 年后，随着有机合成杀虫剂的出现和推广使用，害虫耐药性发展速度明显加快。从 20 世纪 50 年代后期开始，由于有机氯和有机磷杀虫剂的大量使用，抗性害虫的种数几乎成直线上升。进入 20 世纪 80 年代以来，多抗性现象日益普遍，抗性发展速度加快。据统计，到 1989 年抗性害虫已达 504 种，其中农业害虫 283 种，卫生害虫 198 种，有益昆虫及螨 23 种。从杀虫剂类型来看，在 504 种抗性害虫中，抗 DDT 的有 263 种，抗有机磷的有 260 种，抗氨基甲酸酯类的有 85 种，抗拟除虫菊酯类的有 48 种。

我国最早是在 1963 年发现棉蚜、棉红蜘蛛对内吸磷产生耐药性，40 多年来，已发现有 30 多种农、林害虫及螨产生耐药性，其中大田作物害虫及害螨 22 种，贮粮害虫 7 种，林木害虫 1 种。对两类以上的杀虫剂产生抗性的害虫及害螨有棉铃虫、棉蚜、小菜蛾、菜青虫、柑橘全爪螨、棉叶螨等 19 种。

二、害虫耐药性的含义及判断

世界卫生组织（WHO）在 1957 年对昆虫耐药性提出的定义为：昆虫具有忍受杀死正常种群大多数个体的药量的能力，该能力在其种群中发展起来的现象，称为昆虫耐药性。即多次使用药剂后，害虫形成了对该药常规剂量的忍受能力，而这个剂量对同种害虫正常种群中的大多数个体仍然是有效的。

害虫对某种杀虫剂产生耐药性后，再用这种杀虫剂进行防治，其防治效果会降低。但在农业生产中，不能一出现药效降低的现象，就认为是耐药性，因为药效降低的原因是多方面的，如农药的质量、施药技术、环境条件以及害虫的虫态、龄期、生理状态等，都会影响药效。只有在同一地区连续使用同一种药剂而引起昆虫对药剂抵抗力的提高，这样方可说明该种昆虫对该药剂产生了耐药性。

判断害虫是否产生了耐药性，要经过严格的测定。一般是通过比较昆虫抗性品系和敏感品系的致死中量（或致死中浓度）的倍数来确定，也可用区分剂量（即敏感品系的 LD_{99} 值）方法来测定昆虫种群中抗性个体百分率。对农业害虫来说，如果抗性倍数达到 5 倍（卫生害虫在 5～10 倍）以上，或者抗性个体百分率在 10%～20%，一般说昆虫已产生了耐药性。抗性倍数或抗性个体百分率愈大，其耐药性程度也就愈高。

三、害虫耐药性的类型

害虫的耐药性可分为自然耐药性和获得耐药性两种类型。

1. 自然耐药性

自然耐药性是指由于昆虫种的不同，或同种而不同的发育阶段、不同的生理状态等，而对农药产生不同的耐药力，这种现象称为自然耐药性。这种抗性是一个种全部个体的共同特性，例如抗蚜威能防治多种蚜虫，但棉蚜耐药性很强。昆虫在一定的生长发育阶段，也会产生较强的耐药性，例如多种有机磷杀虫剂在田间防治棉红铃虫效果很好，而对越冬期的虫态却无效，这是因为滞育幼虫具有很强的耐药性。这种耐药性是自然存在的，不是药剂选择的结果。

2. 获得耐药性

获得耐药性是指由于使用农药而导致昆虫产生的耐药性。这种耐药性是因为在同一地区，长期连续使用同一种或同一类作用机制的药剂防治某种害虫，引起该种害虫对药剂抵抗力的提高。例如，山东棉区长期使用溴氰菊酯防治棉铃虫，致使棉铃虫对该药的抗性倍数达到 23 倍以上。根据害虫耐药性的表现，获得耐药性又分为以下几种类型。

(1) 单一抗性　某种害虫只对一种药剂有抗性，称为单一抗性。但有时由于抗性生化机制关系，对该药的其他同系物也有抗性，这仍属于单一抗性。

(2) 多种抗性　某种害虫对多种不同类型的杀虫剂同时产生耐药性，这种现象称为多种抗性，又称复合抗性。这是因为具有单一抗性的害虫，用另一种药剂选择，结果害虫不仅对前种药剂仍保持有抗性，对后使用的药剂又发展了新的抗性。例如在我国棉铃虫、小菜蛾对有机磷、氨基甲酸酯及拟除虫菊酯杀虫剂的多个品种产生了耐药性。

(3) 交互抗性　害虫对某种药剂产生抗性后，对未曾使用过的另一些药剂也有抗性，这种现象称为交互抗性。又称正交互抗性。例如对溴氰菊酯产生抗性的棉蚜，对氯氰菊酯、氯氟氰菊酯等其他多种拟除虫菊酯都产生了交互抗性，对速灭威产生抗性的灰飞虱对马拉硫磷也有交互抗性。一般来说，作用机制相同或相近的药剂，容易产生交互抗性。必须指出，害虫的交互抗性问题是复杂的，交互抗性可以发生在同类农药的不同品种间，或不同类农药的品种间，一种害虫并不是对一类农药中所有的药剂品种都能产生交互抗性，如抗氰戊菊酯的烟芽夜蛾对溴氰菊酯有交互抗性，而对氯氟氰菊酯的交互抗性程度却很低。

交互抗性与多种抗性是不同的，多种抗性是害虫对几种药剂的抗性机理不同，是由不同抗性因子造成的；而交互抗性的耐药性机理相同，是由相同抗性因子造成的。

(4) 负交互抗性　害虫对某种杀虫剂产生抗性后，反而对另一种未曾使用过的药剂变得

更为敏感，这种现象称为负交互抗性。例如抗马拉硫磷的褐飞虱对氰戊菊酯有负交互抗性，抗有机磷的二点叶螨对氰戊菊酯有负交互抗性。负交互抗性常发生在作用和代谢机制不同的农药之间。

四、害虫耐药性的形成与机理

1. 害虫耐药性的形成

害虫耐药性的形成主要有两种学说，即选择学说和诱导变异学说。

（1）选择学说　认为昆虫种群中本来就存在少数具有抗性基因的个体，使用杀虫剂后，通过药剂的选择作用，杀死敏感个体，抗性个体存活下来，通过繁殖将抗性基因遗传给后代，经过如此反复选择，抗性逐代增强，若干代后形成抗性品系。认为杀虫剂在抗性形成过程中起着将抗性个体选择出来的作用。

（2）诱导变异学说　认为昆虫种群中本来不存在具有抗性基因的个体，而是在杀虫剂的直接作用诱导下，使昆虫种群内的某些个体发生突变，产生了抗性基因，再通过杀虫剂的进一步选择作用，抗性逐代增强，最后形成抗性品系。认为杀虫剂在抗性形成中起着诱导突变的作用。

2. 昆虫耐药性机理

了解昆虫获得耐药性的机理，对指导设计延缓抗性产生的对策及措施具有重要意义。害虫耐药性机制主要有代谢解毒能力增强、靶标敏感性降低、表皮穿透力降低及行为改变。

（1）代谢解毒能力增强　杀虫剂进入昆虫体内到达靶标之前，被体内的酶类物质代谢分解，失去杀虫活性。如多功能氧化酶、羧酸酯酶、脱氯化氢酶、谷胱甘肽转移酶等，它们能把有毒的杀虫剂分解成毒性较低的代谢物，并进一步代谢或排出体外。昆虫体内这些酶系代谢活性增强，是产生耐药性的重要机制。例如棉铃虫对拟除虫菊酯类杀虫剂的抗性，就与幼虫体内高活性的多功能氧化酶密切相关。

（2）靶标敏感性降低　杀虫剂在昆虫体内的作用靶标发生变化，从而对杀虫剂不再敏感。例如有机磷和氨基甲酸酯类杀虫剂，主要是通过抑制昆虫体内的靶标——乙酰胆碱酯酶，来发挥它们的毒效作用。而在抗性害虫体内，乙酰胆碱酯酶的敏感度降低，不受药剂的抑制或降低了药剂的抑制速率，使昆虫对这两类杀虫剂具有耐药性。

（3）穿透速率降低　杀虫剂对昆虫表皮的穿透率降低，是害虫产生抗性的机制之一。例如对氰戊菊酯产生抗性的棉铃虫幼虫，药剂对其体壁的穿透速率明显较敏感品系慢。

（4）行为改变　在药剂的选择压力下，一些有利于昆虫生存的行为得以保存和发展，从而使昆虫种群中具有这些行为的个体增多，使害虫产生行为抗性。例如家蝇及蚊子会飞离药剂喷洒区而存活。

害虫的抗性机制是复杂的，实际上，害虫的抗性并非都是由单个抗性机制引起的，往往同时存在几种抗性机制。

五、影响害虫耐药性发展的因素

影响害虫耐药性发展的因素比较复杂，主要有遗传因子、生物学因子和操作因子。

1. 遗传因子

害虫种群中的抗性基因频率（即含有抗性基因个体的多少）是决定抗性速度的主要因素。频率越高，在同样的选择压力下形成抗性种群的速度就越快。有些昆虫抗性基因频率本

来就高，因此选择1～2代后就会出现抗性种群。

抗性基因的数目、显隐性等，也会影响抗性的发展。如果抗性基因是复基因、显性基因，抗性发展较快；若抗性基因是单基因、隐性基因，则抗性发展较慢。

2. 生物学因子

一般来说，生活史短，每年世代数多，繁殖率高，群体大，接触药剂的机会就多，产生耐药性的可能性就大。例如蚜虫、螨类等都属于这种情况。而一些地下害虫世代周期较长，每年仅发生1～2代，甚至2年才1代，因此抗性发展十分缓慢。抗性的形成还与昆虫的迁飞扩散习性有关，迁移扩散能力小的害虫，容易形成耐药性群体；迁移扩散能力强的害虫，抗性发展相对较慢。此外，昆虫的种不同，产生抗性品系的速度也有差异。

3. 操作因子

操作因子即为受人们操作和控制的因子。包括使用药剂的种类、剂型、用量及使用方法等。一般来说，药剂使用量越大，使用次数越频繁，使用面积越大，接触的害虫群体就越大，耐药性出现就越快。停止用药，耐药性可能逐渐消失。从农药的性质来说，一般昆虫对拟除虫菊酯类杀虫剂的抗性发展快于其他类型的药剂，使用持效期长的药剂和剂型，抗性产生得快。

六、害虫耐药性治理

耐药性治理是指既将害虫控制在为害的经济阈值以下，又保持害虫对杀虫剂的敏感性。耐药性治理可分为预防性的治理和治疗性的治理，前者是指预防耐药性产生，后者是指治疗耐药性。耐药性治理措施主要有以下几个方面。

1. 抗性监测

加强目标害虫种群对杀虫剂抗性的监测，明确抗性谱，以便适时更换农药品种及合理搭配用药。

2. 综合治理

综合运用农业技术、生物防治、物理防治和化学防治等措施，是防止和克服害虫产生耐药性的重要方法。特别是化学防治与生物防治相结合，可有效地解决抗性问题。

3. 合理的用药时期和用药量

使用化学农药防治害虫时，尽量放宽防治指标，害虫种群达到经济阈值再用药防治，这样可以减少用药次数和用药量，降低选择压力，降低抗性频率上升速度，延缓耐药性的产生。

4. 农药交替轮换使用

选用抗性机理不同的没有交互抗性的杀虫剂交替使用，是减缓和克服害虫耐药性的重要措施。例如对水稻褐飞虱，先用马拉硫磷和甲萘威交替处理3个世代后，再用马拉硫磷处理12个世代，褐飞虱对马拉硫磷的抗性只有20倍；而单一连续用马拉硫磷处理15个世代，褐飞虱对马拉硫磷的抗性倍数则高达202倍。

5. 改用农药品种

改用没有交互抗性的农药品种，优先换用具有负交互抗性的农药品种，可有效地克服害虫的耐药性。例如对拟除虫菊酯类产生抗性的棉铃虫，改用灭多威防治，抗敌百虫的菜青虫换用乙酰甲胺磷防治，都有较好的防治效果。试验证明，抗溴氰菊酯的棉蚜对灭多威有负交互抗性，改用灭多威防治这种抗性棉蚜效果良好。

6. 合理混用农药

将杀虫机理或代谢途径不同的农药混合使用，也是防止和克服害虫耐药性的有效措施。药剂混用时单一成分用量减少，选择压力小，有利延缓害虫抗性的产生，或混用后通过生化机理而增效。例如辛硫磷与溴氰菊酯混用，可延缓害虫抗性的发展，且有增效作用；又如害虫对敌百虫和马拉硫磷都产生了抗性的地区，若改用敌百虫与马拉硫磷的混合剂防治，药效又能恢复。但农药混用必须避免产生多抗性的问题，只有科学合理混用农药，才能充分发挥其在抗性治理中的作用。

7. 加入增效剂

增效剂本身对害虫没有活性，但与杀虫剂混用后，可起破坏害虫耐药性机制的作用，如抑制解毒酶的活性，增强药剂对靶标的渗透性等，因而能显著地提高防治效果，杀死抗性害虫。例如在拟除虫菊酯或有机磷杀虫剂中加入增效磷（增效剂），防治害虫有增效作用，且对抗性棉蚜、棉铃虫防治效果明显提高。

第二节　植物病原物的耐药性

植物病原物的耐药性是指原来对药剂敏感的植物病原物，在药剂选择压力下出现敏感性下降的现象。病原物耐药性发生的历史远远晚于害虫耐药性发生的历史，在20世纪60年代后期，由于大量使用选择性强的内吸杀菌剂，植物病原物出现较高水平的耐药性，致使化学防治效果降低甚至失效。

目前已发现产生耐药性的植物病原物种类有病原真菌、细菌和线虫，其他病原物的化学防治水平还很低，有些甚至还缺乏有效的化学防治手段，因此还没有出现耐药性问题。

植物病原真菌的耐药性最为突出，目前已知产生耐药性的植物病原真菌有数百种。产生抗性的药剂主要是内吸杀菌剂和抗生素类。植物病原细菌的耐药性远远不如真菌耐药性重要，因为可用于防治植物病原细菌的药剂种类较少，用药水平较低，抗性形成缓慢。

一、病原物耐药性产生机理

通过遗传变异而获得耐药性，是病原物在自然界能够赖以延续的一种快速生物进化的形式。在自然界病原物群体中，本来就存在耐药性菌株和敏感菌株，这些抗性菌株是由于各种条件的变化而产生突变形成的，耐药性可以遗传。也就是说，病原菌通过随机突变而出现抗性个体，这些抗性个体在农药应用之前就存在于病菌群体之中。使用药剂后，将群体中大部分敏感病菌杀死，留下比例很少的耐药性个体。这些耐药性个体在药剂的选择下继续生长繁殖，侵染寄主，从而提高了耐药性病菌在群体中的比例，药剂防治效果下降。生产上为了保持防治效果，往往加大用药量和用药频率，而进一步加速耐药性病菌群体形成，导致化学药剂防治失败。因此，病原物耐药性是由病原物本身遗传基础决定的，农药是抗性突变病菌的强烈选择剂，而不是抗性产生的诱变剂。

病原物的耐药性机制，有遗传机制和生理生化机制。从遗传机制讲，病原物的耐药性状是由遗传基因决定的，由于基因的突变而导致病原物产生耐药性。生理生化机制，主要有4个方面。①减少药剂的吸收或增加排泄。降低药剂进入病菌细胞膜的能力，药剂不能到达作用靶点。或者将已进入细胞内的药剂排出体外，阻止药剂积累而表现耐药性。②降低亲和性。降低药剂与病菌作用靶点的亲和力而表现耐药性，这是病原菌产生耐药性的重要机制。

③增强解毒或降低活化代谢能力。病菌将药剂转化为无毒化合物，或降低药剂生成有杀菌活性的物质。④补偿作用。病菌改变某些生理代谢，使药剂的抑制作用得到补偿。

二、影响病原物耐药群体形成的因素

影响病原物耐药群体形成的因素主要有以下几个方面。

1. 原始抗性基因频率

植物病原群体中原始耐药性基因频率越高，就越容易形成耐药性群体。如果植物病原群体在接触药剂前就存在抗性基因，长期使用同种或作用机理相同的一类杀菌剂，杀死敏感个体，而抗性个体保留下来，通过遗传、繁殖及药剂的选择，耐药性会逐渐增强。

2. 耐药性遗传特征

病原菌耐药性发展的速度与耐药性遗传类型有关，病原菌对杀菌剂耐药性遗传性状主要表现为质量遗传和数量遗传两种类型。表现为质量遗传的耐药性发展较快，质量变化的耐药性是由单个或几个主基因控制的；而表现为数量遗传的耐药性发展较慢，数量变化的耐药性是由多个微效基因控制的。

3. 药剂的种类

一般内吸杀菌剂对病菌的作用靶点单一，耐药性的形成极易受病菌变异的影响，病菌对这类杀菌剂容易产生耐药性；而保护性杀菌剂对病菌的作用靶点较多，病菌不易同时发生多基因突变，对这类药剂也就不易产生抗性。

4. 适合度

适合度是指病菌耐药性突变体与敏感群体在自然环境条件下的生存竞争能力，耐药性病原菌的适合度高低，对抗性病原菌群体的形成具有重要影响。如果抗性病原菌适合度低，则不易形成耐药性群体。即使形成了抗性，只要降低选择压力，如停止或减少用药，抗性水平就会下降。若抗性菌与敏感菌有相似的适合度，或抗性病菌比敏感菌竞争能力强，则易于产生耐药性群体。

5. 病害循环

一般多循环植物病害，病原菌繁殖速率快、产孢量大，通过气流传播，容易产生耐药性群体；而单循环植物病害，病原菌繁殖速率慢，不容易产生耐药性群体。例如白粉菌、灰霉菌、霜霉菌等在田间易形成耐药性群体，而立枯病菌则不易形成抗性群体。

6. 农业栽培措施和气候条件

凡是有利于植物病害发生发展的栽培措施及气候条件，病原菌繁殖率高，群体数量大，防治用药水平高，易形成耐药性病原菌群体。例如在同一地区作物品种布局单一、种植感病品种、连作、水肥失调等，都可能引起病害严重发生而增加用药，有利于病菌抗性群体形成。温室或大棚栽培作物，不但有利于病害发生，而且病菌不易与外界交换，容易形成耐药性病原群体。

三、病原物耐药性的治理

杀菌剂耐药性治理，就是以科学的方法，最大限度地阻止或延缓病菌对相应杀菌剂抗性的产生及抗性群体的形成，延长药剂的使用寿命，确保较好的防治效果。

病原菌耐药性治理的基本原则是：①使用易产生耐药性的杀菌剂时，应采用综合防治措施，尽量降低药剂对病菌的选择压力；②考虑所有影响耐药性发生及发展的相关因子；③在田间病原菌出现耐药性导致防效下降以前，及早采用耐药性治理策略。

杀菌剂耐药性治理的策略主要有以下几个方面。

（1）抗性监测　加强目标病原菌对杀菌剂抗性的监测，明确抗性谱及抗性动态，以便及早采取合理的用药措施。

（2）合理的用药时期和用药量　在病害发生和流行的关键时期用药，尽量减少用药次数，使用最低有效剂量。

（3）农药交替轮换使用　将不同作用机制的杀菌剂交替使用，但应避免两种易产生耐药性的杀菌剂轮用，防止病菌产生多重抗性。

（4）合理混用农药　在了解杀菌剂的作用机理、耐药性发生状况和抗性机理的基础上，将杀菌剂混合使用，选用科学的混用配方。例如三唑酮和十三吗啉都是防治白粉病的特效药，但两者的作用机制不同，二者混用既可延缓白粉病菌产生耐药性，又可增加防治效果。

（5）开发和改用农药品种　开发和改用新专化性杀菌剂，储备较多的有效药剂品种。开发具有负交互抗性的杀菌剂，这是治理病原菌耐药性的一种有效途径，例如对多菌灵产生抗性的灰霉病菌对乙霉威有负交互抗性。

（6）限制用药　避免在较大范围内使用同种或同类杀菌剂，防止产生交互抗性；避免用土壤或种子处理的方法防治枝叶病害；防治病害以化学保护为主，如果某种杀菌剂在某个地区已经产生了严重抗性，应停止使用该种杀菌剂。

（7）综合防治　根据病原菌的生物学和遗传学特性以及植物病害流行理论，对病害进行综合防治，减少对化学杀菌剂的依赖，防止和延缓耐药性产生。

第三节　杂草的耐药性

随着化学除草剂的广泛使用，田间杂草逐渐产生了耐药性，出现耐药性杂草生物型。抗性杂草生物型是指在一个杂草种群中天然存在的有遗传能力的某些杂草生物型，这些生物型在除草剂处理下能存活下来，而该种除草剂在正常使用情况下能有效地防治该种杂草种群。

一、杂草耐药性的发展概况

早在 1950 年，美国夏威夷的甘蔗田中就发现了竹节花对 2,4-D 产生了耐药性，但人们通常把 1968 年发现抗三氮苯类除草剂的欧洲千里光作为报道的首例抗性杂草。据 1995～1996 年进行的杂草对除草剂抗性的国际调查中，在 42 个国家有 183 种对除草剂抗性的杂草生物型。到 20 世纪末，耐药性杂草生物型已有 233 个，平均每年增加 9 种。我国 1993 年发现某些地区稻田的稗草对丁草胺、禾草丹产生了耐药性，1996 年江苏麦田杂草牛繁缕、看麦娘对绿麦隆出现耐药性。杂草耐药性的出现与发展，给农田杂草的化学防除带来了困难。

二、杂草耐药性的形成与机理

1. 杂草对除草剂耐药性的形成

杂草耐药性群体的形成有两种学说。一种是选择学说，认为在杂草自然群体中本来就存在一些耐药性个体或具有耐药性的遗传变异类型，药剂使用后在除草剂的选择压力下，抗性个体保留下来，经繁殖而逐步发展成耐药性的群体。而在没有使用除草剂的情况下，由于杂草群体效应及竞争作用，抗性个体因数量极少难以发展起来。

另一种为诱导学说，认为长期使用除草剂，在除草剂的诱导作用下，使杂草体内基因发生突变或基因表达发生改变，从而提高了对除草剂的解毒能力或使除草剂与杂草体内作用位

点的亲和能力下降，而产生耐药性的突变体，耐药性可以遗传。在除草剂的选择压力下，耐药性个体逐步增加，发展成为耐药性生物型群体。

杂草对除草剂耐药性的形成有其生物学和遗传学的基础，但大多数耐药性生物型的出现，是由于除草剂作用位点基因突变的结果。除草剂的大量连续使用可能起了诱导和选择作用，使得耐药性生物型得以繁殖和发展。此外，由于大多数耐药性杂草的竞争能力与生态适应性一般不如敏感性生物型强，当除草剂停止使用以后，也会出现耐药性生物型群体的下降或抗性消失的现象。

2. 杂草耐药性的机理

杂草耐药性机理主要有除草剂作用位点的改变、对除草剂解毒能力的提高、隔离作用及吸收传导差异等几个方面。

(1) 除草剂作用位点的改变　许多杂草中，耐药性生物型的出现是由于除草剂作用位点得到遗传修饰的结果，这在大多数磺酰脲类、咪唑啉酮类、三氮苯类以及二硝基苯胺类除草剂的耐药性研究中已得到证实。例如二硝基胺类除草剂的作用机理主要是干扰微管的形成及功能。在牛筋草的耐药性生物型中，存在一种新型的β-微管蛋白，这种新型微管蛋白组成的微管稳定性显著增加。而正常敏感牛筋草体内不存在这种新型的β-微管蛋白，在除草剂的作用下，微管大量解体消失。

(2) 对除草剂解毒能力的提高　一些耐药性杂草通过对除草剂降解或轭合作用的增强，将除草剂代谢成低毒或无毒的物质，从而失去活性，这也是杂草产生耐药性的原因。例如马唐对莠去津产生抗性的机制，是由于其体内谷胱甘肽与除草剂轭合作用增强，提高了对除草剂的解毒能力；又如对百草枯产生抗性的野塘蒿，其叶绿体中对药剂有解毒作用的酶的活性增强。

(3) 屏蔽作用或隔离作用　杂草通过对除草剂及其有毒代谢物的屏蔽作用或隔离作用而具有耐药性。例如野塘蒿和飞蓬属一些杂草对百草枯产生耐药性后，药剂的移动受到限制，这是由于百草枯与耐药性植物中的细胞组分结合或由于在液泡中累积，使百草枯与叶绿体的作用位点相隔离。

三、杂草耐药性的综合治理

耐药性杂草生物型的出现和危害与作物连作、农田耕作及栽培活动的减少、高强度除草剂的使用等有密切联系。因此，耐药性杂草的治理也应是多种方法的综合运用，包括对除草剂耐药性生物型杂草的检疫、除草剂的合理使用、合理轮作、改进耕作方式、采用生物除草技术等多种方法。

1. 除草剂交替轮换使用

除草剂合理的交替轮换使用，是杂草耐药性综合治理的一项重要措施。防除农田杂草时，要避免长期单一使用某种除草剂，尤其是当发现某种除草剂在推荐用量下防除效果下降，并证实是由于抗性杂草的生物型频率上升所引起的，通常不要采用增加用药量的方法来提高防除效果，而应采用另一类（种）除草剂进行交替轮换使用。在选择轮用除草剂时必须注意：①轮换使用没有交互抗性的除草剂，优先选用具有负交互抗性的除草剂；②轮换使用不同类型的除草剂，避免同一类型或结构相近的除草剂长期使用；③轮换使用对杂草作用位点复杂的除草剂；④轮换使用作用机制不同的除草剂。

2. 除草剂的混用

除草剂的合理混用，也是杂草耐药性综合治理的一种重要方法。将不同作用机制的除草

剂按一定比例混配使用，可明显降低耐药性杂草的发生概率，阻止或延缓杂草耐药性的发生发展。同时还能扩大杀草谱，增强药效，减少单一成分的用药量，提高对作物的安全性，降低对后茬敏感作物的影响。但应避免具有交互抗性或作用位点相同的除草剂混合使用，避免长期连续使用同一种混剂或混用组合，防止诱发多抗性杂草的出现。

3. 除草剂的限制使用

在经济阈值水平上使用除草剂，限制除草剂的用量，有意识地保留一些田间、地边杂草，可以使敏感性杂草和耐药性杂草产生竞争，通过生态适应、种子繁殖、传粉等方式形成基因流动，以降低耐药性杂草种群的比例。

4. 农业防治、生物防治及其他防治措施

农业防治主要包括作物轮作、耕翻、放牧、休闲等。作物轮作可避免田间使用单一除草剂，从而延缓杂草产生耐药性。轮作还可以改变杂草的适生环境，减少杂草的数量，减少除草剂的用量。耕翻可以将更多的杂草种子埋入土壤深层，减少除草剂的使用量及选择压力。

杂草的生物防除主要有以菌治草、以虫或动物治草、以草治草等。例如用鲁保 1 号防治大豆菟丝子效果显著，我国利用豚草条文叶甲控制豚草危害，稻田养蟹可防除稻田杂草，果园种植三叶草坪可控制杂草危害。

复习思考题

1. 试述害虫的自然耐药性、获得耐药性、交互抗性、负交互抗性、多抗性的含义。
2. 影响害虫耐药性发展的因素有哪些？
3. 害虫抗性治理主要有哪些措施？
4. 影响病原物耐药性群体形成的因素有哪些？
5. 概述病原物抗性治理的用药策略。
6. 简述杂草对除草剂耐药性形成的学说。
7. 概述杂草耐药性治理的主要措施。

第五章　农药对周围生物群落的影响

知识目标

• 了解害虫的再猖獗和次要害虫上升现象。

• 了解农药对天敌、传粉昆虫及家蚕、水生生物和土壤微生物的影响，掌握化学防治与生物防治的协调措施。

技能目标

• 在使用农药时，能够从对环境安全的角度选择使用方法。

任何生物在自然界中都不是孤立存在的，都处于一定的生态系中，与周围的其他生物和环境形成千丝万缕的联系，形成了复杂的食物网和不可分割的统一整体。在农业生产活动中，农药的使用已经越来越普遍，在某些情况下已经成为不可或缺的一部分。农药的使用，必然会影响自然界的生物群落和生态系，敏感种群逐渐减少或消失，抗性种群增多或加强，处在食物链较高位置的捕食性鱼类、鸟类或野生动物会富集大量的高残留农药导致死亡，打破了自然界相互制约的作用。因此，在使用农药时，必须从整个生态系的角度出发，充分考虑和研究对周围生物群落的影响，科学合理地使用农药。

第一节　化学防治对害虫群落和天敌的影响

施用农药防治有害生物，导致生物种群种类发生变化，大量天敌被误杀，有害生物产生耐药性、再猖獗和次要害虫上升等一系列问题，打破了天敌和有害生物之间原有的生态平衡。

一、害虫的再猖獗和次要害虫上升

现在生产上使用的杀虫剂大多属广谱性的，它们对靶标害虫、非靶标害虫和益虫具有不同程度的致死性影响，从而可使靶标害虫种群在短期内大幅度下降，而害虫的天敌由于受到药剂的直接杀伤加之食物短缺的双重影响，损伤更为严重，其结果常造成害虫的再猖獗，从而引起对作物的更大危害。害虫的再猖獗是指使用某些农药后，害虫密度在短时期有所降低，但很快出现比未施药的对照区增大的现象。如在稻田多次使用化学农药防治稻飞虱，大量杀伤了飞虱天敌稻田蜘蛛，结果引起近几年稻飞虱的大暴发。

引起害虫再猖獗的原因是复杂的，概括而言有以下几方面：农药（如农药的使用次数、时间和方法等）、寄主植物（如品种、种植时间等）、害虫产生耐药性等，其中研究认为农药是引起害虫再猖獗的主要原因。其具体表现在：①农药对天敌种群的破坏；②农药亚致死剂量刺激害虫生殖和激素变化；③农药改变寄主植物的营养成分。据报道，用对硫磷防治草莓的樱草狭跗线螨时，由于杀死该螨的天敌——捕食螨，使害螨种群数量增加 15～35 倍，而未用药的地块这种害螨的数量却逐渐下降。害螨的再猖獗除由于杀伤其天敌外，另一个原因

就是某些药剂对该螨的繁殖可能具有刺激作用。

从 20 世纪 60 年代以来，有关害虫再猖獗的研究在国内外已有很多报道。近 10 多年来，报道田间害虫再猖獗事例呈上升趋势，涉及的害虫有棉铃虫、棉蚜、烟粉虱、棉花二斑叶螨、水稻褐飞虱、三化螟和稻纵卷叶螟、小菜蛾等。

农药的不合理使用不但会引起靶标害虫的再猖獗，而且也会引起次要害虫上升。如抗虫棉对棉铃虫等鳞翅目害虫具有很好的抗性，棉田捕食性天敌增多，对保护农田生态系统的平衡具有一定的作用。但随着种植年限的延长，棉田昆虫种群发生明显变化，一些次要害虫上升为主要害虫。近年来绿盲蝽在部分棉区严重发生，在不施药防治的条件下，棉株顶尖被害率达 100%。

二、农药对害虫天敌的影响

害虫的天敌种类很多，包括病原微生物（病毒、细菌、真菌、原生动物和线虫）、蜘蛛、昆虫（捕食性及寄生性昆虫）和脊椎动物（蛙类和鸟类）等。在自然界正常情况下，害虫与天敌之间保持动态平衡状态。通常天敌对农药比较敏感，繁殖速率又比害虫慢，若农药使用不当，往往会造成天敌大量死亡，引起害虫的再猖獗。

农药中以杀虫剂对害虫天敌的影响较大，而杀菌剂与除草剂影响较小。对害虫天敌的毒性随药剂种类、天敌种类及其发育阶段而有相当大的差异。席敦芹等比较了高效氯氰菊酯、三氟氯氰菊酯、毒死蜱、啶虫脒和阿维菌素对异色瓢虫的毒性，LC_{50} 值依次为 9.04mg/L、14.93mg/L、44.88mg/L、156.71mg/L 和 313.44mg/L。可见选用阿维菌素和啶虫脒防治蚜虫，对异色瓢虫最安全。吴长兴等测定了毒死蜱和甲氰菊酯对赤眼蜂的毒性，结果毒死蜱对欧洲玉米螟赤眼蜂和玉米螟赤眼蜂都属高毒，其中对成蜂的毒性高于预蛹期；甲氰菊酯对欧洲玉米螟赤眼蜂属中毒，对玉米螟赤眼蜂属低毒。

农药除直接杀伤天敌外，还降低天敌的繁殖率、影响行为和取食、杀伤猎物而减少其食物源、使残存个体的功能丧失或减弱等。

三、化学防治与生物防治的协调措施

① 及时掌握害虫和害虫天敌的发生情况，努力做到“四查二定”，即查害虫发生期、害虫天敌发生期，定用药适期；查害虫发生量、天敌发生量，定防治对象。

② 施用具有选择性或内吸性的农药。如防治飞虱、叶蝉，可选用异丙威等氨基酸酯类杀虫剂。防治蚜虫可选用内吸性强的药剂如乐果、吡虫啉等，或选择性药剂抗蚜威。防治红蜘蛛可选用三氯杀螨醇加石硫合剂，既可以杀卵，又杀成虫，防治效果好，对天敌也比较安全。

③ 选用适当的农药剂型、浓度和施药方法。一般来说，同一种农药，喷雾及喷粉对天敌杀伤较大，如改用毒土或颗粒剂撒施，则对天敌较为安全。同一药剂，使用浓度不同，对天敌影响也不同。此外，施用方法不同，对天敌的影响也大不一样。如采用内吸杀虫剂树干涂环法或者灌根法防治介壳虫或蚜虫，拌种法防治苗期病虫害，毒饵诱杀防治地下害虫，都能避免杀伤大量天敌。

④ 掌握适期，避开天敌盛期和敏感期施药。施药时期应根据害虫防治适期和天敌发生情况适当地进行安排，若发生矛盾，则必须加以调整，或提前或推迟。为保护寄生蜂，应尽量避开蜂的羽化高峰期、幼蜂期、化蛹前期和初蛹阶段施药；对蜘蛛应避开优势种的孵化和激增期施药；对蛙类则要避开蝌蚪和幼蛙期施药。天敌昆虫一般蛹期抗药能力最强，施药时

应该选择盛蛹期进行为宜。

第二节 农药对传粉昆虫及家蚕的影响

一、农药对传粉昆虫的影响及防救措施

1. 农药对蜜蜂的影响

蜜蜂和其他传粉昆虫能帮助多种植物传粉，对农业生产起着重要作用。蜜蜂对多种农药是敏感的，大田施药若不注意，就会引起蜜蜂大量死亡，也间接影响农作物的产量。农药对蜜蜂的污染途径主要有：①直接触杀；②摄入受农药污染的花粉后产生胃毒作用；③吸入挥发性农药产生熏杀作用而中毒受害。

农药对蜜蜂的毒害受如下多方面因素的影响。

① 农药的毒性。通常把农药对蜜蜂的毒性按 LD_{50} 分为 3 个等级。高毒：0.001～1.99μg/蜂；中毒：2.0～10.99μg/蜂；低毒：≥11μg/蜂。

易对蜜蜂产生危害的主要农药品种见表 5-1。有机磷类农药、菊酯类农药、氨基甲酸酯类农药（克百威）及一些新药如氟虫腈、吡虫啉对蜜蜂均有高毒，施药后数天内蜜蜂不能接触。

② 农药的剂型及其施药方法。水剂、水乳剂或粉剂喷施时易致蜜源污染，其次喷粉、喷雾易污染蜜源作物。

③ 施药时间。蜜源作物花期施药均易导致花粉污染或触杀蜜蜂。

表 5-1 易危害蜜蜂的主要农药品种 μg/蜂

农药	LD_{50}	农药	LD_{50}
甲氰菊酯	0.05	甲基异柳磷	0.05
氟氰戊菊酯	0.078	辛硫磷	1.96
溴氰菊酯	0.047～0.079	杀螟硫磷	1.58
氯氰菊酯	0.033	吡虫啉	0.03
甲氨基阿维菌素苯甲酸盐	0.73	克百威	0.044
三唑磷	0.058	丙硫克百威	0.28
乐果	0.09	甲萘威	2.21
甲基对硫磷	0.014	残杀威	2.53
毒死蜱	0.34		

注：引自 单正军等．农药对陆生环境生物的污染影响及污染控制技术．农药科学与管理，2007，28（11）。

2. 农药对蜜蜂危害的防救措施

① 禁止或限制对蜜蜂危害性较大的农药品种在蜜源植物上使用。在蜜蜂密集的地区使用比较安全的农药，如鱼藤、烟碱、敌百虫等。

② 在作物扬花期间不喷药，或打药的时间和蜜蜂的采集时间错开，以早上 7 时以前或下午 5 时以后喷药为宜。禁止或限制在蜜源作物开花期使用。

二、农药对家蚕的影响及防救措施

1. 农药对家蚕的影响

农药对家蚕的毒害通过多种途径：①药剂飘移导致直接触杀，这主要发生在柞蚕养殖地区，因其为野外直接喂养；②家蚕食用被农药污染的桑叶，这在稻-桑混栽地区尤为突出。

微量农药使家蚕不结茧或结畸形茧、薄皮茧，羽化后的雌蛾产卵量减少，不受精卵增多，孵化率降低。

农药毒害家蚕受如下多方面因素的影响。

① 农药的毒性。通常把农药对家蚕的毒性按 LD_{50}(mg/kg 桑叶）分为四个等级。剧毒：$LD_{50}\leqslant 0.5$；高毒：$0.5<LD_{50}\leqslant 20$；中毒：$20<LD_{50}\leqslant 200$；低毒：$LD_{50}>200$。

易危害家蚕的主要农药品种列于表 5-2。菊酯类及阿维菌素类农药对家蚕的毒性最大，其次是有机磷类农药。除灭幼脲Ⅲ号外，大多数几丁质合成抑制剂类农药选择性强，严格掌握喷施时期，对蚕安全无毒，是一类能在蚕期内喷洒的优良药剂。除草剂对家蚕毒性小，但个别种类如 2,4-D 等易使桑叶出现药害，降低桑叶饲料价值，间接影响蚕体。

表 5-2 易危害家蚕的主要农药品种 mg/kg 桑叶

农药	LD_{50}	农药	LD_{50}
甲氨基阿维菌素苯甲酸盐	0.04	毒死蜱	0.12
氟氯氰菊酯	0.05	甲基对硫磷	1.60
高效氯氰菊酯	0.05	甲基异柳磷	4.41
联苯菊酯	0.05	辛硫磷	1.75
溴氰菊酯	0.012	啶虫脒	0.07
右旋苯醚菊酯	0.13	杀螟丹	0.17
氯氰菊酯	0.14	吡虫啉	0.74
醚菊酯	0.23	杀虫双(单)	0.73
氟氯苯菊酯	0.74	三唑磷	1.16
依维菌素	0.2	灭幼脲Ⅲ	0.16

注：引自 单正军等．农药对陆生环境生物的污染影响及污染控制技术．农药科学与管理，2007，28（11）。

② 农药的剂型。一般粉剂比水剂和水乳剂容易黏附于叶面，当叶面具有水膜时其黏附性更强，水剂或水乳剂则因其在叶面上易于凝聚而滑落。

③ 风的影响。风力、风向直接影响药剂飘移的数量和范围，风强且系邻田的上风向时必然增大药剂的飘移量及污染范围，反之则减轻。农药对家蚕的影响还与家蚕品系、虫龄等因素有关。一般随着虫龄的增加，虫体对药剂的忍耐力增强，但在 5 龄中后期反而比低龄期更敏感。

2. 农药对家蚕危害的防救措施

① 对家蚕毒性大的农药品种，在育蚕采桑期间，禁止（或限制）在桑园及其近邻农田使用，以免污染桑叶。

② 选用合适的剂型，减少飘移污染。如在稻-桑混栽地区防治水稻害虫用杀虫双（单）颗粒剂为宜；在柞蚕地区禁止以农药除虫。

③ 严禁对家蚕毒性较大，且降解较慢的农药用于蚕室、蚕具消毒及蚕病防治。

第三节 农药对水生生物的影响及防止措施

农田，特别是稻田使用农药因其田水渗漏、人为主动排水和降雨后产生地表径流，水中农药随水、土迁移进入水域；其次，在沟渠、河流内洗刷喷药器械或倾倒剩余药液。此外，农药厂排放废水导致水域污染。水体受农药污染后可危及水生生物，严重时导致水生生物大量死亡，幸存的水生生物吸收并富集于体内的农药通过食物链可危急人类的健康。控制农田

使用农药对于水生生物的污染影响具有重要的意义。

一、农药对水生生物的影响

1. 鱼类

（1）对鱼类的急性毒性　目前，将农药对鱼的毒性以48h LC_{50}值为基准分为三个等级。高毒：<1.0mg/L；中毒：1.0～10.0mg/L；低毒：>10mg/L。

农药对鱼类的急性毒性因农药种类而不同。依照以上分级标准，对鱼类高风险的常用农药种类见表5-3（单正军等，2007）。在拟除虫菊酯类农药中，近年来开发了对鱼类低毒的种类，如醚菊酯、乙氰菊酯等。有机磷类中，在南方稻区广泛使用的三唑磷对尼罗罗非鱼、淡水白鲳均为高毒（李少南等），对海洋鱼类高毒（金彩杏等，2002），对南美白对虾高毒，对卤虫中毒，对泥钳低毒。敌敌畏、敌百虫、异丙威则对尼罗罗非鱼、鲫鲤杂交鱼安全。昆虫生长抑制剂类对鱼类的毒性低。胡双庆等比较了啶虫脒、吡嗪酮、噁草酮和精喹禾灵四种药剂对斑马鱼的毒性，测得四种药剂96h LC_{50}分别为0.53mg/L、119.84mg/L、3.09mg/L、0.91mg/L，由此得出结论：啶虫脒和精喹禾灵对其高毒，噁草酮为中毒，吡嗪酮则为低毒。单正军等测得氟虫腈对罗氏沼虾、青虾、螃蟹的96h LC_{50}仅为0.0010mg/L、0.0043mg/L和0.0086mg/L，所以氟虫腈在稻区施用时，应注意其对周围蟹、虾养殖的安全。杀菌剂中，除有机汞、有机硫中的福美类如福美锌等和三氯甲硫基类如百菌清、硫酸铜、克菌丹，以及除草剂中五氯酚钠、丁草胺等少数种类对鱼类毒性大以外，大部分常用的杀菌剂、除草剂对鱼类都是安全的。

表5-3　对鲤鱼具有高风险性的主要农药品种　mg/L

农药	LC_{50}	农药	LC_{50}
溴氰菊酯	0.54×10^{-3}	辛硫磷	<1.0
三氟氯氰菊酯	0.25～0.45	嘧啶氧磷	0.22
甲氰菊酯	0.25～0.45	毒死蜱	0.13
胺菊酯	0.18	氟虫腈	0.43
氟氯氰菊酯	≤0.5	林丹	0.036
氰戊菊酯	6.8×10^{-3}	福美锌	0.075
杀灭菊酯	6.77×10^{-3}	多菌灵	0.61
克百威	1.4	百菌清	0.11
丁硫克百威	0.55	丁草胺	0.32
三唑磷	1.0	五氯酚钠	0.1

注：1. 以上数据是农药48h对鲤鱼的LC_{50}。
2. 引自　单正军等．农药对水生生物的污染影响及污染控制技术．农药科学与管理，2007，28（10）。

农药对鱼类的毒性还与农药剂型、鱼种和发育阶段有关。剂型对鱼类的毒性强弱，乳油>可湿性粉剂>粉剂、粒剂。不同鱼种对药剂的敏感性存在差异，如白鲢和草鱼对辛硫磷的耐药性强于鲤鱼。鱼类生长发育阶段和生理状态不同，其耐药力也不同。鱼苗和处于产卵期的鱼耐药力弱，雄鱼比雌鱼耐药力弱。另外，水温也影响鱼类的耐药性，如在20～22℃麦穗鱼接触马拉硫磷比15～17℃环境下更容易中毒（顾晓军，2000）。

水蚤是水生动物中重要的类群，是鱼类的食料，也是水生食物链的重要环节。由于它对农药十分敏感，故常常把农药对其毒性作为评价农药环境安全性的一个指标。农药对水蚤毒性的分级标准同鱼。胡双庆等比较了啶虫脒、吡嗪酮、噁草酮和精喹禾灵四种药剂对大型蚤的毒性，测得四种药剂48h LC_{50}分别为0.06mg/L、14.56mg/L、1.44mg/L、1.21mg/L，由此得出结论：啶虫脒对其高毒，精喹禾灵和噁草酮为中毒，吡嗪酮则为低毒。

(2) 对鱼类的慢性毒性　主要包括如下几方面。①抑制生长，身体变形，如生活在有机磷污染水域中的鲤鱼脊椎发生弯曲。郑永华等试验表明大于0.00014mg/L的甲氰菊酯溶液对鲫鱼的肝脏有明显损伤作用。②引起贫血症。试验证明用1mg/L和0.1mg/L禾草特处理鲤鱼后，鱼的血红蛋白值和红细胞数均降低，15天和25天时，供试鲤鱼全部死亡。③二次中毒。黄鳝用在450mg/L敌百虫水液中处理4h的蚯蚓喂养，经24h后死亡。④破坏栖息和洄游。试验证明当嘧啶氧磷的浓度为0.5～1.0mg/L时，白鲢、草鱼、红鲤的回避率达100%；浓度为0.1mg/L时，回避率为53%；浓度为0.02mg/L时，才不发生回避。

杨赓等对植物生长调节剂类农药多效唑进行21天慢性毒性研究，试验结果显示，多效唑对大型蚤母蚤以及F1、F2代幼蚤的存活率，生长发育，繁殖等指标均有较大的影响。

2. 藻类

藻类作为生态系统的初级生产者，近年来针对农药对其毒性以及毒性机制的研究不断增多。农药对藻类的毒性在于破坏藻类生物膜的结构和功能，影响藻类的光合作用，改变其呼吸作用以及固氮作用，影响藻类的生理进程并改变其生化组分。张爱云等将农药对藻类的毒性以96h EC_{50}值为基准划分为三个等级。高毒：＜0.3mg/L；中毒：0.3～3.0mg/L；低毒：＞3.0mg/L。

胡双庆等比较了啶虫脒、吡嗪酮、噁草酮和精喹禾灵四种药剂对斜生栅列藻的毒性，得出结论：噁草酮和精喹禾灵对其高毒，吡嗪酮为中毒，啶虫脒则为低毒。岳霞丽等研究苄嘧磺隆对蛋白核小球藻的生长效应发现，低浓度苄嘧磺隆（96h EC_{50}值＜1mg/L）具有刺激藻细胞生长的作用，其叶绿素含量和蛋白质含量均有明显的增加；高浓度的苄嘧磺隆（大于5mg/L）抑制藻的生长，藻细胞叶绿素含量和蛋白质含量随药剂浓度增加而明显下降。苄嘧磺隆对蛋白核小球藻的96h EC_{50}值为15.7mg/L，属于低毒。

二、防止农药引起水生生物中毒的措施

① 禁止（或限制）在水田使用对水生生物危害影响较大的农药品种，如部分对水生生物极毒的有机磷类、氨基甲酸酯类和菊酯类农药，应禁止在水田使用。

② 改变农药剂型、改进使用方法。水溶性强、降解半衰期长的农药品种应改为缓释颗粒剂型，如克百威、杀虫双（单）等。

③ 空药瓶、药袋不得随意丢弃在水域地周围，施药器械不要在水域内洗刷，所洗刷的药水不得进入水体。

第四节　农药与土壤微生物的相互作用

一、农药对土壤微生物的影响

土壤微生物在土壤肥力、植物生长和病、虫、草害的发展上起着重要作用。

农药对土壤微生物的影响依农药品种、微生物种类、土壤条件、施药时间和深度等因素的不同而异。农药通过破坏微生物细胞结构和抑制细胞生命代谢而对其产生毒害，因而农药对土壤微生物的影响表现在微生物数量和生物活性的变化上。一般来说杀菌剂和熏蒸剂对微生物数量影响最大，杀虫剂和选择性除草剂在推荐用量下影响很小。莠去津等施用后，对土壤细菌、放线菌和真菌数量表现出“激活效应”。不同农药对微生物的固氮作用影响也有大

有小。除草剂和有机磷杀菌剂高浓度使用时能抑制固氮作用，杀虫剂一般对固氮作用抑制不明显。

二、土壤微生物对农药的分解作用

已报道的降解农药的微生物有细菌、真菌、放线菌、藻类等，大多数来自土壤微生物类群。微生物降解是农药在土壤环境中降解的主要途径。降解作用与微生物类别、土壤类型以及农药类型、浓度等因子有关。

吴慧明等研究了不同浓度毒死蜱在灭菌和未灭菌土壤中的降解规律，发现浓度不同则降解速率不同，而且在灭菌土壤中，毒死蜱的半衰期明显延长，降解速率比灭菌前明显缓慢。同时，高浓度处理未灭菌土壤中毒死蜱仍有较长的持留性，表明施药浓度是影响毒死蜱在土壤中持留的另一重要因子。另外高浓度毒死蜱还可在一定程度上抑制微生物的生长和代谢反馈，甚至抑制微生物的生物降解作用。汪立刚等研究表明：与非根际区相比，油菜苗根际区域对残留的毒死蜱有显著的加速降解作用，根际土中细菌数量增加最多，真菌数量次之，而放线菌数量差异不大，根际土 pH 明显下降。

而施用和未施用毒死蜱土壤中细菌和真菌的数量，未见有明显差异，但毒死蜱在这两种土壤中的降解速率却存在着明显的不同，说明土壤中降解毒死蜱的能力并不是由微生物数量起决定性作用，而是“质量”在起作用，即施用毒死蜱比未施用毒死蜱土壤中存在着更多的可降解毒死蜱的微生物。

复习思考题

1. 举例说明什么是害虫的再猖獗和次要害虫上升。
2. 化学防治与生物防治如何协调运用？
3. 养蚕区如何避免桑叶受药剂污染？

第六章　农药的环境毒理

知识目标

- 了解农药慢性毒性的“三致性”及农药慢性毒性大小的表示方法。
- 了解农药残留的来源及农药残留所造成的污染。

技能目标

- 掌握农药残留的控制方法。

第一节　农药的慢性毒性

农药可以通过呼吸道、皮肤、消化道等途径进入人体或畜体，可能会引起急性中毒或亚急性中毒等。有些农药由于理化性质的特点，施入环境中不会很快降解消失，而持留于环境中有较长时间。虽然它们残留在环境中的量不大，可是长期少量地被人、畜摄食，造成这些农药在人、畜体内的积累，引起内脏机能受损，或阻碍正常生理代谢过程。这种现象称为慢性中毒。

农药对人类的慢性毒性，因药剂种类不同而表现形式各异。主要表现形式有“三致性”、慢性神经系统功能失调（迟发神经毒性）、干扰内分泌、干扰免疫系统、对儿童脑发育远期影响等方面。目前人们较多重视的是农药“三致性”，即致畸性、致突变性和致癌性。

致畸试验是基于胚胎、胎儿对化学毒物往往比成年动物更敏感，对成年动物不呈毒害作用的一定剂量农药，可能在母体内对受精卵、胚胎、胎儿发生致毒作用。结果表现为受精卵不着床或着床后死亡，或造成死胎、胎儿畸形以及胎儿生长发育缓慢等。这些总称为胚胎毒性。致畸试验就是要判断农药是否具有胚胎毒性，是否引起胎儿畸形。

致突变性是指引起生物遗传物质性状的改变，即细胞染色体上基因发生变化，引起突变的化学物质称为突变原。突变原可以作用于生殖细胞或体细胞，前者可引起畸胎或造成死胎，后者可形成肿瘤。

致癌性与致突变性之间存在一定的内在联系，它们的活性形式都是形成亲电子（或缺电子的）反应物。这些反应物的细胞靶子包括信息分子如核酸或蛋白质中许多亲核或富电子部位。目前认为大多数（可能是全部）的化学致癌原是致突变原，而多数化学致突变原实际上是潜在的致癌原。所以人们可以通过致突变试验来预测化学农药的致癌性。

“三致”试验的结果及结合三代繁殖试验，神经毒性试验（主要是有机磷和氨基甲酸酯类农药），是当前衡量农药是否具有慢性毒性的重要标志。

有些药剂小剂量短期给药未必会引起中毒，但长期连续摄入后，中毒现象就会逐步显现。农药的慢性毒性试验，以大小白鼠观察其一生（一般为两年），用狗实验观察其寿命的1/10。将检查结果综合判断后，确定该药的最大无作用量（完全没有中毒的最大浓度）、最小中毒量（表现中毒变化的最小浓度）、确实中毒量（确实发生中毒致死的浓度）。

农药慢性毒性的大小，一般用最大无作用量或每日允许摄入量（acceptable daily in-

take，ADI）表示，这些标准的制定应以动物慢性毒性试验结果为依据。所谓 ADI，指将动物试验终生而无显著健康危害的每日允许摄入量的估计值。ADI＝动物最大无作用量/安全系数，单位 mg/kg。在确定安全系数时，应主要考虑两个因素：首先是动物种属间的差别，人体往往比用以测定最大无作用量的动物更具敏感性；其次，种属内存在的统计性质方面的因素，对某一个体的临界值可能远远低于另一个体，因此，安全系数必须考虑对最高敏感个体可能产生的不利影响，而不是对人敏感性的平均值。WHO 和 FAO 曾多次联合召开农药残留专家会议，根据世界各国动物实验结果，制定、修订或暂定各种农药的 ADI 值，向全世界推荐（如乐果 0.02mg/kg，抗蚜威 0.004mg/kg，福美双 0.005mg/kg）。

第二节 农药残留的一般规律

一、农药残留的来源

作物与食品中的残留农药，一方面来自施药后对作物（或食品）的直接污染，另一方面来自作物从污染环境中对农药的吸收以及食物链和生物富集。

1. 农田施药后药剂对作物的直接污染

农药在田间使用后，部分残留可能黏附在作物表面，也可能渗透到植物表皮蜡质层或组织内部，还可能被作物吸收，输导分布于植物各部分及汁液中。这些农药虽能在外界条件下（如光、雨、温度等）的影响或体内酶系的作用下，可逐渐分解消失，但某些性质稳定的化学农药分解速率较慢。这样在作物收获时，农产品中还有微量农药及其有毒的代谢产物的残留。

农药对作物的污染程度取决于农药的性质、剂型与施药方式等，此外也与作物品种特性有关。

（1）农药的理化性质　物理作用中以蒸气压和溶解度最为重要。蒸气压高的农药，易挥发，消失快。脂溶性强的农药如 DDT 等有机氯农药，易在植物的蜡质层和动物脂肪中积累，因此有机氯农药大多数品种已先后被禁止使用。水溶性大的农药，易被雨水淋失，但亦易被根部吸收传导至植物叶部和子实。易光解的农药如辛硫磷，施于植物表面消失快。

（2）作物类型和作用部位　农药在作物上的原始沉积量与作物种类有关。在牧草、茶叶、蔬菜等叶用植物上农药原始沉积量较黄瓜、茄子、苹果等果菜类大得多，如 40%乐果乳油 800 倍液喷施于茶叶上，原始沉积量 103～158mg/kg，而黄瓜上为 0.38～0.85mg/kg。目前使用的农药大都是亲脂性的，沉积在作物表面的农药很快溶入蜡质层，不再以物理方式消失，大多数存于果皮、糠和麸皮中，因此除去农产品的外皮，可以去除大部分残留。

（3）施药方法、用量和时期　不同施药方法对残留影响大。内吸剂喷于叶面，原始药量高，但残留期短。土壤处理或根茎处理，则农药被缓慢吸收，残留期长。施药量施药次数增加，残留量亦递增，对高残留农药特别明显；施药时期特别是最后一次施药离收获的间隔天数对残留影响很大。

2. 作物对污染环境中农药的吸收

在田间施用农药时，有很大部分农药散落于农田中和飞散于空气中。它们随空气飘移，有些残存于土壤，也有些被雨水冲刷至池塘、湖泊、河流中，造成对自然环境的污染。有些性质特别稳定的农药，甚至可以在土壤中残留数年至数十年。如果在有农药污染的土壤中种植植物，残留的农药又被作物吸收，这也是作物中残留农药的来源之一。环境中残留农药的

消失速率除与农药本身性质有关外，还与环境因子有关。如光对降解影响大，辛硫磷在茶叶上施药 3 天后已低于残留限量，但在土壤中药效可维持 10 天。土壤中的农药还可被微生物降解和随水淋溶，而这些消解因素又随土壤质地、有机质含量，pH 值和温度变化，有机质含量高、黏粒多的土壤，易被依附而保留于土壤中，大多数农药在碱性条件下易分解，温度偏高，亦加快分解。

作物在土壤中吸收残留农药的能力与作物种类有关，最易吸收的作物是胡萝卜，其次是草莓、菠菜、萝卜、马铃薯等。水生植物从污水中吸收农药的能力要比陆生植物从土壤中吸收农药的能力强得多。

3. 生物富集和食物链

生物富集（biological concentration ）生物从生活环境中不断吸收低剂量的农药，并逐渐在体内积累浓缩的能力，又称生物浓集或生物浓缩。农药的生物富集与农药和生物体性质有关：脂溶性农药易于在生物体内富集，含脂肪高的生物体易于富集农药。生物对农药的浓缩能力可用生物富集系数 BCF 表示。BCF＝生物体中的农药浓度/环境介质中的农药浓度。通常 BCF 值越大，说明生物体对农药的富集能力越强。

食物链（food chain）是指生态系统中生物之间的链锁式营养关系。食物是造成生物体内农药富集的一个重要因素。动物吞食含有残留农药的植物或其他生物体后，农药可在生物体间转移，尤其是在动物脂肪、肝、肾中的蓄积。通过食物链，农药由处于食物链低位的生物体内向处于食物链高位的生物体内转移，并逐级浓缩。例如有试验报道：在农田喷洒有机氯杀虫剂毒杀芬后，洒落在田地中的农药有一部分被排入附近的水域中，使水中含有 1μg/kg 的毒杀芬；在水中的藻类不断从水中吸收农药，使植物体内累积到 0.1～0.3mg/kg，浓集了 100～300 倍；这些藻类为小鱼所取食，促使农药转移入鱼体，并可检测到农药浓度达 3mg/kg；当大鱼吞食小鱼后，大鱼体内药剂浓度可达 8mg/kg，以后测定这个水域里一些食鱼性水鸟组织发现其中毒杀芬竟有 39mg/kg，为藻类含量的数百倍，为水质中农药含量的数万倍。

二、农药残留所造成的污染

综合国内外有关报道，农药残留所造成的污染比较突出地表现在以下几个方面。

1. 对环境的污染

主要污染大气，水系和土壤。

在田间喷洒农药时，药剂的微粒在空气中飘浮造成对大气的污染。有机氯杀虫剂中，DDT、狄氏剂等大部分能被漂浮的灰尘粒子所吸附，而六六六等约有半数被吸附。另外，大气的污染也可能由于农药厂废气污染。水污染主要是洒落在田地里的农药随灌溉、雨水冲刷流入江河湖泊，最后进入大海。在使用有机氯杀虫剂 10 年后，20 世纪 60 年代美国河水中的 DDT 及代谢物的浓度为 8.2mg/kg，河水＞海水＞自来水＞地下水。土壤中的主要是田间散落，附着在农作物上的农药有时因风吹雨淋进入的。另外还有浸种、拌种。

2. 对自然界各类动物的污染

由于农药可以污染自然环境，势必影响生活在自然界中的各种动物，引起动物相的改变，敏感种的减少与消失，污染种的增多与加强。

农药对昆虫的影响主要表现在害虫对药剂的抵抗能力增强，出现耐药性品系。其次，在杀死害虫的同时，也可能杀死天敌，使自然界害虫与天敌失去平衡，结果使害虫增殖过快而造成更大危害。由于食物链引起农药对鱼类的污染有很多报道，这是目前农药对水系动物影

响中较为突出的一个问题。鱼类对农药很敏感，而甲壳类如虾则更为敏感。当农药污染水质时，轻则鱼类回避，严重污染时则造成死亡或畸形。此外，鱼类长期生存在有低浓度农药污染的水质中也可能形成抗性。农药对飞禽的污染主要起因于取食含有农药污染的作物种子和谷物，或取食经过生物富集和食物链的鱼类与无脊椎小动物。曾有调查表明：水域水质含有机氯杀虫剂 0.05μg/kg，底部沉积物（干重）含 0.1μg/kg，此水域鱼体含 1.0μg/kg，捕捉到的水鸟（鸬鹚、鹈鹕）组织中含 50μg/kg，鸟蛋内含 10μg/kg。应该指出，不合理使用农药引起飞禽的污染却是事实，应该引起人们注意。但是并不能将此情况推断为自然界某些鸟类减少的唯一原因。譬如美国一野生动物研究中心统计，自 1960～1966 年美国发现的 147 只死鹰，其中 9 只是由于农药中毒所引起的，占 6.1%，其他 138 是由于被射击、疾病或其他原因所致。一般来说，农药对野兽的污染并不像其他的那么严重。对野兽的污染，主要是由于野兽捕食了受农药污染的鱼、鸟而造成的体内农药的积累。

3. 对食物的污染

包括对农副产品和乳制品的污染。

近年来根据国内进行的一些调查情况表明，如果不按照规定地安全合理用药，可以促使某些农药污染食品，应该引起重视。我国以往的一些调查报告表明，食品中有机氯农药检出率较高，尤其是六六六，动物性样品中含量大大高于植物样品，超标准也较多。植物性样品一般含量不太高，但残留量较普遍。1977 年有些单位曾分析了 3 万个样品中有机氯的含量，结果表明有下述一些特点：肉、禽、蛋等动物性食品中农药的含量＞植物性食品；而在肉、禽、蛋品中含脂肪多的样品中含量＞含脂肪少的样品；家养的动物性样品中农药含量＞野生的动物性样品；猪肉样品中含量＞牛、羊、兔肉样品；家禽肉中含量＞肝。家禽内脏样品中有机氯农药含量顺序是：大肠头＞心、肚＞肝脾。水产品中含量是淡水产＞海水产，鱼＞虾、螺、贝、蟹；鱼体中含量是鱼头、鱼卵、鱼鳞＞鱼肉。

4. 对人体的污染

污染物通过食品、饮料、呼吸等进入人体。

通过食物摄入是主要途径。不正确地使用农药必然会污染环境、作物、水产、禽兽等，同时通过食品、饮料、呼吸等渠道又会使残留农药进入人体。在这些途径中，通过食物摄入是最主要的。农药污染人体最早的报道是在 1948 年。曾有人怀疑人体内农药残留与肿瘤的发病率有关。根据我国两宗调查结果并未发现二者之间有任何相关性。例如某地调查了 27 名肿瘤病患者，体内总六六六量为 0.51mg/kg，总滴滴涕量为 5.7mg/kg，而 47 名非肿瘤患者分别含有 0.22mg/kg 和 4.3mg/kg。另外一地调查研究了 57 名胃癌、乳房癌、肠癌和白血病患者，其体内六六六、滴滴涕、滴滴依的总量与 44 名胆囊炎、泌尿结石、消化道出血、丝虫病、肺炎患者体内的含量无明显差异。但农药进入母体引起人乳的污染也有报道。

第三节 农药在生态系统与环境中的代谢

一、农药在自然界与生物体中的变化

使用农药防治作物病、虫、草害时，虽然使用的是经过加工的农药制剂，起防治作用的是农药的活性成分，然而事实上施用在田间的农药活性成分在自然环境中或作物体内外并不是静止不变的，而是发生着多种多样的变化。

(1) 衍生　农药在植物体内经过酶系的作用，或在自然环境中受外界环境影响，或通过

土壤微生物的作用氧化、还原降解为其他类似衍生物。

(2) 异构化　最多见于有机磷杀虫制剂中的硫代磷酸酯类如对硫磷、杀螟硫磷等，例如结构上与磷原子相连的双键硫原子与烷基中的氧原子互换。

(3) 光化　农药可通过吸收光能而发生化学反应，因这类反应涉及化合物的分解，所以又称为光解。

(4) 裂解　像有机氯农药脱去氯化氢分子的脱卤反应，有机磷农药与氨基甲酸酯类农药水解为极性较强的物质等。

(5) 轭合　脂溶性农药在生物体内经过氧化、还原或加水分解而形成羧基、羟基、巯基、氨基等极性基团后，能与生物体成分中的糖类、氨基酸等结合成轭合物。

变化的结果产生了多种分解产物和氧化、还原、转位等衍生物。这些产物有的毒性消失，有的毒性仍然存在，有的毒性还有一定的加强。因此了解一种农药的残毒问题要考虑它在环境中的各种变化，以及它变化后的产物毒性问题。

二、主要类型农药的代谢特点与残毒的关系

有机汞农药性质稳定，代谢后汞仍残留在自然环境或生物体上。厌氧菌还可以使环境中的汞甲基化，引起更为严重的环境问题。有机氟农药被植物吸收后在植物体内稳定不易消失。水解后它的代谢产物氟乙酸对温血动物剧毒，它的残毒问题很突出。有机氯杀虫剂性质一般较稳定，它们的代谢产物结构也与亲体化合物接近，有机氯农药一般消失缓慢，即使发生变化，形成的产物结构也类似，有些毒性更强，它们的残留毒性问题仍然存在。因此这类农药多数品种已被禁止使用。

有机磷农药由于性质上种种特点或易受外界环境因子所影响（如光解、水解等）或易被生物体内有关的酶系所分解，虽然一部分品种对人畜高毒，但在动物体内能够转化成无毒的磷酸化合物。

有机磷农药化学性质不稳定，在自然界极易分解，污染食品后残留时间较短，慢性毒性较为少见。大多数有机磷杀虫剂在结构上比较简单，它们分解后可以简单地转化为氨、磷酸以及硫醇类小分子，成为植物可吸收的养分，不致对环境造成污染。

有机氮农药过去更多指的是氨基甲酸酯类，近年来也出现了某些化合物、硫脲类化合物及硫代氨基甲酰类化合物等。

氨基甲酸酯类农药虽在 20 世纪 50 年代已被发掘，但没有如有机磷那样发展和广泛使用，近年来由于害虫对有机磷、有机氯农药的抗性问题日益突出，同时有机氯农药的残留问题也日趋严重，因此有机氮农药正受到广泛的重视。

一般说来有机氮农药对人、畜毒性属中等程度至低毒范畴，在土壤中滞留时间不长，半衰期多数仅 1～4 周（克百威除外），原先认为它的残留问题不是很突出，但近年来的一些研究表明，这一类农药并非如此简单，会不会产生严重的残留毒问题还有待进一步研究。

二硫代氨基甲酸酯类如代森锌、代森锰锌、丙森锌等在厌氧条件下产生 1,2-亚乙基硫脲，1,2-亚乙基硫脲在自然界不稳定，易分解，但蔬菜在烹调过程中，代森类杀菌剂残留能转化 1,2-亚乙基硫脲，动物试验证明，1,2-亚乙基硫脲在剂量大时可引起肿瘤。

联合国粮农组织和世界卫生组织 1974 年联席会议中，也提出含氮有机农药可在体外、体内 *N*-亚硝化，有些产物对鼠类有致癌作用。会议建议，要进一步研究包括人体在内可能接触的能 *N*-亚硝化的农药的致病条件与浓度。

综上所述，农药的代谢问题与农药的残留毒性是密切相关的。研究农药残留毒性，忽视

农药在动植物、自然环境条件中的代谢途径，那么得出的结论不可能是正确的，至少也是片面的，应该引起重视。

第四节　农药残留的控制

农药能快速、高效地防治农作物病、虫、草、鼠害，在保障农业丰收、减少农产品损失方面发挥了突出作用。但同时，作物、土壤、水域、大气中的农药残留量也日益增大，因此摆在人们面前的问题是研究残留发生的客观规律与实质，寻找有效控制农药残留的技术措施，在提高农产品产量的同时，又降低农药残留，生产出无污染的农产品。现将控制农药残留的方法归纳如下。

一、现有农药的合理使用

根据现有农药的性质，有害生物的发生发展规律，合理使用农药，即以最少的用量获得最大的防治效果，既经济用药又减少用药。农药的科学使用技术涉及施药机械、施用时期、施用剂量、施药间隔及施药次数等问题，其最终目的是如何使农药最大限度地击中靶标生物，减少对非靶标生物和环境的压力。应该分别从农药的分散雾化、扩散运动、沉积分布等方面进行研究，开发低容量、超低容量喷雾技术、可控雾滴喷雾技术、静电喷雾技术，使喷出的农药90%以上沉积在植物上，从而大幅度降低农药用量并防止农药进入环境。此外各种类型的对靶标喷洒技术，如循环喷雾法、涂抹法、泡沫洒施法、注射法、化学灌溉法、树干注药和种子包衣法，都可以提高农药的有效利用率和防止对环境的污染，降低农药残留。同时依据《农药合理使用准则》国家标准，施药者按规定的技术指标施药，严格遵照施药安全间隔期、施药方法、施药注意事项等，保证收获的农产品残留量不超过规定的限量标准的各项技术指标，保证农产品食用安全。

二、农药的安全使用

制定一些安全用药制度，也是防治农药残留的一个非常重要的措施。

① 通过在食物、食品、自然环境中农药残留的普查，以及农药对人、畜慢性毒性的研究，制定各种农药的允许应用范围。

② 了解农药对人畜生理的毒害特点，制定各种农药的每日允许摄入量（ADI），并根据人们的取食习惯，制定出各种作物与食品中的农药最大残留允许量（maximum residue limit，MRL）。最大残留允许量是指按适宜的施药方法规定的在消费食品中可以允许的农药残留浓度，以每千克农畜产品中农药残留的质量（mg）表示。MRL＝ADI×人体标准体重/食品系数。人体标准体重一般可按一地区内人体体重的情况来计算，如亚洲地区人体体重较轻，一般按50kg计算，欧洲一般按70kg计算，我国目前按55kg计算。食品系数是根据各地取食习惯，通过调查后参考多方面的因素而制定。

③ 了解农药在作物上的动态，制定出施药的安全间隔期。最后一次施药至作物收获时允许的间隔天数，即收获前禁止使用农药的日期。大于安全间隔期施药，收获农产品中农药残留量不会超过规定的MRL，可以保证食用者的安全。测定时按一种农药实际需要的用药方法在作物上喷洒，然后隔不同天数采样测定，根据测出的各个残留量绘出此农药在供试作物上的消失曲线，再按最大残留极限（X），从曲线中找出禁用的间隔天数。

从农药登记管理、经营管理、使用管理入手，杜绝、避免和减少农药可能对人、畜、农

业生产、农产品和环境生态造成的安全隐患。做到三要：一要提高农药登记管理水平，进一步增强科学性，严把新农药产品的市场准入关；二要对已经登记的老农药品种和产品进行再评审，能保留的要提高水平，不能保留的要坚决淘汰；三要有目的地调整农药生产企业，整治生产企业规模小、数量多、重复生产严重的状况，整合现有分散的农药生产和经营资源，培育具有开发能力的大型农药生产和经营集团，促进农药工业发展，提高农药生产、经营和使用的整体水平，确保农业生产安全。

三、采取避毒措施

作物种类不同对各种农药的吸收率有很大的差异。一般来说，除黄瓜外大多数根菜类、薯类的吸收是大的，叶菜类、果实类吸收小。另外，不同的土壤、耕作条件下农药在土壤中的残留也是不一样的。淹水情况下有机农药减轻的原因，一般认为是由于水田土壤在淹水后成为还原态，厌氧土壤微生物活动加强从而促进了农药的分解。

鉴于上述情况，提出采取避毒措施来减轻农作物对作物的伤害，即在遭受农药污染的地区，在一定期限内不栽种易吸收的作物，或者改变栽培制度，减少农药的污染。

四、发展高效、低毒、低残留农药

通过行政管理手段削减高毒农药的生产和使用，发展安全、经济、高效的农药品种，引导和促进农药产品结构趋向合理。杜绝使用国家明令禁止的农药，以及在蔬菜、果树、茶叶、中草药材上不得使用或限制使用的农药。开发活性高、环境相容性好、作用方式新颖的农药新品种取代甲胺磷、甲拌磷、对硫磷、久效磷、磷胺等高毒有机磷农药，使农产品中的农药残留状况得到改善。根据农业生产的实际情况，在农药研制开发，生产加工、推广使用的各个阶段，通过先进的技术和有效的措施降低或逐步消除农药的公害，让农药逐步满足生产者既提高农业生产效益又保护生态环境的双重愿望。为降低或消除农药的公害，应发展水性、粒状、缓释，多功能、省力化和精细化的农药剂型，部分或大部取代传统的污染大的乳油、粉剂等剂型。积极开发种衣剂、水分散粒剂、注干液剂、热雾剂、微胶囊剂、锭剂、袋剂、凝胶剂、膜剂和片剂等。同时加快革新农药包装，开发水溶性、光降解、生物降解的包装材料以及小容量可回收使用的容器、密闭输送体系容器、直接注入体系容器、具有内置式计量的包装瓶、可反复使用的包装桶等所谓“绿色包装”技术。

发展无污染农药是从根本上防治农药残留的方法，也是今后农药的发展方向。一般来说，如果按自然界不存在的化学结构合成的物质作为农药，如 DDT 等，微生物往往难以分解。相反，当农药的化学结构选用了自然界存在的物质结构，那么由于自然界原有物质一般都有相应分解它们的微生物群，因而这些药易被分解，不易造成残留污染。基于此点，所以有人认为，今后农药的开发，首先是具有生理活性的天然产物，如抗生素、激素、动物毒素、植物碱等。其次是与天然产物十分相似的合成化合物，或称为仿生合成化合物。当然，在仿生合成中，应避免使用重金属元素，而尽可能使用构成活体物质的那些元素。

五、开展农药残留监控

积极推进农业部于 2001 年提出的“无公害农产品生产行动计划”。主要是突出生产过程控制，以加强农药管理、减少高毒农药使用和科学合理使用农药为重点，以创建无公害生产

基地为突破口，全面开展农药残留监控工作。通过对蔬菜、瓜果、茶叶生产全过程的农药施用监控，使鲜食农产品的农药残留量达到安全要求，增强农产品在市场的竞争力，确保人们使用安全，实现农业可持续发展。

综上所述，在农药残留控制措施中，农药的合理使用与科学管理是预防农药污染及积累的积极主动的措施。发展低毒农药与生物防治则是植保科技的发展方向，也是防止污染、控制农药残留的最可靠的途径。

同时，进一步贯彻“预防为主，综合防治”的植保方针，合理施肥，合理密植，选育抗病虫作物品种，加强田间管理。在此基础上，积极提倡繁殖释放天敌昆虫，使用生物农药，对有害生物进行生物防治。充分认识自然天敌作用，尽量放宽防治指标，并采取积极措施保护自然天敌，维持农田生态平衡，实现有害生物自然控制。这样可以大幅度降低化学农药用量，从而减少农药残留。

复习思考题

一、名词解释

农药的“三致性”　生物富集　食物链

二、问答题

1. 简述农药残留的主要来源。
2. 农药对环境的污染主要表现在哪几个方面？
3. 试述农药残留的治理。
4. 什么是农药的生物富集和最大残留允许量？

各论

第七章　杀虫（螨、软体动物）剂

知识目标

• 了解杀虫剂进入昆虫体内的途径及分布，了解有机磷杀虫剂、氨基甲酸酯类杀虫剂、拟除虫菊酯类杀虫剂的特点。

• 掌握不同种类杀虫剂、杀螨剂、杀软体动物剂的生物活性及使用方法。

技能目标

• 能根据害虫、害螨、软体动物的为害特点，选择不同种类的杀虫剂、杀螨剂及杀软体动物剂，并能采取合理的使用方法。

第一节　杀虫剂进入昆虫体内的途径及分布

一、杀虫剂进入昆虫体内的途径

杀虫剂施用后，必须进入昆虫体内到达作用部位才能发挥毒效。一般讲药剂可以从昆虫的口腔、体壁及气门部位进入昆虫体。一般现在使用的有机杀虫剂常常具有多种侵入途径，虽然侵入方式不能用来区分各类有机合成杀虫剂，但是口腔、体壁及气门仍然是杀虫剂进入虫体必经的途径。

1. 从口腔进入

杀虫剂喷洒在作物的表面或是拌和在害虫的饵料中，随害虫取食进入虫体内，从口腔进入虫体的关键是必须通过害虫的取食活动。首先，害虫必须对含有杀虫剂的食物不产生忌避和拒食作用。昆虫有敏锐的感化器，大部分集中在触角、下颚须、下唇须及口器的内壁上，能被化学药剂激发，很快产生反应。昆虫口器部位的感化器，对含有药剂的液体及固体食物均有一定的反应，药剂在食物中的含量过高时，害虫即产生拒食作用。其次，咀嚼式口器害虫取食时的呕吐现象会影响药剂从口腔进入虫体，一些夜蛾科的幼虫取食含有无机杀虫剂的食物时产生呕吐现象，并且呕吐以后拒绝再取食。一些作用快的神经毒剂如拟除虫菊酯类药剂，即使在处理表皮时也会产生呕吐反应。

有些内吸性的杀虫剂，如克百威、乐果等，施用以后被植物吸收，随植物汁液在植物体内运转。当一些刺吸式口器昆虫吸取植物汁液时，药剂也进入口腔、消化道，穿透肠壁到达血液，随血液循环而到达作用部位神经系统，与咀嚼口器相比，仅仅是取食方式不同，药剂仍然是由口腔进入虫体，也可以看成是一种胃毒作用。

2. 从体壁进入

昆虫的体壁由表皮、真皮细胞和底膜构成，表皮分为三层，即上表皮、外表皮和内表皮（原表皮）。上表皮又分为三层：护蜡层、蜡层、角质精层，主要由脂类、鞣化蛋白、蜡质等

脂蛋白组成，具有亲脂性。而外表皮和内表皮主要由糖蛋白（几丁质和蛋白质复合体）等亲水性物质组成。

因此，昆虫体壁是个代表油/水两相的结构，上表皮代表油相，原表皮代表水相。任何一种药剂首先在昆虫体壁湿润展布，才能附着在虫体上，并使溶剂溶解上表皮蜡质，使药剂进入表皮层。杀虫剂附着虫体后首先溶解于上表皮的蜡质层，然后再按药剂本身的油/水分配系数进入原表皮。油/水分配系数是指一种溶质在油相及水相中溶解度的比值，该比值小表示亲水性强，该值大表示亲脂性强。

此外，虽然昆虫整个体壁被硬化的表皮所包围，但是表皮的构造并非完全一致，像节间膜、触角、足的基部及部分昆虫的翅都是未经骨化的膜状组织，这些部位药剂易侵入。而昆虫的跗节、触角和口器上是感觉器集中的部位，这些部位药剂也最容易侵入。就整个昆虫体壁而言，药剂从体壁侵入的部位愈靠近脑和神经节时，愈容易使昆虫中毒，这是由于现用的杀虫剂大都作用于神经系统。

3. 从气门进入

绝大多数陆栖昆虫的呼吸系统由气门和气管系统组成。气管系统由外胚层细胞内陷形成，因此气管系统的内壁与表皮相连，并与表皮具有同样的构造。气门是体壁内陷时气管的开口，也是昆虫进行呼吸时空气及二氧化碳的进出口。气体药剂可以在昆虫呼吸时随空气而进入气门，沿着昆虫的气管系统最后到达微气管而产生毒效。有机磷酸酯杀虫剂的敌敌畏，具有熏蒸、触杀及胃毒作用，它的作用部位在神经节内，对乙酰胆碱酯酶产生抑制作用。敌敌畏挥发的气体由气门系统进入虫体的气管系统，由微气管进入血液，到达神经系统产生毒效。一般杀虫剂的乳剂，靠湿润展布能力进入气门，与从表皮进入情况相似。矿物油乳剂由于有较强的穿透性能，由气门进入虫体较一般乳剂更容易，并且进入气管后产生堵塞作用，阻碍气体的交换，使害虫窒息而死。粉剂基本上不能进入气管而产生作用。

昆虫的气门都有开闭结构，这些开闭结构是由化学刺激及神经冲动来控制气门肌实现的，凡是促使昆虫气门开放的因素均有利于药剂进入，如升温、增加 CO_2 浓度均可促进气门开放。

二、杀虫剂在昆虫体内的分布

杀虫剂穿透体壁或生物膜后，即刻进入血淋巴中，然后很容易被运送到虫体的组织中。杀虫剂进入虫体首先就面临着被解毒，敏感品系由于缺乏对杀虫剂的解毒机制或解毒机制不健全而中毒死亡。抗性品系对药剂耐受能力强，主要是由于虫体解毒速率接近杀虫剂的穿透速率，进入虫体的杀虫剂迅速被代谢解毒或贮存。

杀虫剂在昆虫体内的分布动态是较复杂的，受到多种因素的影响，如杀虫剂的理化性质，昆虫本身存在的生理生化特点等。

杀虫剂在昆虫体内的穿透、分布、代谢和靶标作用，均与杀虫剂的分子结构有关。同时也与杀虫剂在昆虫的疏水部位和水溶液之间的分配有关。假定淋巴液是所有杀虫剂重要的输送相，为了获得最理想的毒力，一个化合物必须很容易地从体壁分配到血淋巴液中，再从血淋巴液分配到神经组织。理想的杀虫剂在血淋巴液和其他组织（消化道、脂肪体）之间的分配应达到平衡。

第二节 有机磷杀虫剂

一、有机磷杀虫剂的特点

1. 理化性质

有机磷原药多为油状液体，少数为固体，工业品杂质多，一般气味较大，颜色略深。密度一般比水稍重。沸点除少数例外，一般很高，在常温下蒸气压力都是很低的，不同品种农药挥发度差别很大。有机磷农药大多数不溶于水或微溶于水，而溶于一般有机溶剂，也有的在水中有较大溶解度，如敌百虫、乐果等。由于有机磷农药大多数是一些磷酸酯或磷酰胺，这些化合物容易和水发生水解反应而分解，变为无毒的化合物，一般在碱性介质中易于水解。水解方式与酯的类型、溶剂、pH 范围以及催化物质有关，了解这一特性有利于按照实际应用的要求制成适用的产品。此外，在农药混配时也必须考虑这一理化性质。

2. 药效高、作用方式多

大多数有机磷杀虫剂具有多种杀虫作用方式，故杀虫范围广，能同时防治并发的多种害虫，但因不同品种而异，即使同一品种的多种杀虫作用方式有时也有主次之分，如毒死蜱以触杀为主，敌百虫以胃毒为主，氧化乐果以内吸作用为主。有些有机磷品种具有强的选择性，仅对某些害虫种类有效，尤其是内吸性农药，可通过内吸杀虫作用，对天敌伤害小，有利于保护害虫天敌，使化学防治与生物防治更好地结合起来。

3. 在生物体内易于降解为无毒物

大多数杀虫效果高的有机磷农药在人、畜体内能够转化成无毒的磷酸化合物，这是它的优点。但有不少品种对哺乳动物急性毒性较大，它们的作用机理对哺乳动物及对害虫没有本质上的区别。有一些品种杀虫效果高而对人、畜毒性较低，如马拉硫磷、敌百虫等。

4. 持效期有长有短

有机磷杀虫剂的持效期一般较短。品种之间差异甚大，有的施药后数小时至 2～3 天完全分解失效，如辛硫磷、敌敌畏等。有的品种因植物的内吸作用可维持较长时间的药效，有的甚至能达 1～2 个月，如毒死蜱颗粒剂。由于持效期有长有短，为合理选用适当品种提供了有利条件。

5. 作用机制

有机磷杀虫剂表现的杀虫性能和对人、畜、家禽、鱼类等的毒害，是由于抑制体内神经中的乙酰胆碱酯酶（AChE）或胆碱酯酶（ChE）的活性而破坏了正常的神经冲动传导，引起了一系列急性中毒症状：异常兴奋、痉挛、麻痹、死亡。

二、常用的重要有机磷杀虫剂

1. 敌敌畏（dichlorvos）

【化学名称】 2,2-二氯乙烯基二甲基磷酸酯

【主要理化性质】 纯品为无色液体，沸点 234.1℃，蒸气压 2.1Pa（25℃），相对密度 1.425（20℃），水中溶解度 8g/L（25℃），与芳香烃类、醇类、氯化烃完全混溶，中度溶于柴油、煤油、异链烷烃类和矿物油中，对热稳定，水和酸性液中慢慢水解，碱性液中水解迅速。

【生物活性】 敌敌畏是一种高效、速效、广谱的有机磷杀虫剂，具有触杀、胃毒和熏蒸

作用，对咀嚼式口器害虫和刺吸式口器害虫均有良好的防治效果。敌敌畏的蒸气压较高，对害虫有极强的击倒力，对一些隐蔽性的害虫如卷叶蛾幼虫也具有良好效果。持效期短，适用于防治棉花、果树、蔬菜、甘蔗、烟草、茶、桑等作物上的多种害虫，对蚊、蝇等卫生害虫以及空仓杀虫对米象、谷盗等有良好防治效果。对雌、雄大鼠急性经口 LD_{50} 分别为 56mg/kg和 80mg/kg，急性经皮 LD_{50} 分别为 75mg/kg 和 107mg/kg。

【制剂】 50%、80%敌敌畏乳油。

【使用方法】 80%敌敌畏乳油兑水 800～1500 倍喷雾可防治水稻、棉花、果树、蔬菜等作物上的多种害虫，例如蔬菜黄曲条跳甲、菜青虫、水稻叶蝉、飞虱、豆天蛾、苹果卷叶虫、苹果巢蛾、梨星毛虫、桃小食心虫、烟青虫等。敌敌畏杀虫作用的大小与气候条件有直接关系，气温高时，杀虫效力较大。80%乳油空仓杀虫防治米象、谷盗、大谷盗、长角谷盗、黑菌虫、麦蛾等仓库害虫，用 1000 倍液喷洒，施药后密闭 2～3 天，效果显著。温度高时，挥发快，药效迅速。

【注意事项】 敌敌畏在一般浓度下对高粱、玉米易发生药害，苹果开花后喷射浓度高于 1200 倍者，易发生药害。

2. 敌百虫（trichlorphon）

【化学名称】 *O*,*O*-二甲基-(2,2,2-三氯-1-羟基乙基）磷酸酯

【主要理化性质】 纯品为白色结晶，有醛类气味。熔点 83～84℃，沸点 100℃(13.33kPa)，饱和蒸气压 13.33kPa(100℃)，水中溶解度（20℃）120g/L，易溶于大多有机溶剂，但不溶于脂肪烃和石油，在中性和弱酸性溶液中比较稳定，在弱碱液中可变成敌敌畏，但不稳定，很快分解失效。

【生物活性】 敌百虫是一种毒性低、杀虫谱广的有机磷杀虫剂，具有很强的胃毒和触杀作用。对植物具有渗透性，但无内吸传导作用。适用于防治水稻、麦类、蔬菜、果树、桑树、棉花、绿萍等作物的咀嚼式口器害虫，及家畜寄生虫、卫生害虫等的防治。对雌、雄大鼠急性经口 LD_{50} 分别为 630mg/kg 和 560mg/kg，大鼠急性经皮 LD_{50} >2000mg/kg。

【制剂】 80%、90%敌百虫可溶性粉剂，25%敌百虫油剂，5%敌百虫粉剂，80%敌百虫晶体。

【使用方法】 80%敌百虫可溶性粉剂稀释 500 倍以下喷雾可防治玉米黏虫、棉大卷叶虫、棉叶跳虫；700～1000 倍液喷雾可防治水稻螟虫、稻苞虫、黏虫、豆荚螟、玉米螟、菜青虫、黄守瓜等。敌百虫对温血动物毒性很低，可以加在饲料中以杀死牛、马、猪、羊等家畜肠道寄生虫。

【注意事项】 敌百虫在常用浓度甚至 500～600 倍的高浓度下，对大多数作物仍不致发生药害，但浓度超过 1%～2%时则易发生药害。高粱极易发生药害而不宜使用。

3. 乐果（dimethoate）**和氧化乐果**（omethoate）

【化学名称】 *O*,*O*-二甲基-*S*-(*N*-甲基氨基甲酰甲基）二硫代磷酸酯和 *O*,*O*-二甲基-*S*-(*N*-甲基氨基甲酰甲基）硫代磷酸酯

【主要理化性质】 纯品为无色晶体，熔点 49.0℃，沸点 117℃(0.1mmHg[1])，蒸气压 1.1mPa(25℃)，20℃水中溶解度 25.0g/L，除己烷类饱和烃外可溶于大多有机溶剂，在酸性、中性溶液中较稳定，在碱性溶液中易于分解失效，0.1mol/L NaOH 溶液中半衰期为 1min，故不宜与碱性药剂混用。

---

[1] 1mmHg=133.322Pa。

【生物活性】 乐果具有良好的触杀、内吸及胃毒作用，是广谱性的高效低毒选择性杀虫、杀螨剂。乐果进入昆虫体内后被迅速地氧化成毒性更强的氧化乐果，而降解代谢进行很缓慢，因而引起昆虫中毒死亡。乐果在高等动物体内，则很不稳定，迅速地被酰胺酶和磷酸酯酶水解成无毒物质而排出体外。虽然也可氧化成更毒的物质，但不是主要的，而且可立即被水解成上述类似的无毒物质。原药对雄大鼠急性经口 LD_{50} 为 320～380mg/kg。

【制剂】 40%、50%乐果乳油。

【使用方法】 乐果杀虫效果高，主要用于棉花、果树、蔬菜及其他作物。40%乐果乳油用水稀释 1000～2000 倍喷雾，防治蚜虫、蓟马、叶跳虫、盲椿象、茶小绿叶蝉等，800～1500 倍喷雾防治棉红蜘蛛、豌豆潜叶蝇、梨木虱、柑橘红蜡蚧、实蝇、烟青虫等。使用温度在 20℃以上效果显著，低于 15℃效果较差。

氧乐果为内吸广谱性的一硫代磷酸酯类杀虫杀螨剂，又称作氧化乐果。

乐果变成氧化乐果后，理化性没有变化，但对高等动物经口毒性增高了。大白鼠急性经口 LD_{50} 为 50mg/kg；急性经皮 LD_{50} 为 700mg/kg。对皮肤有刺激性。对蜜蜂有毒。最大特点是对害虫、害螨具有很强的内吸作用，也有触杀作用。

氧乐果主要用于防治刺吸式口器害虫和植食性螨类，杀虫谱及药效高于乐果。防治已对乐果及其他有机磷杀虫剂产生耐药性的蚜、螨有特效，也能防治卷叶蛾等咀嚼式口器害虫。高浓度药液飞机喷雾，可防治松毛虫。用乳油、聚乙烯醇和水配成高浓度缓释药液涂茎，可防治棉蚜。直接用乳油涂干，可防治松干蚧。一般情况下使用对作物安全，但对一些品种的桃树有药害。

4. 辛硫磷（phoxim，倍腈松）

【化学名称】 *O*,*O*-二乙基-*O*-α-氰基亚苯基氨基硫代磷酸酯

【主要理化性质】 黄色液体（原药为红棕色油），熔点 6.1℃，蒸气压 2.1mPa(20℃)，水中溶解度 1.5mg/L(20℃)，易溶于多种有机溶剂。在中性和酸性介质中稳定，见光易分解，在碱性介质中易分解。

【生物活性】 广谱、具有强烈的触杀和胃毒作用。主要用于防治地下害虫，对为害花生、小麦、水稻、棉花、玉米、果树、蔬菜、桑、茶等作物的多种鳞翅目害虫的幼虫也有良好防效，对虫卵也有一定的杀伤作用，也适于防治仓库和卫生害虫。对哺乳动物的毒性很低。对雌、雄大鼠急性经口 LD_{50} 分别为 2170mg/kg 和 1976mg/kg，雄大鼠急性经皮 LD_{50} 为 1000mg/kg。

【制剂】 40%辛硫磷乳油，3%辛硫磷颗粒剂。

【使用方法】 40%辛硫磷乳油防治菜青虫用 2000～2500 倍液喷雾。40%辛硫磷乳油防治棉铃虫、红铃虫、棉蚜等用 800～1000 倍液喷雾。防治蛴螬、蝼蛄采用种子处理方法，小麦用 40%辛硫磷乳油 500ml，加水 25～50kg，拌种子 250～500kg；玉米、高粱、大豆用 40%辛硫磷乳油 500ml，加水 20kg，拌种子 200kg。用 3%辛硫磷颗粒剂 6000g/亩沟施。

【注意事项】 ①高粱、黄瓜、菜豆和甜菜等都对辛硫磷敏感，不慎使用会引起药害，应按已登记作物规定的使用量施用。②该药在光照条件下易分解，所以田间喷雾最好在傍晚和夜间，拌闷过的种子也要避光晾干，贮存时放在暗处。③药液要随配随用，不能与碱性药剂混用，作物收获前 5 天禁用。

5. 乙酰甲胺磷（acephate，高灭磷）

【化学名称】 *O*,*S*-二甲基乙酰基硫代磷酰胺酯

【主要理化性质】 原药为白色固体，易溶于水、甲醇、乙醇、丙酮等有机溶剂。在醚中

溶解度很小，低温时贮藏相当稳定。在酸性介质中很稳定，在碱性介质中易分解。

【生物活性】 乙酰甲胺磷是一种内吸性广谱杀虫剂，具胃毒、触杀作用，并可杀卵，有一定的熏蒸作用。持效期长，是缓效型杀虫剂。施药后初效作用缓慢，2～3 天效果显著，后效作用强。乙酰甲胺磷对大鼠急性经口 LD_{50} 为 823mg/kg。

【制剂】 30%、40%乙酰甲胺磷乳油。

【使用方法】 乙酰甲胺磷对人、畜毒性低，杀虫效果高，适用于蔬菜、茶树、烟草、果树、棉花、水稻、小麦、油菜等作物，防治多种咀嚼式、刺吸式口器害虫和害螨。30%乙酰甲胺磷乳油兑水稀释 500～1000 倍喷雾防治菜青虫、小菜蛾、棉蚜、棉小造桥虫、桃小食心虫、梨小食心虫、黏虫、烟青虫等；1000 倍液喷雾防治蔬菜蚜虫；300～500 倍防治稻纵卷叶螟、棉铃虫、棉红铃虫、柑橘介壳虫等。

6. 马拉硫磷（malathion，马拉松）

【化学名称】 *O*,*O*-二甲基-*S*-[1,2-二(乙氧基羰基)乙基] 二硫代磷酸酯

【主要理化性质】 对光稳定，对热稳定性差。在中性反应中稳定，但在 pH7.0 以上或 pH5.0 以下即迅速分解。不能与碱性农药混用。

【生物活性】 马拉硫磷具有良好的触杀、胃毒作用和微弱的熏蒸作用。适用于防治水稻、高粱、蔬菜、果树等作物上的咀嚼式口器和刺吸式口器害虫，还可用来防治蚊、蝇等家庭卫生害虫，体外寄生虫和人的体虱、头虱。

马拉硫磷对高等动物毒性低而对害虫毒性高，这是因为马拉硫磷在高等动物体内和昆虫体内进行着两种不同的代谢过程。它在高等动物体内首先是被羧酸酯酶（肝中）水解为一羧酸及二羧酸化合物而失去毒性；在昆虫体内，受氧化作用变为毒力更高的马拉氧磷从而发挥强大的杀虫性能。对雌、雄大鼠急性经口 LD_{50} 分别为 1751.5mg/kg 和 1634.5mg/kg，大鼠急性经皮 LD_{50} 为 4000～6150mg/kg，对蜜蜂高毒。

【制剂】 45%、70%马拉硫磷乳油，25%马拉硫磷油剂。

【使用方法】 45%马拉硫磷乳油对水稀释 2000 倍喷雾可防治菜蚜、棉蚜、棉蓟马，稀释 1000 倍左右防治菜青虫、棉红蜘蛛、棉椿象等。

【注意事项】 瓜类和番茄幼苗对该药较敏感，不能使用高浓度药液。

7. 毒死蜱（chlorpyrifos，乐斯本）

【化学名称】 *O*,*O*-二乙基-*O*-(3,5,6-三氯-2-吡啶基) 硫逐磷酸酯

【主要理化性质】 纯品为白色结晶，稍有硫醇气味，熔点 42～43.5℃，蒸气压 2.7mPa (25℃)，水中溶解度约 1.4mg/L(25℃)，可溶于苯、丙酮、氯仿等大多数有机溶剂，在碱性介质中易分解，可与非碱性农药混用。

【生物活性】 广谱杀虫、杀螨剂，具有触杀、胃毒和熏蒸作用，在叶片上的残留期不长，但在土壤中的残留期则较长，对地下害虫的防效好。适用于防治柑橘、棉花、玉米、苹果、梨、水稻、花生、大豆、小麦及茶树等多种作物的害虫和螨类，也可用于防治蚊、蝇等卫生害虫和家畜的体外寄生虫。毒死蜱对大鼠急性经口 LD_{50} 为 135～163mg/kg，急性经皮 LD_{50} ＞2000mg/kg。

【制剂】 40%、480g/L 毒死蜱乳油，15%毒死蜱颗粒剂。

【使用方法】 防治小麦黏虫、桃蚜、介壳虫、桃小食心虫、茶尺蠖、小绿叶蝉、茶叶瘿螨，用 40%毒死蜱乳油 800～1500 倍稀释液喷雾；防治棉蚜、棉红蜘蛛、稻纵卷叶螟、茶毛虫、茶刺蛾用 40%乳油 1000 倍液喷雾；防治棉铃虫、棉红铃虫、小菜蛾、甜菜夜蛾，用 40%乳油 500～1000 倍稀释液喷雾。防治花生地下害虫用 15%毒死蜱颗粒剂 1250g/亩撒施。

第三节 氨基甲酸酯类杀虫剂

一、氨基甲酸酯类杀虫剂的特点

① 防治谱较窄，不同结构类型的品种，其毒力和防治对象差别很大。大多数品种的速效性好，持效期短，选择性强，对天敌安全。对蚧螨类无效；有效地防治叶蝉、飞虱、蓟马、棉蚜、棉铃虫、棉红铃虫、玉米螟以及对有机磷类药剂产生抗性的一些害虫，有的品种如克百威还具有内吸作用。

② 氨基甲酸酯类杀虫剂可以作为某些有机磷杀虫剂的增效剂。除虫菊酯的增效剂（如芝麻素、氧化胡椒基丁醚）能够抑制虫体对氨基甲酸酯类杀虫剂的解毒代谢酶的能力，对氨基甲酸酯有显著的增效作用。

③ 大部分氨基甲酸酯类比有机磷杀虫剂毒性低，对鱼类比较安全，但对蜜蜂具有较高毒性；对人畜的毒性都比较小。

④ 由于分子结构与天然产物接近，在自然界易分解，残留量低。

二、常用的重要氨基甲酸酯类杀虫剂

1. 克百威（carbofuran，呋喃丹）

【化学名称】 2,3-二氢-2,2-二甲基-7-苯并呋喃基甲氨基甲酸酯

【主要理化性质】 纯品为无色结晶，熔点 153～154℃（纯品），蒸气压 0.031mPa（20℃），25℃水中的溶解度为700mg/L，难溶于二甲苯和石油醚。遇碱不稳定。

【生物活性】 克百威是一个广谱性的杀虫和杀线虫剂，具有胃毒、触杀和内吸等杀虫作用，持效期长，内吸传导在叶部积聚最多，对水稻、棉花有明显的刺激生长作用。克百威主要用于防治作物的蚜虫类、飞虱、叶蝉类、食叶性和钻蛀性害虫及线虫，对稻瘿蚊也有较好的防治效果。对大鼠急性经口 LD_{50} 为 8～14mg/kg。

【制剂】 3%克百威颗粒剂。

【使用方法】

(1) 水稻害虫的防治　防治稻螟、稻飞虱、稻蓟马、稻叶蝉、稻瘿蚊等，可采用以下方法：①根区施药、在播种或插秧前，每亩用 3%颗粒剂 2.5～3kg；②水面施药，每亩用 3%颗粒剂 1.5～2kg，拌细土 15～20kg，均匀撒施水面；③播种沟施药，在陆稻种植区，3%颗粒剂同步施入播种沟内，每亩用药量为 2.0～2.5kg。

(2) 棉花害虫的防治　防治棉蚜、蓟马、地老虎及线虫等，根据各地条件，可选用以下方法：①播种沟施药，每亩用3%颗粒剂 1.5～2kg；②根侧追施，沟施每亩用 3%颗粒剂2～3kg，距棉株 10～15cm，深度为 5～10cm，穴施以每穴施 3%颗粒剂 0.5～1g 为宜；③种子处理，用药量为干种子质量的 1/4。

(3) 烟草害虫的防治　呋喃丹对于烟草夜蛾、烟蚜、烟草根结线虫以及烟草潜叶蛾等有效，并能防治小地老虎、蝼蛄等害虫。①苗床施药，用 3%颗粒剂 15～30g/m²。②本田施药，在移栽穴内施 3%克百威颗粒剂 1～1.5g。

(4) 甘蔗害虫的防治　克百威对蔗螟、金针虫、甘蔗蓟马、甘蔗线虫等有效，均可采用土壤施药法，每亩用 3%颗粒剂 2.2～4.4kg，施药后覆土。

(5) 大豆害虫的防治　大豆、花虫害虫防治，每亩用 3%颗粒剂 4～5kg，施药后覆土。

【注意事项】 不能与敌稗、灭草灵等除草剂混用，施用敌稗应在施用克百威前3～4天进行，或在施用克百威后1个月施用。

2. 丁硫克百威（carbosulfan，好年冬）

【化学名称】 2,3-二氢-2,2-二甲基苯并呋喃-7-基（二丁基氨基硫）甲基氨基甲酸酯

【主要理化性质】 纯品为橘黄色至棕色透明黏稠液体，沸点124～128℃，蒸气压0.041mPa(25℃)，几乎不溶于水，溶于二甲苯、丙酮、乙醇等大多数有机溶剂，酸性介质中易分解。

【生物活性】 丁硫克百威系克百威低毒化衍生物，杀虫谱广，有内吸性，能防治蚜虫、螨类、金针虫、甜菜隐食甲、甜菜跳甲、马铃薯甲虫、果树卷叶蛾、苹果瘿蚊、苹果蠹蛾、茶叶蝉、梨小食心虫和介壳虫等。对大鼠急性经口LD_{50}为209mg/kg。

【制剂】 20%丁硫克百威乳油、5%丁硫克百威颗粒剂。

【使用方法】 20%好年冬乳油稀释800～1500倍喷雾防治节瓜蓟马、蔬菜蚜虫等，1000～1500倍防治柑橘潜叶蛾、蚜虫；1500～2000倍防治柑橘锈壁虱。5%丁硫克百威颗粒剂防治番茄根结线虫用5000g/亩沟施，防治甘蓝地下害虫用3000g/亩沟施、撒施。

3. 仲丁威（fenobucarb，巴沙）

【化学名称】 邻仲丁基苯基甲基氨基甲酸酯

【主要理化性质】 原药为无色结晶，液态为淡蓝色或浅粉色，有芳香味。纯品熔点31～32℃，蒸气压1.6mPa(20℃)，水中溶解度610mg/L(30℃)，易溶于一般有机溶剂，如丙酮、三氯甲烷、苯、甲苯、二甲苯等，遇碱或强酸易分解，弱酸介质中稳定，高温下热分解。

【生物活性】 仲丁威杀虫作用快，有杀卵和内吸作用，在低温情况下仍有良好的杀虫效果，对稻飞虱和黑尾叶蝉及稻蝽象触杀作用强，但持效期短，亦可防治棉蚜和棉铃虫。除碱性农药外，可同常用的杀虫剂、杀菌剂混用。对大鼠急性经口LD_{50}为623.4mg/kg，急性经皮LD_{50}>500mg/kg。

【制剂】 20%、25%仲丁威乳油。

【使用方法】 25%仲丁威乳油防治稻蓟马、稻叶蝉、稻飞虱，兑水稀释500～1000倍喷雾；防治稻纵卷叶螟稀释400～750倍喷雾；防治棉蚜稀释1000～1500倍喷雾；防治蚊蝇，将乳油稀释成1%的溶液，按1ml/m^2进行喷洒，也可与拟除虫菊酯类农药混配，其防效更好。

【注意事项】 在一般用量下，对作物无药害，对植物有渗透输导作用。在水稻上使用的前后10天，避免使用敌稗。

4. 异丙威（isoprocarb，叶蝉散）

【化学名称】 邻异丙基苯基甲基氨基甲酸酯

【主要理化性质】 纯品为白色晶体，熔点93～96℃，蒸气压2.8mPa(20℃)，不溶于水和卤代烷烃类，溶于丙酮、甲醇、乙醇等有机溶剂。在酸性条件下稳定，在碱性溶液中不稳定。

【生物活性】 异丙威具有较强的触杀作用，速效性强，主要防治水稻叶蝉、飞虱类害虫，能兼治蓟马，亦能防治其他咀嚼式口器害虫。对稻田蜘蛛类天敌较为安全，持效期较短。对蚂蟥具有强烈的杀伤作用。对大鼠急性经口LD_{50}为403～485mg/kg，雄大鼠急性经皮LD_{50}>500mg/kg。

【制剂】 2%、4%异丙威粉剂，20%异丙威乳油，10%异丙威烟剂。

【使用方法】①2%异丙威粉剂可用喷粉器直接喷粉，也可将每公顷30kg拌过筛细土粉225～300kg，趁早晚有露水时均匀撒施于禾苗上，施药时水田应保留浅水层。②20%异丙威乳油稀释1000倍喷雾防治水稻叶蝉、飞虱；400～500倍防治水稻蓟马、瓜类蓟马、果树潜叶蛾、木虱等。在一般使用浓度下对作物安全，但对芋有药害，不宜与碱性农药混施。

【注意事项】不能与除草剂敌稗同时使用或混用，否则易发生药害，使用这两种农药的间隔期应在10天以上。

5. 灭多威（methomyl，万灵）

【化学名称】1-(甲硫基)亚乙基氨甲基氨基甲酸酯

【主要理化性质】纯品为白色结晶，稍带硫黄臭味，能溶于水、丙酮、乙醇、异丙醇、甲醇、甲苯。在通常条件下稳定，在潮湿土壤中很易分解。

【生物活性】灭多威为内吸性广谱杀虫剂，通过触杀和胃毒作用杀灭害虫。可用于果树、蔬菜、棉花、苜蓿、烟草、草坪、观赏植物等。叶面处理可防治多种害虫，对蚜、蓟马、黏虫、甘蓝银纹夜蛾、烟草卷叶虫、苜蓿叶象甲、烟草天蛾、棉潜叶蛾、苹果蠹蛾、棉铃虫等十分有效。叶面持效期短，半衰期小于7天。对水稻螟虫、飞虱以及果树害虫等都有很好的防治效果。对雌、雄大鼠急性经口LD_{50}分别为23.5mg/kg和17.0mg/kg。

【制剂】10%灭多威可湿性粉剂，20%、90%灭多威可溶性粉剂，20%灭多威乳油，24%灭多威水剂。

【使用方法】防治黄曲条跳甲、蚜虫、鳞翅目昆虫，使用剂量为240～360g/hm^2 (a.i[1])。

【注意事项】灭多威不可与碱性农药混用。

6. 抗蚜威（pirimicarb，辟蚜雾）

【化学名称】2-*N*,*N*-二甲基氨基-5,6-二甲基嘧啶-4-基-*N*,*N*-二甲基氨基甲酸酯

【主要理化性质】纯品为无色固体，熔点90.5℃，蒸气压0.97mPa(25℃)。溶解度：水3g/L(pH7.4，20℃)、丙酮4.0g/L(25℃)、乙醇2.5g/L(25℃)、二甲苯2.9g/L(25℃)、氯仿3.3g/L(25℃)，在一般条件下比较稳定，但遇强酸或强碱，或在酸碱中煮沸则分解，紫外光照易分解。与酸形成很好的结晶，并易溶于水，也易吸潮。

【生物活性】抗蚜威选择性强，对蚜虫有强烈触杀作用，对蚜虫天敌毒性很低。在20℃以上时有熏蒸作用，对植物叶面有一定渗透性。大鼠急性经口LD_{50}为147mg/kg，大鼠急性经皮LD_{50}>500mg/kg。对鱼类、水生生物低毒，对蜜蜂和鸟类亦低毒。

【制剂】25%、50%抗蚜威可湿性粉剂，25%、50%水抗蚜威分散性微粒剂。

【使用方法】防治蔬菜、烟草、油菜、花生、大豆、小麦、高粱上的蚜虫，但对棉蚜无效。50%可湿性粉剂10～18g/亩，兑水30～50kg；经济作物上用6～8g/亩，兑水30～60kg；粮食作物上用6～8g/亩，兑水50～100kg喷雾。

7. 硫双威（thiodicarb，拉维因）

【化学名称】3,7,9,13-四甲基-5,11-二氧-2,8,14-三硫-4,7,9,12-四-氮杂十五烷-3,12-二烯-6,10-二酮

【主要理化性质】原药为浅棕褐色晶体。难溶于水，能溶于丙酮、甲醇、二甲苯。常温下稳定，在弱酸和碱性介质中迅速水解。

【生物活性】硫双威属氨基甲酰肟类杀虫剂，杀虫活性与灭多威相近，毒性比灭多威

---

[1] a.i表示有效成分。

低。以茎叶喷雾和种子处理用于许多作物，具有一定的触杀和胃毒作用，对主要的鳞翅目、鞘翅目和双翅目害虫有效，对鳞翅目的卵和成虫也有较高的活性。硫双威对大鼠急性经口 LD_{50} 为 66mg/kg。

【制剂】 75%、80%硫双威可湿性粉剂。

【使用方法】 用 0.23～1.0kg/hm²(a.i) 能防治棉花、水稻、大豆、玉米等作物上的棉铃虫、棉红铃虫、二化螟、稻苞虫、黏虫、卷叶蛾、尺蠖等，持效期 7～10 天。

【注意事项】 对高粱和棉花的某些品种有轻微药害。

8. 涕灭威（aldicarb，铁灭克）

【化学名称】 *O*-(甲基氨基甲酰基)-2-甲基-2-甲硫基丙醛肟

【主要理化性质】 纯品为无色结晶，熔点 98～100℃，蒸气压 13mPa（25℃）。水中溶解度 4.93g/L(pH7，20℃)，可溶于丙酮、苯、四氯化碳等大多数有机溶剂，在中性、酸性和微碱性中稳定。遇强碱不稳定。

【生物活性】 涕灭威是内吸性的氨基甲酸酯类杀虫、杀螨、杀线虫剂，具有触杀、胃毒和内吸作用。主要用于防治棉花、甜菜、烟草、花生、花卉等作物的多种害虫、螨类及线虫。涕灭威速效性好，在土壤中易被代谢和水解。涕灭威（原药）对大鼠急性经口 LD_{50} 为 1.0mg/kg，急性经皮 LD_{50} 为 5mg/kg，对鱼类、鸟类、蜜蜂高毒。

【制剂】 5%、15%涕灭威颗粒剂。

【使用方法】 防治棉花的棉蚜、棉红蜘蛛、棉蓟马、象鼻虫、叶蝉、潜叶蝇、粉蚧、蛴象时，将棉籽用水浸泡 24～48h 后，取出晾干，保持潮湿，用 5%涕灭威颗粒剂按 18kg/hm²，将涕灭威与棉籽同步播入土中，或将药种拌好后进行穴施。防治苎麻根腐线虫，在栽麻前将颗粒剂按 9kg/hm²（a.i）施入土内。防治花卉的蚜、螨、粉虱等刺吸式口器害虫，在花株周围挖一浅沟，裸露出部分须根，撒少许药，埋土后浇水。

【注意事项】 涕灭威剧毒，只能用于土壤处理。近饮水源地区不要使用，以免污染水质。

第四节　拟除虫菊酯类杀虫剂

拟除虫菊酯类杀虫剂（pyrethroid insecticides）是一类根据天然除虫菊素化学结构而仿生合成的杀虫剂。由于它杀虫活性高、击倒作用强、对高等动物低毒及在环境中易生物降解的特点，已经发展成为 20 世纪 70 年代以来有机化学合成农药中一类极为重要的杀虫剂。

一、天然除虫菊素及其特点

天然除虫菊素是菊科植物如白花除虫菊（*Chrysanthemum cinerariaefolium*）和红花除虫菊（*C. coseum*）等花中的杀虫有效成分，对其化学结构的研究始于 1908 年，1909 年日本药物学家富士（Fujitani）发表了第一篇报道，提出了除虫菊素有效成分是一个“酯”。1923 年日本的山本第一次证实构成酯的酸具有三碳环结构（环丙烷）。天然除虫菊酯结构如下。

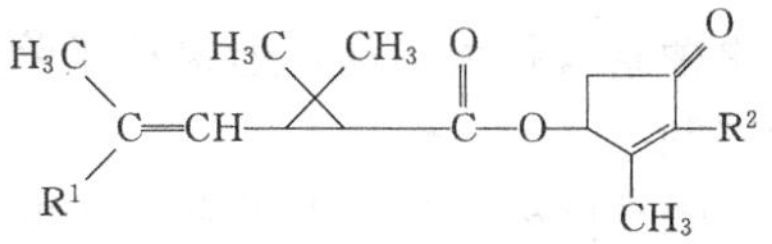

除虫菊素Ⅰ(pyrethrin Ⅰ)：$R^1=CH_3$　　$R^2=CH_2CH=CHCH=CH_2$

除虫菊素Ⅱ(pyrethrin Ⅱ)：$R^1=COCH_3$　　$R^2=CH_2CH=CHCH=CH_2$

瓜叶除虫菊素Ⅰ(cinerin Ⅰ):$R^1 = CH_3$　　$R^2 = CH_2CH{=}CH{-}CH_3$

瓜叶除虫菊素Ⅱ(cinerin Ⅱ):$R^1 = COCH_3$　　$R^2 = CH_2CH{=}CH{-}CH_3$

茉莉除虫菊素Ⅰ(jasmolin Ⅰ):$R^1 = CH_3$　　$R^2 = CH_2CH{=}CHCH_2CH_3$

茉莉除虫菊素Ⅱ(jasmolin Ⅱ):$R^1 = \overset{\displaystyle O}{\overset{\|}{C}}OCH_3$　　$R^2 = CH_2CH{=}CHCH_2CH_3$

后来许多科学家又经过 40 多年的研究,明确除虫菊花中含有除虫菊素Ⅰ(pyrethrin Ⅰ)和除虫菊素Ⅱ、瓜叶除虫菊素Ⅰ(cinerin Ⅰ)和瓜叶除虫菊素Ⅱ、茉莉除虫菊素Ⅰ(jasmolin Ⅰ)和茉莉除虫菊素Ⅱ等六种杀虫有效成分(表 7-1),通称为天然除虫菊素,以除虫菊素Ⅰ和除虫菊素Ⅱ含量最多,杀虫活性最高。

表 7-1　天然除虫菊素的化学结构和组成

组　分	R^1	R^2	分子式	相对分子质量	含量/%
除虫菊素Ⅰ	$-CH_3$	$-CH_2CH{=}CHCH{=}CH_2$	$C_{21}H_{28}O_3$	328.43	35
除虫菊素Ⅱ	$-C{-}OCH_3$	$-CH_2CH{=}CHCH{=}CH_2$	$C_{22}H_{28}O_5$	372.44	32
瓜叶除虫菊素Ⅰ	$-CH_3$	$-CH_2CH{=}CH{-}CH_3$	$C_{20}H_{28}O_3$	316.42	10
瓜叶除虫菊素Ⅱ	$-C{-}OCH_3$	$-CH_2CH{=}CH{-}CH_3$	$C_{21}H_{28}O_5$	360.43	14
茉莉除虫菊素Ⅰ	$-CH_3$	$-CH_2CH{=}CHC_2H_5$	$C_{21}H_{30}O_3$	330.45	5
茉莉除虫菊素Ⅱ	$-COCH_3$	$-CH_2CH{=}CHC_2H_5$	$C_{22}H_{30}O_5$	374.46	4

天然除虫菊酯是一类比较理想的杀虫剂：杀虫毒力高，杀虫谱广，对人、畜十分安全。不污染环境，没有慢性毒性等不良效应，也不会发生积累中毒。它的唯一缺点就是持效期太短，在光照下很快氧化，药效不到 1 天，因此，不能在田间使用，只能用于室内防治卫生害虫。

二、第一代拟除虫菊酯

第一代拟除虫菊酯是在天然除虫菊酯化学结构的基础上发展起来的，大约经历 20 多年的时间（1948～1971 年）。第一个人工合成的拟除虫菊酯是丙烯菊酯（allethrin），于 1947 年由美国的 Schechter 和 Laforge 合成，并于 1949 年商品化。它以除虫菊素Ⅰ为原型，用丙烯基代替其环戊烯醇侧链的戊二烯基（即在醇环侧链除去一个双键），使光稳定性有了一些改善。

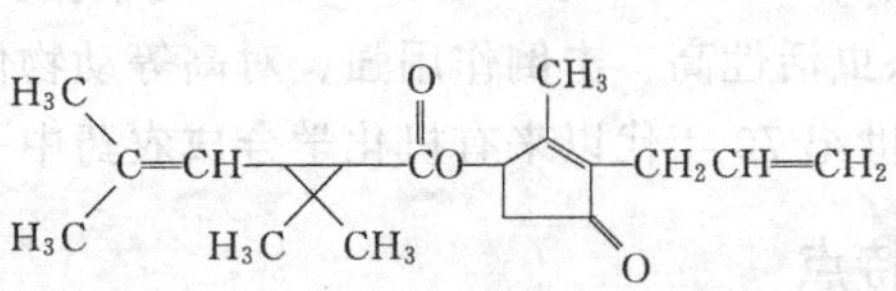

丙烯菊酯

丙烯菊酯有 8 个立体异构体，Gersdorff 和 Elliott 前后测定了其不同异构体与杀虫活性的关系，发现（+）反式，*S*(+）异构体对家蝇的毒力最高，比毒力最低的（－）反式，*R*（+）异构体约高 500 倍。表明丙烯菊酯与天然除虫菊素的高效异构体具有相同的立体构型。经过近 40 年（1908～1947 年）除虫菊酯化学的研究，最终出现了第一个合成的除虫菊酯，虽然其杀虫活性没有比天然除虫菊素有很大提高，但保持了除虫菊素的优点。由于丙烯菊酯对光的不稳定性，其使用受到限制。

第一代除虫菊酯类农药除丙烯菊酯外，还有苄菊酯、苄呋菊酯、胺菊酯、苯醚菊酯和氰苯醚菊酯。

菊酯类研究重点就是改进化学结构以克服光不稳定性缺点，进一步提高毒力。20 世纪 70 年

代初，开发的苯醚菊酯的杀虫活性并不是很强，但由于比较稳定的苯环结构（苯氧基苄醇）代替了醇部分的不饱和结构。光稳定性有了改进。日本住友公司又在此基础上在分子中引入了氰基，毒力大为提高。这一改造，既改善了光稳定性，又使毒力提高，住友公司特将这个醇称为“住友醇”。这个醇是此后发展起来的一系列光稳定性拟除虫菊酯的基本组成部分。

三、第二代光稳定性拟除虫菊酯

拟除虫菊酯类杀虫剂对昆虫具有很强的触杀和胃毒作用，其中有些品种对螨类也具有很好的防治效果，对光、热稳定，对植物安全，缺点是大部分有害生物对其易产生耐药性。

1. 溴氰菊酯（deltamethrin，敌杀死）

【化学名称】 α-氰基苯氧基苄基(1*R*,3*R*)-3-(2,2-二溴乙烯基)-2,2-二甲基环丙烷羧酸酯

【主要理化性质】 纯品为白色斜方形针状晶体，熔点101～102℃，常温下几乎不溶于水，溶于丙酮及二甲苯等大多数芳香族溶剂。在酸性介质中较为稳定，在碱性介质中不稳定，对光稳定。原药为白色无味粉末，有效成分含量为98%，熔点98～101℃。

【生物活性】 溴氰菊酯具有触杀兼胃毒作用，对鳞翅目幼虫和蚜虫有极强的毒力，但对螨类、甲虫类和蚧类效果不理想。原药大鼠急性经口 LD_{50} 为 138.7mg/kg，急性经皮 LD_{50}＞2940mg/kg。对鱼类、水生昆虫等水生生物高毒；对蜜蜂和蚕剧毒；对鸟类毒性较低。

【制剂】 2.5%溴氰菊酯乳油、2.5%溴氰菊酯可湿性粉剂。

【使用方法】 防治棉铃虫，每亩用2.5%溴氰菊酯乳油40～50mg，对菜蚜在无翅成蚜、若蚜发生盛期，每亩用2.5%溴氰菊酯乳油20～30mg，兑水喷雾；防治菜青虫，在幼虫3龄盛发期前，每亩用2.5%溴氰菊酯乳油30～40mg兑水喷雾；防治菜田黄条跳甲用2.5%溴氰菊酯乳油1000倍液喷雾；防治桃小食心虫、梨小食心虫、桃蛀螟，在产卵盛期至卵孵化盛期、幼虫蛀果前，用2.5%溴氰菊酯乳油1500～2500倍液喷雾，并可兼治蚜虫、梨星毛虫、卷叶蛾等。

【注意事项】 ①不宜用于防治螨类、甲虫类、蚧壳虫类和粮食作物害虫。②不能和碱性农药混用。③对鱼类高毒，不宜用于稻田。④不能在桑园、鱼塘、河流、养蜂场等处及其周围使用。

2. 高效氯氰菊酯（beta-cypermethrin，高灭灵）

【化学名称】 2,2-二甲基-3-(2,2-二氯乙烯基)环丙烷羧酸-α-氰基-(3-苯氧基)-苄酯

【主要理化性质】 原药为无色或浅黄色晶体。熔点64～71℃，在150℃以下稳定，对空气、太阳光稳定，在中性和弱酸性介质中稳定，在碱存在下会异构化，在强碱条件下水解。

【生物活性】 高效氯氰菊酯具有触杀和胃毒作用，无内吸性。可用于公共场所防治苍蝇、蟑螂、蚊子、跳蚤、虱和臭虫等许多卫生害虫，也可防治牲畜外寄生虫：蜱、螨等。在农业上，主要用于苜蓿、禾谷类作物、棉花、葡萄、玉米、油菜、梨果、马铃薯、大豆、甜菜、烟草和蔬菜上防治鞘翅目、鳞翅目、直翅目、双翅目、半翅目和同翅目等害虫。原药大鼠急性经口 LD_{50} 为649mg/kg，急性经皮 LD_{50}＞1830mg/kg。

【制剂】 4.5%、10% 高效氯氰菊酯乳油，4.5%高效氯氰菊酯微乳剂。

【使用方法】 4.5%高效氯氰菊酯乳油防治棉花棉铃虫20～40g/亩，蔬菜菜蚜4～24g/亩，蔬菜菜青虫、小菜蛾12～34g/亩，苹果树桃小食心虫20～33mg/kg，柑橘潜叶蛾、红蜡蚧15～50mg/kg，茶尺蠖、烟青虫20～34g/亩兑水喷雾。

3. 三氟氯氰菊酯（lambda-cyhalothrin，功夫）

【化学名称】 3-(2-氯-3,3,3-三氟丙烯基)-2,2-二甲基双丙烷羧酸-2-氰基-3-苯氧苄基酯

【主要理化性质】 原药为米黄色无臭味固体，在275℃时分解，熔点49.2℃，不溶于水，溶于大多数有机溶剂。

【生物活性】 三氟氯氰菊酯是新一代低毒高效拟除虫菊酯类杀虫剂，具有触杀、胃毒，无内吸作用。杀虫广谱，活性高，药效迅速，具有强烈的渗透作用；用量少，击倒力强，低残留，能杀灭对常规农药如有机磷产生抗性的害虫。原药大鼠急性经口 LD_{50} 为 79mg/kg，急性经皮 LD_{50} 为 1293～1507mg/kg。

【制剂】 2.5%三氟氯氰菊酯乳油。

【使用方法】 ①防治桃小食心虫、苹果蚜虫：卵孵盛期，每亩 20～40ml。②防治小菜蛾：每亩 20～40ml，还可防治甘蓝夜蛾、斜纹夜蛾、烟毒虫、菜螟。③防治菜青虫：每亩 15～20ml。④防治菜蚜、瓜蚜：每亩 8～20ml。⑤防治玉米螟：玉米抽穗期，每亩 20～30ml，兑水喷雾。

【注意事项】 ①此药为杀虫剂，兼有抑制害螨作用，不要作为专用杀螨剂使用。②在碱性介质及土壤中易分解，所以不要与碱性物质混用以及土壤处理使用。③对鱼、虾、蜜蜂、家蚕高毒，因此使用时不要污染鱼塘、河流、蜂场及桑园。

4. 甲氰菊酯（fenpropathrin，灭扫利）

【化学名称】 α-氰基-3-苯氧苄基-2,2,3,3-四甲基环丙烷羧酸酯

【主要理化性质】 纯品为棕黄色液体或固体，熔点 45～50℃，蒸气压 0.73mPa(20℃)，相对密度 1.15(25℃)，几乎不溶于水，溶于二甲苯、环己烷等有机溶剂。碱液中分解，暴露于日光、空气中氧化，失去活性。

【生物活性】 甲氰菊酯是一种具有触杀、胃毒和一定驱避作用的杀虫杀螨剂。杀虫谱广，残效期长，对果树、蔬菜、棉花、玉米等作物的多种害虫及害螨有良好的防效。原药大鼠急性经口 LD_{50} 为 107～164mg/kg，急性经皮 LD_{50} 为 600～870mg/kg。

【制剂】 20%甲氰菊酯乳油。

【使用方法】 防治潜叶蛾、桃小食心虫、棉铃虫、棉红铃虫、小菜蛾、菜青虫、红蜘蛛、桃蚜、橘蚜、白粉虱等用 20%甲氰菊酯乳油稀释 2000～4000 倍液均匀喷雾。

【注意事项】 ①不宜在桑园附近喷药，以免污染桑叶引起家蚕中毒。②不能与碱性农药混用。③对鱼类有毒，注意勿使药液污染鱼塘。④要随配随用，不准配后存放，并控制用药量。⑤在蔬菜上使用，安全间隔期 7～10 天。

5. 氟氯氰菊酯（cyfluthrin，百树得）

【化学名称】 α-氰基-3-苯氧基-4-氟苄基(1*R*,3*R*)-3-(2,2-二氯乙烯基)-2,2-二甲基环丙烷羧酸酯

【主要理化性质】 制剂为棕色透明液体，相对密度为 0.89，常温下可贮藏 2 年以上。原药微溶于水，在酸性条件下稳定，但在碱性（pH>7.5）条件下易分解。

【生物活性】 氟氯氰菊酯以触杀和胃毒作用为主，杀虫谱广，作用迅速，持效期长，对作物安全，对多种鳞翅目害虫如吸果夜蛾、棉铃虫、豆荚螟、地老虎有良好效果，吸果夜蛾种类多，为害果树如荔枝、龙眼、柑橘、枇杷、桃、李、葡萄等果实，该药对多种吸果夜蛾有特有的触杀和驱避作用。原药大鼠急性经口 LD_{50} 为 590～1270mg/kg，急性经皮 LD_{50} 大于 5000mg/kg，对鱼、蜜蜂、蚕高毒。

【制剂】 5%氟氯氰菊酯乳油。

【使用方法】 5%氟氯氰菊酯乳油防治荔枝蝽象用 3000 倍，对吸果夜蛾有独特触杀及驱避作用，应用 800～1000 倍喷雾，即可保持 8～10 天保果效果，一般在果实成熟收获前 20

天应用最好。

6. 高效氟氯氰菊酯（beta-cyfluthrin，保得）

【化学名称】 氰基-(4-氟-3-苯氧苄基)-甲基-(2,2-二氯乙烯基)-2,2-二甲基环丙烷羧酸酯

【主要理化性质】 纯品为无色无臭结晶体，制剂外观为淡黄色液体，相对密度约 0.89，54℃贮存 14 天或 40℃贮存 6 个月分解率小于 5%。常温贮存稳定性大于 2 年。可以与其他许多农药相混。

【生物活性】 高效氟氯氰菊酯具有触杀和胃毒作用，无内吸作用和渗透性。本品杀虫谱广，击倒迅速，持效期长，除对咀嚼式口器害虫如鳞翅目幼虫或鞘翅目的部分甲虫有效外，还可用于刺吸式口器害虫，如梨木虱的防治。原药大鼠急性经口 LD_{50} 为 580mg/kg，急性经皮 LD_{50} ＞5000mg/kg。

【制剂】 2.5%高效氟氯氰菊酯乳油。

【使用方法】 ①防治棉红铃虫每亩用 25～35ml。②防治菜青虫每亩用 26.8～33.2ml。③防治桃小食心虫用 2000～4000 倍液喷雾。④防治金纹细蛾（俗称潜叶蛾）在成虫盛期或卵盛期，用 1500～2000 倍液喷雾。

【注意事项】 不能与碱性农药混用，茶叶在采收前 7 天禁用此药，可与其他的杀虫剂轮换使用，增加药效。

7. 氰戊菊酯（fenvalerate，来福灵）

【化学名称】 (*S*)-*α*-氰基-3-苯氧苄基(*S*)-2-(4-氯苯基)-3-甲基丁酸酯

【主要理化性质】 原药为棕色黏稠状液体，相对密度 1.175(25℃)，蒸气压为 19.2μPa (20℃)，几乎不溶于水，易溶于二甲苯、丙酮、氯仿等有机溶剂。对热、潮湿稳定，酸性介质中相对稳定，碱性介质中迅速水解。

【生物活性】 氰戊菊酯是一种活性较高的拟除虫菊酯类杀虫剂，具有触杀和胃毒作用。对鳞翅目幼虫效果好，对同翅目、直翅目、半翅目等害虫也有较好效果，但对螨类无效。原药大鼠急性经口 LD_{50} 为 325mg/kg，急性经皮 LD_{50} ＞5000mg/kg。

【制剂】 5%氰戊菊酯乳油。

【使用方法】 用 5%氰戊菊酯乳油防治小麦蚜虫每亩 5～10ml；防治黏虫每亩用 10ml；防治甜菜、甘蓝夜蛾每亩用 5～10ml；防治小菜蛾等鳞翅目幼虫每亩用 10～20ml，防治桃小食心虫用 2500 倍液，兑水喷雾使用。

【注意事项】 ①桑园及其附近不宜喷药，以免污染桑叶，引起家蚕中毒。② 遇碱性物质易分解失效，不能与碱性农药混用。③来福灵对鱼类有毒，施药时注意勿使药液污染鱼塘。④来福灵在青菜上使用，安全间隔期为 7 天。

第五节　其他类型杀虫剂

一、烟碱类杀虫剂

1. 吡虫啉（imidacloprid，咪蚜胺）

【化学名称】 1-(6-氯吡啶-3-吡啶基甲基)-*N*-硝基亚咪唑烷-2-基胺

【主要理化性质】 纯品为无色晶体，有微弱气味。蒸气压 0.2×10^{-7}Pa(20℃)，水中溶解度 0.51g/L(20℃)，pH5～11 稳定。

【生物活性】 吡虫啉是一种具有内吸、触杀和胃毒作用的广谱、高效、低残留，害虫不

易产生抗性的杀虫剂。用于防治刺吸式口器害虫，如蚜虫、叶蝉、飞虱、粉虱、蓟马等，对鞘翅目害虫也有效，但对鳞翅目害虫的幼虫效果较差。大鼠急性经口 LD_{50} 为 1260mg/kg，急性经皮 LD_{50} ＞1000mg/kg。

【制剂】5％吡虫啉乳油，10％、25％吡虫啉可湿性粉剂，70％吡虫啉水分散粒剂。

【使用方法】用10％吡虫啉可湿性粉剂防治水稻飞虱15～20g/亩喷雾、泼浇、毒土；棉花棉蚜8～20g/亩喷雾、灌根、毒土；小麦麦蚜5～10g/亩喷雾，甘蔗棉蚜、菜蚜10～20g/亩喷雾，果树梨木虱50～100mg/kg喷雾、灌根、涂茎。

2. 啶虫脒（acetamiprid，莫比朗）

【化学名称】*N*-[(6-氯-3-吡啶)甲基]-*N'*-氰基-*N'*-甲基乙脒

【主要理化性质】 纯品为白色结晶，熔点101～103.3℃。蒸气压小于 1.0×10^{-6} Pa (25℃)。25℃时水中溶解度为4g/L，易溶于丙酮、甲醇、乙醇、二氯甲烷、氯仿、乙腈等有机溶剂。在弱酸性介质中稳定，在日光下亦稳定，在碱性介质中会水解。

【生物活性】啶虫脒具有内吸、触杀和胃毒作用。对蚜虫、叶蝉、粉虱、蚧等同翅目害虫，菜蛾、桃小食心虫等鳞翅目害虫，天牛等鞘翅目害虫均有防治效果。广泛用于果树、茶、蔬菜、棉花、水稻等作物防治害虫。对雄大鼠急性经口 LD_{50} 为 217mg/kg，对雌大鼠急性经口 LD_{50} 为 146mg/kg；对雄小鼠急性经口 LD_{50} 为 198mg/kg，对雌小鼠急性经口 LD_{50} 为 184mg/kg。

【制剂】 20％啶虫脒可溶性粉剂

【使用方法】 20％啶虫脒可溶性粉剂在50～100mg/L的浓度下，可有效地防治棉蚜、菜蚜、桃小食心虫等，以500mg/L浓度施药可防治橘潜蛾以及梨小食心虫等，并可杀卵。

3. 噻虫嗪（thiamethoxam，阿克泰）

【化学名称】3-(2-氯-1,3-噻唑-5-基甲基)-5-甲基-1,3,5-噁二嗪-4-硝基胺

【主要理化性质】 纯品为白色或淡黄色结晶粉末，熔点139.1℃，蒸气压 6.6×10^{-9} Pa (25℃)，水中溶解度为4.1g/L(25℃)，在pH2～12条件下稳定。

【生物活性】 噻虫嗪是第二代新烟碱类杀虫剂，具有内吸、触杀和胃毒作用。适用于棉花、玉米、马铃薯、豌豆、豆类等作物上蚜虫、叶蝉、蓟马、灰飞虱、蚁类、跳甲、象甲、白粉虱等的防治，且不易与其他杀虫剂发生交互抗性。大鼠急性经口 LD_{50} 为 1563mg/kg，急性经皮 LD_{50} ＞2000mg/kg。

【制剂】 25％噻虫嗪水分散颗粒剂。

【使用方法】①防治稻飞虱每亩用1.6～3.2g喷雾。②防治苹果蚜虫每亩用5～10g进行叶面喷雾。③防治瓜类白粉虱每亩用10～20g进行喷雾。④防治棉花蓟马每亩13～26g喷雾。⑤防治梨木虱用10000倍液。⑥防治柑橘潜叶蛾用3000～4000倍液喷雾。

二、吡唑类杀虫剂

1. 氟虫腈（fipronil，锐劲特）

【化学名称】 (*RS*)-5-氨基-1-(2,6-二氯-4*α*-三氟甲基苯基)-4-三氟甲基亚磺酰基吡唑-3-腈

【主要理化性质】原药为白色粉末，熔点200～203℃，蒸气压 3.7×10^{-7} Pa。水中溶解度1.9mg/L(pH7)，在土壤中的半衰期1～3个月。

【生物活性】 氟虫腈以胃毒作用为主，兼有触杀和一定的内吸作用，杀虫谱广，对蚜虫、叶蝉、飞虱、鳞翅目幼虫、蝇类和鞘翅目等重要害虫有很高的杀虫活性，对作物无药

害。该药剂可施于土壤，也可叶面喷雾。施于土壤能有效地防治玉米根叶甲、金针虫和地老虎。叶面喷洒时，对小菜蛾、菜粉蝶、稻蓟马等均有高水平防效，且持效期长。大鼠急性经口 LD_{50} 为 100mg/kg，急性经皮 LD_{50} ＞2000mg/kg。

【制剂】 5%锐劲特悬浮剂、0.3%氟虫腈颗粒剂、5%和 25%氟虫腈悬浮种衣剂、0.4%氟虫腈超低容量剂。

【使用方法】 ①防治小菜蛾：蔬菜、油菜上的小菜蛾处于低龄幼虫期施药，每亩用 5%锐劲特悬浮剂 18～30ml 加水喷雾。②防治水稻害虫：防治二化螟、水稻蓟马、稻黑蝽、褐飞虱、白背飞虱、稻象甲，每亩用 5%锐劲特悬浮剂 30～40ml；防治水稻蝗虫每亩用 10～15ml；防治三化螟每亩用 40～60ml；防治稻象甲每亩用 60～80ml，防治稻纵卷叶螟每亩用 30～50ml。③防治马铃薯甲虫：每亩用 18～35ml。

2. 丁烯氟虫腈

【化学名称】 5-甲代烯丙基氨基-3-氰基-1-(2,6-二氯-4-三氟甲基苯基)-4-三氟甲基亚磺酰基吡唑

【主要理化性质】 纯品为白色粉末，熔点 172～174℃。25℃时溶解度为：水 0.02g/L，乙酸乙酯 260.02g/L。常温时对酸、碱稳定。

【生物活性】 丁烯氟虫腈具有触杀、胃毒及弱内吸作用。对菜青虫、小菜蛾、螟虫、黏虫、褐飞虱、叶甲等多种害虫具有较高的活性，特别是对水稻、蔬菜害虫的活性显现了与锐劲特同等的效力，而且对鱼低毒。大鼠急性经口 LD_{50} 为 4640mg/kg，急性经皮 LD_{50} 为 2150mg/kg。

【制剂】 5%丁烯氟虫腈乳油。

【使用方法】 5%丁烯氟虫腈乳油每亩用 50～60ml 防治蔬菜小菜蛾。

三、生物源类杀虫剂

1. 阿维菌素（abamectin，齐螨素）

【主要理化性质】 原药为白色或黄白色结晶粉，相对密度 1.16，熔点 155～157℃，蒸气压 2×10^{-7} Pa，21℃时溶解度：在水中为 7.8mg/L，丙酮中 100mg/ml，乙醇中 20mg/ml。常温下不易分解，在 25℃时，pH6～9 的溶液中无分解现象。制剂外观为浅褐色液体，常温贮存稳定性 2 年以上。

【生物活性】 阿维菌素对螨类和昆虫具有胃毒和触杀作用，不能杀卵。螨类成虫、若虫和昆虫幼虫与阿维菌素接触后即出现麻痹症状，不活动、不取食，2～4 天后死亡。因不引起昆虫迅速脱水，所以阿维菌素致死作用较缓慢。阿维菌素对捕食性昆虫和寄生天敌虽有直接触杀作用，但因植物表面残留少，因此对益虫的损伤很小。对抗性害虫有特效，如小菜蛾、潜叶蛾、红蜘蛛等。大鼠急性经口 LD_{50} 为 10mg/kg，急性经皮 LD_{50} ＞2000mg/kg（兔）。

【制剂】 0.6%、1%、1.8%阿维菌素乳油。

【使用方法】 ①阿维菌素用于防治红蜘蛛、锈蜘蛛等螨类用 1.8%阿维菌素 3000～5000 倍液。②用于防治小菜蛾等鳞翅目昆虫幼虫，用 1.8%阿维菌素 2000～3000 倍液喷雾。

【注意事项】 阿维菌素对鱼类高毒，因此施药时不要使药液污染河流、水塘，不要在蜜蜂采蜜期施药。

2. 多杀霉素（spinosad，菜喜）

【主要理化性质】 悬浮剂外观为白色液体，pH 为 7.4～7.8，贮存 2 年稳定。本剂与目

前使用的各类杀虫剂无交互耐药性。

【生物活性】多杀霉素对害虫具有快速的触杀和胃毒作用，对叶片有较强的渗透作用，可杀死表皮下的害虫，残效期较长，对一些害虫具有一定的杀卵作用，无内吸作用。能有效地防治鳞翅目、双翅目和缨翅目害虫，也能很好地防治鞘翅目和直翅目中某些大量取食叶片的害虫种类，对刺吸式害虫和螨类的防治效果较差。对捕食性天敌昆虫比较安全，适合于蔬菜、果树、园艺、农作物上使用。杀虫效果受下雨影响较小。中国及美国农业部登记的安全采收期都只是1天，最适合无公害蔬菜生产应用。原药对雌性大鼠急性经口 LD_{50} > 5000mg/kg，雄性为3738mg/kg。

【制剂】2.5%多杀霉素悬浮剂。

【使用方法】①蔬菜害虫防治小菜蛾、蓟马，用2.5%悬浮剂1000～1500倍液均匀喷雾，或每亩用2.5%悬浮剂33～50ml兑水20～50kg喷雾。② 防治甜菜夜蛾，每亩用2.5%悬浮剂50～100ml兑水喷雾，傍晚施药效果好。

【注意事项】①在蔬菜收获前1天停用。避免喷药后24h内遇降雨。②本品为低毒生物源杀虫剂，但使用时仍应注意安全防护。

3. 苏云金杆菌（*Bacillus thuringiensis*，敌宝）

【主要理化性质】苏云金杆菌是一种细菌性杀虫剂，它是一种芽孢杆菌，其营养体为杆状，两端钝圆，周生鞭毛或无鞭毛，通常2～8个呈链状。杀虫有效成分在害虫体内产生内毒素（伴孢晶体）和外毒素，伴孢晶体是主要毒素。

【生物活性】苏云金杆菌对害虫具有胃毒作用，害虫取食后由于细菌毒素的作用，很快就停止取食，同时芽孢在虫体内萌发并大量繁殖，导致害虫死亡。因此，药效较缓慢，一般害虫取食后1～2天才见效，残效10天左右。主要用于防治鳞翅目幼虫及某些地下害虫，可防治粮、棉、果、烟、茶、蔬菜等作物及林木害虫。原药对雌性大鼠急性经口 LD_{50} 为3160mg/kg，雄性为3830mg/kg。

【制剂】100亿活芽孢悬浮剂，100亿活芽孢可湿性粉剂。

【使用方法】①防治二化螟、三化螟、稻苞虫、稻纵卷叶螟，在卵孵高峰后2～5天或1～2龄幼虫期，每亩用100亿活芽孢悬浮剂100～150ml，加水50kg喷雾，一般喷施1～2次。②防治棉红铃虫、棉铃虫、造桥虫，在卵孵盛期后2～5天，每亩用100亿活芽孢悬浮剂100～150ml，加水75kg喷雾，连喷2次，每次间隔7～10天。防治烟青虫、向日葵螟，在幼虫1～2龄期，每亩用100亿活芽孢悬浮剂165ml，加水50kg喷雾。③防治茶毛虫，桃小食心虫，柳毒蛾，梨，枣尺蠖，松毛虫，用100亿活芽孢悬浮剂500～750倍稀释液喷雾。

【注意事项】①苏云金杆菌在气温较高（20℃以上）时使用效果好，常以6～9月间使用为宜。②对家蚕、蓖麻蚕毒性大，不可在桑园及养蚕场所使用。③不可与杀菌剂混用。本剂易吸湿结块，应密封、干燥、阴凉处保存。

第六节　杀　螨　剂

杀螨剂是指用于防治蛛形纲中有害螨类的化学药剂。前面介绍的有机磷酸酯类、氨基甲酸酯类，含有氟元素的拟除虫菊酯类及脒类杀虫剂等许多品种都具有杀螨活性，在本节中主要介绍专用于杀螨的化合物。一个理想的杀螨剂应具备如下条件。

① 化学性质应相对稳定，可以与其他农药混用，以达到兼治其他病虫的目的。

② 对螨类的各个虫态有效，不但杀死成螨，对螨卵、若螨和幼螨也应具有良好的杀伤

作用。

③ 杀螨剂应有较长的持效，施用一次，即可以防治整个变态期间的螨。

④ 对作物安全，对高等动物、保护天敌安全，不污染环境。

⑤ 对螨类不易产生耐药性。

一、吡唑类杀螨剂

1. 唑螨酯（fenpyroximate，霸螨灵）

【化学名称】 (*E*)-*α*-(1,3-二甲基-5-苯氧基吡唑-4-亚甲基氨基氧)对甲苯甲酸叔丁酯

【主要理化性质】 原药为白色结晶粉末，密度 1.245g/mL，熔点为 101.1～102.4℃，25℃时蒸气压为 0.0075mPa。难溶于水，可溶于多种普通有机溶剂中，在酸性和碱性溶液中稳定。

【生物活性】 唑螨酯是一种高效、广谱苯氧基吡唑类杀螨剂。对多种害螨有强烈触杀作用，对幼螨活性最高，且持效期长。雄、雌大鼠急性经口 LD_{50} 分别为 480mg/kg 和 245mg/kg。

【制剂】 5%唑螨酯乳油、5%唑螨酯悬浮剂。

【使用方法】 防治各种植食性螨类，使用浓度为 20～50mg/kg。

【注意事项】 ①唑螨酯不能与碱性物质混合使用。②唑螨酯对鱼有毒，使用时注意安全。

2. 吡螨胺（tebufenpyrad，必螨立克）

【化学名称】 *N*-(4-叔丁基苄基)-4-氯-3-乙基-1-甲基-5-吡唑甲酰胺

【主要理化性质】 原药为浅灰色结晶体，熔点 61～62℃，蒸气压 2.66×10^{-6} Pa (25℃)，易溶于水，能溶于丙酮、甲醇、氯仿、乙腈、苯等大多数有机溶剂，在 pH3～11 时，在水中可稳定 1 个月。

【生物活性】 吡螨胺是一种昆虫线粒体呼吸抑制剂，对螨类各生长期均有速效和高效，持效期可达 40 天以上。雄大鼠急性经口 LD_{50} 595mg/kg，雌为 997mg/kg。

【制剂】 95%吡螨胺原药、10%吡螨胺可湿性粉剂、20%吡螨胺乳油。

【使用方法】 用 10%吡螨胺可湿性粉剂 2000～3000 倍液防治玫瑰上的苹果全爪螨，柑橘、四季橘上的柑橘全爪螨。

【注意事项】 ①操作中做好各项安全防护工作。②对鱼类有毒，池塘附近禁用。

二、有机锡类杀螨剂

1. 三唑锡（azocyclotin，倍乐霸）

【化学名称】 1-(三环己基甲锡烷基)-1 氢-1,2,4-三氮杂茂

【主要理化性质】 本品为白色粉末，熔点 218.8℃，25℃时蒸气压小于 3.75×10^{-5} mmHg，溶解度小于 1mg/kg(20℃)。易溶于己烷，可溶于丙酮、乙醚、氯仿，在环己酮、异丙醇、甲苯、二氯甲烷中的溶解度为 0.01g/L，在稀酸中不稳定。如贮存适当可保存两年以上。

【生物活性】 三唑锡为触杀性杀螨剂，对植食性螨类的所有活动期虫态都有防效。用于柑橘、棉花、果树和蔬菜的害螨防治。雄大鼠急性经口 LD_{50} 为 5076mg/kg，急性经皮 LD_{50} 为 5000mg/kg。

【制剂】 25%三唑锡可湿性粉剂、20%三唑锡悬浮剂。

【使用方法】 能防治梨、桃、苹果、樱桃、李、葡萄等果树和草莓、芸豆、茄子上的螨类及抗其他杀螨剂的成螨、若螨，25%三唑锡可湿性粉剂稀释倍数为1000～5000倍。

2. 苯丁锡（fenbutatin oxide，托尔克）

【化学名称】 双[三(2-甲基-2-苯基丙基)锡]氧化物

【主要理化性质】 对热和光稳定。水可使苯丁锡转化为三(2-甲基-2-苯基丙基)锡氢氧化物，该产物在室温下慢慢地，在98℃下迅速地再转化为母体化合物。

【生物活性】 苯丁锡对害螨以触杀为主，对幼螨、若螨、成螨杀伤力强。对有机磷和有机氯农药有抗性的害螨，对其不产生交互抗性。该药残效期长，可达到2个月。主要用于柑橘、葡萄、观赏植物等浆果和核果类上的瘿螨科和叶螨科螨类，尤其对全爪螨属和叶螨属的害螨高效，对捕食性节肢动物无毒。大鼠急性经口LD_{50}为2631mg/kg，大鼠急性经皮LD_{50}为2150mg/kg。

【制剂】 50%苯丁锡可湿性粉剂，25%苯丁锡悬浮剂。

【使用方法】 ①果树害螨：防治柑橘红蜘蛛、柑橘锈螨，苹果、山楂红蜘蛛，50%可湿性粉剂2000～3000倍液均匀喷雾，持效期1～2个月。②茶树害螨：防治茶橙瘿螨、茶短须螨，在茶叶非采摘期，用50%可湿性粉剂1500倍液均匀喷雾。

三、哒嗪酮类杀螨剂

哒螨灵（pyridaben，扫螨净）

【化学名称】 2-叔丁基-5-(4-叔丁基苄硫基)-4-氯-2*H*-哒嗪-3-酮

【主要理化性质】 无色晶体，熔点111～112℃，蒸气压0.25mPa（20℃），相对密度1.2(20℃)，溶解度(20℃)：水0.012mg/L、酮460mg/L、苯110g/L、二甲苯390g/L、乙醇57g/L、环己烷320g/L、正辛醇63g/L、正己烷10g/L。见光不稳定。在pH4、pH7、pH9和有机溶剂中时（50℃），90天稳定性不变。

【生物活性】 哒螨灵为高效广谱触杀性杀螨剂，对全爪螨、叶螨、小爪螨和瘿螨的各发育阶段均有效。击倒迅速，持效期长达30～60天，与常用杀螨剂无交互抗性。在螨类活动期常量喷雾使用。大鼠急性经口LD_{50}为1350mg/kg，急性经皮LD_{50}＞2000mg/kg(兔)。

【制剂】 15%哒螨灵乳油、20%哒螨灵可湿性粉剂。

【使用方法】 防治苹果叶螨、柑橘叶螨，用20%哒螨灵可湿性粉剂3000～4500倍液喷雾。

四、有机含卤类杀螨剂

溴螨酯（bromopropylate，螨代治）

【化学名称】 4,4′-二溴苯乙醇酸异丙酯

【主要理化性质】 原药为无色结晶，水中溶解度低，溶于有机溶剂，在中性及微酸性介质中稳定，不易燃，贮藏稳定性约3年。

【生物活性】 溴螨酯是一种杀螨谱广、持效期长、毒性低、触杀性较强、无内吸性的杀螨剂，对成、若螨和卵均有一定的杀伤作用。温度变化对药效影响不大，害螨对该药和三氯杀螨醇有交互抗性。大鼠急性经口LD_{50}＞5000mg/kg，急性经皮LD_{50}＞4000mg/kg。

【制剂】 40%、50%溴螨酯乳油。

【使用方法】 用50%溴螨酯乳油1000～1250倍液在花期前后喷药，可防治苹果树害螨；用1250～2500倍液于春梢大量抽发期喷布，可防治柑橘红蜘蛛。

五、有机氯类杀螨剂

三氯杀螨醇（dicofol，开乐散）

【化学名称】 2,2,2-三氯-1,1-双(4-氯苯基)乙醇

【主要理化性质】 纯品为白色固体，工业品为褐色透明油状液体，熔点 78.5～79.5℃，微溶于水，能溶于多种有机溶剂。在酸性溶液中稳定，遇碱易分解失效。

【生物活性】 三氯杀螨醇是一种有机氯杀螨剂，对害螨有较强的触杀作用，但无内吸性，对成螨、若螨和卵均有效，具有速效和持效期较长的特点。它也是一种神经毒剂。大鼠急性经口 LD_{50} 为 595mg/kg，急性经皮 LD_{50} 为 5000mg/kg。

【制剂】 20%、30%三氯杀螨醇乳油。

【使用方法】 防治棉红蜘蛛，在害螨扩散初期或成、若螨盛发期，用 20%三氯杀螨醇乳油 150mg/亩，兑水 50～75kg，对准棉叶背面均匀喷雾。对苹果红蜘蛛，在花前和花后，即第一代若螨始盛期用 1000 倍液喷雾。

六、酰胺类杀螨剂

噻螨酮（hexythiazox，尼索朗）

【化学名称】 5-(4-氯苯基)-3-(*N*-环己基氨基甲酰)-4-甲基噻唑烷-2-酮

【主要理化性质】 原药为浅黄色或白色结晶，熔点 108～108.5℃，20℃时蒸气压为 338.6×10^{-8}Pa，水中溶解度为 0.5mg/L，在甲醇、己烷、丙酮等有机溶剂中的溶解度分别为 2.06g/100mg、0.39g/100mg、16.0g/100mg，50℃下保存 3 个月不分解。

【生物活性】 噻螨酮为非内吸性杀螨剂，对螨类的各虫态都有效；速效，持效长；与有机磷、三氯杀螨醇无交互抗性。用于果树、棉花和柑橘等作物的多种螨类防治。大鼠急性经口和急性经皮 $LD_{50}>$5000mg/kg。

【制剂】 5%噻螨酮乳油、5%噻螨酮可湿性粉剂。

【使用方法】 5%噻螨酮乳油 1500～2000 倍稀释液喷雾，对红叶螨、全爪螨幼螨防治效果显著，对锈螨、瘿螨防效较差。

七、甲脒类杀螨剂

双甲脒（amitraz，螨克）

【化学名称】 *N*-甲基-双(2,4-二甲苯亚胺甲基)胺

【主要理化性质】 原药为无味白色至黄色固体，无臭，在丙酮中易溶，在水中不溶，在乙醇中缓慢分解。它在中性液中较稳定，在强酸或强碱性液中不稳定，在吸潮条件下存放会分解。不易燃、不易爆。相对密度 0.3，熔点 86～87℃。蒸气压 3.8×10^{-7}mmHg(20℃)。

【生物活性】 双甲脒系广谱杀螨剂，具有多种毒杀机制，其中主要是抑制单胺氧化酶的活性，具有触杀、拒食、驱避作用，也有一定的胃毒、熏蒸和内吸作用。对叶螨科各个发育阶段的虫态都有效，但对越冬的卵效果较差，对其他杀螨剂有耐药性的螨也有效，药后能较长时期地控制害螨数量的回升。大鼠急性经口 LD_{50} 为 600～800mg/kg，急性经皮 $LD_{50}>$1600mg/kg。

【制剂】 20%双甲脒乳油。

【使用方法】 推荐用量为：棉花田用 300～1000g/hm^2 (a.i)、柑橘园用 10～60g/hm^2 (a.i)、高级水果园用 40～80g/hm^2(a.i)，还可用于葫芦、啤酒花等作物防治叶螨类。

八、生物源杀螨剂

浏阳霉素（liuyangmycin，杀螨霉素）

【化学名称】 为5个组分的混合体（以四活菌素为代表）：5,14,23,32-四乙基-2,11,20,29-四甲基-4,13,22,31,38,39,40-八氧五环[32,2,1,1,1]四十烷-3,12,21,30-四酮

【主要理化性质】 纯品为无色棱柱状结晶，原药为白色或淡黄色粉末。难溶于水，可溶解于醇、苯、酮、正己烷、石油醚及氯仿等。室温稳定，紫外光不稳定。

【生物活性】 浏阳霉素是从灰色链霉菌分离出的抗生素类杀螨剂，具有良好的触杀作用，对螨类具有特效，对蚜虫也有较高的活性。可用于棉花、果树、瓜类、豆类、蔬菜等作物防治螨类及蚜虫。大鼠急性经口 LD_{50}＞10000mg/kg，急性经皮 LD_{50}＞2000mg/kg。

【制剂】 10％浏阳霉素乳油。

【使用方法】 防治苹果叶螨和山楂叶螨、棉花红蜘蛛、柑橘害螨 1000～1500 倍液均匀喷雾。

九、其他类杀螨剂

1. 炔螨特（propargite，克螨特）

【化学名称】 2-(4-叔丁基苯氧基)-环己基丙-2-炔基亚硫酸酯

【主要理化性质】 原药为深红棕色黏稠液体，蒸气压 0.006mPa(25℃)，相对密度 1.1130(20℃)，水中溶解度 632mg/L(25℃)，溶于大多数有机溶剂，强酸和强碱中分解(pH＞10)。

【生物活性】 炔螨特系广谱有机硫杀螨剂，具有触杀和胃毒作用，对成螨和若螨有特效，杀卵的效果差。可用于防治棉花、蔬菜、苹果、柑橘、茶、花卉等作物各种害螨，对多数天敌安全。大鼠急性经口 LD_{50} 为 2800mg/kg，急性经皮 LD_{50} 为 4000mg/kg(兔)。

【制剂】 40％、57％、73％炔螨特乳油。

【使用方法】 40％、57％、73％炔螨特乳油防治柑橘螨类、苹果叶螨、棉花螨类，分别用 1500～2000 倍液、2000～2500 倍液、2500～3000 倍液喷雾。

2. 螺螨酯（spirodiclofen，螨威）

【化学名称】 3-(2,4-二氯苯基)-2-氧代-1-氧杂螺[4,5]-癸-3-烯 4-基-2,2-二甲基丁酯

【主要理化性质】 白色粉状，无特殊气味，熔点 94.8℃，20℃蒸气压 3×10^{-7}Pa，溶解度(20℃)：正己烷中 20g/L，二氯甲烷中大于 250g/L，异丙醇中 47g/L，二甲苯中大于 250g/L，水中 0.05g/L。

【生物活性】 螺螨酯杀螨谱广，通过触杀作用对红蜘蛛、黄蜘蛛、锈壁虱、茶黄螨、朱砂叶螨和二斑叶螨等均有很好防效，可用于柑橘、葡萄等果树和茄子、辣椒、番茄等茄科作物的螨害治理。此外，螨威对梨木虱、榆蛎盾蚧以及叶蝉类等害虫有很好的兼治效果。大鼠急性经口 LD_{50}＞2500mg/kg，急性经皮 LD_{50}＞4000mg/kg。

【制剂】 24％螺螨酯悬浮剂。

【使用方法】 当红蜘蛛、黄蜘蛛的危害达到防治指标（每叶虫卵数达到 10 粒或每叶若虫 3～4 头）时，使用螨威 4000～5000 倍均匀喷雾，可控制红蜘蛛、黄蜘蛛 50 天左右。

第七节　杀软体动物剂

软体动物种类繁多，生活范围极广，海水、淡水和陆地均有产，已记载 130000 多种，

仅次于节肢动物。软体动物体外大都覆盖有各式各样的贝壳，故通常又称为贝类。贝和螺都属于软体动物，人们习惯地把有两枚介壳的称为“贝”，把只有一枚且介壳上有旋纹的叫做“螺”。它们中有一些种类有毒，能传播疾病，危害农作物，损坏港湾建筑及交通运输设施，对人类危害重大。陆生的蜗牛、蛞蝓等吃植物的叶、芽，危害蔬菜、果树、烟草等；防治有害软体动物的农药叫做杀软体动物剂。所谓有害软体动物，主要是指危害农作物和人类健康的蜗牛（俗称水牛儿、旱螺蛳）、蛞蝓（俗称鼻涕虫、蜒蚰）、田螺（俗称螺蛳）、钉螺（系血吸虫的中间寄主）等农业有害生物。

一、农业有害软体动物的常见种类

危害农作物的有害软体动物在分类上属于软体动物门腹足纲，常见种类见表 7-2。

表 7-2 有害软体动物的常见种类

类	种	别名或俗称	分类地位	寄主范围
蜗牛	灰巴蜗牛	蜒蚰螺、水牛儿	巴蜗牛科	甘蓝、花椰菜、豆类等
	薄球蜗牛	刚螺	巴蜗牛科	草莓、白菜、玉米等
	同型巴蜗牛	水牛儿	巴蜗牛科	白菜、萝卜、甘蓝等
	非洲大蜗牛	菜螺、花螺	巴蜗牛科	蔬菜、花卉、农作物等
蛞蝓	野蛞蝓	鼻涕虫、蜒蚰	蛞蝓科	蔬菜、农作物等
	黄蛞蝓		蛞蝓科	蔬菜、农作物、食用菌等
	网纹蛞蝓		蛞蝓科	蔬菜、农作物、花卉
	高突足襞蛞蝓		足襞蛞蝓科	蔬菜
田螺	福寿螺	大瓶螺、苹果螺、金宝螺	瓶螺科	水稻、茭白等水生作物
	琥珀螺		琥珀螺科	蔬菜、花卉
	细钻螺	长寿螺、细长钻螺	钻头螺科	白菜、甘蓝等蔬菜和花卉
	椭圆萝卜螺		椎实螺科	水生蔬菜、水稻幼苗

二、杀软体动物剂的品种简介

1. 杀螺胺（niclosamide，百螺杀）

【化学名称】 5,2′-二氯-4′-硝基水杨酰替苯胺

【主要理化性质】 纯品为无色固体，蒸气压＜1mPa(20℃)，熔点 230℃。室温下在 pH 值为 6.5 的水中，溶解度为 1.6mg/L；在 pH 值为 9.1 的水中，溶解度为 110mg/L。溶于一般有机溶剂，如乙醇、乙醚。对热稳定，紫外光下分解，遇强酸和碱分解。

【生物活性】 该药剂通过阻止害螺对氧的摄入而降低呼吸作用，最终使其窒息死亡。可有效杀灭成螺及螺卵，具有作用速度快、防治效果好等特点。本品灭螺范围广，对危害水稻、烟草、蔬菜、花卉的野蛞蝓（鼻涕虫）、旱螺（蜗牛）、福寿螺、传播血吸虫病的钉螺等均有特效。大鼠急性经口 LD_{50}＞5000mg/kg，急性经皮 LD_{50}＞1000mg/kg。

【制剂】 70%杀螺胺可湿性粉剂、50%杀螺胺可湿性粉剂、25%杀螺胺乳油。

【使用方法】 70%杀螺胺可湿性粉剂用 29～33g/亩喷雾或撒毒土。

【注意事项】 ①用药时应注意安全防护措施，必须穿保护服，戴口罩、风镜和胶皮手套

等以防中毒。②对鱼类、蛙、贝类有毒，使用时要多加注意。

2. 杀螺胺乙醇胺盐（niclosamide ethanolamine，螺灭杀）

【化学名称】 2,5′-二氯-4′-硝基水杨酰替苯胺乙醇胺盐

【主要理化性质】 原药为黄色均匀疏松粉末，熔点208℃，微溶于乙醇、氯仿、乙醚等有机溶剂，不溶于水。常温下稳定，216℃分解，遇强酸或强碱易分解。制剂为黄色至棕黄色疏松粉末，pH7～8，常温贮存稳定。

【生物活性】 对螺卵、血吸虫尾蚴等有较强的杀灭作用，用于防治水稻福寿螺、田螺、蜗牛、蛞蝓等多种农业有害软体动物。大鼠急性经口 $LD_{50}>5000mg/kg$，急性经皮 $LD_{50}>2000mg/kg$。

【制剂】 25%、50%杀螺胺乙醇胺盐可湿性粉剂。

【使用方法】 50%杀螺胺乙醇胺盐可湿性粉剂每亩施用60～80g，25%杀螺胺乙醇胺盐可湿性粉剂则每亩施用120～160g，施用方法可以喷雾也可撒毒土。

【注意事项】 它们对鱼类、蛙类、贝类有毒，使用时要多加注意。

3. 四聚乙醛（metaldehyde，密达、蜗牛敌）

【化学名称】 2,4,6,8-四甲基-1,3,5,7-四氧杂环辛烷

【主要理化性质】 纯品为无色菱形结晶，密度1.120～1.127g/cm^3，熔点246℃。水中溶解度为200mg/L，易溶于苯和氯仿。受热或遇酸易解聚。

【生物活性】 四聚乙醛具有胃毒作用，有特殊香味，有很强的引诱力，当螺、蛞蝓等受引诱剂的吸引而取食或接触到药剂后，使螺体内乙酰胆碱酯酶大量释放，破坏螺体内特殊的黏液，使螺体迅速脱水，神经麻痹，并分泌黏液，由于大量体液的流失和细胞被破坏，导致螺、蛞蝓等在短时间内中毒死亡。主要用于防治农业和园艺上的蜗牛、蛞蝓和福寿螺等软体动物，该药不在植物体内积聚。大鼠急性经口 LD_{50} 为383mg/kg，急性经皮 $LD_{50}>5000mg/kg$。

【制剂】 6%密达颗粒剂。

【使用方法】 在秧苗播种或移植后，用6%密达颗粒剂7.5kg/hm^2，均匀撒施。

【注意事项】 ①遇低温（低于15℃）或高温（高于35℃），因螺的活动能力减弱，药效会有影响。②使用本剂后应用肥皂水清洗双手及接触药物的皮肤。无专用解毒剂，如误服出现痉挛、昏迷、休克等现象，应立即送医院诊治。

4. 三苯基乙酸锡（triphenyltin acetate，百螺敌）

【主要理化性质】 该品为白色无味结晶性粉末，熔点118～122℃，水中溶解度为28mg/kg（20℃），微溶于大多数有机溶剂。置于干燥处贮存是稳定的，当暴露于空气和阳光下较易分解，最后形成不溶性锡化合物，能与一般农药混用，但不能与油乳剂混用。

【生物活性】 害螺通过接触或吸食，导致其大量失水而在短时间内死亡，对福寿螺、水蜗牛有着特殊防效。大鼠急性经口 LD_{50} 为108mg/kg。

【制剂】 45%三苯基乙酸锡可湿性粉剂。

【使用方法】 45%三苯基乙酸锡可湿性粉剂，用喷雾法每亩施用40～60g。

【注意事项】 本品对皮肤有刺激性，使用时必须戴好口罩、手套，穿雨衣、长筒雨鞋，以免皮肤触及药品。

第八节　熏蒸杀虫剂

在适当气温下，利用有毒的气体、液体或固体挥发所产生的蒸气在密闭的环境中毒杀害虫或病菌，称为熏蒸。用于熏蒸害虫的药剂叫熏蒸杀虫剂。熏蒸作用就是某些药剂在一般气温下即能挥发成有毒的气体，或是经过一定化学作用而产生有毒的气体，然后经由害虫的呼吸系统如表皮或气门进入虫体内，使害虫中毒死亡。熏蒸是药剂以其气态形式经昆虫呼吸器官进入体内起毒杀作用。熏蒸剂以分子形式扩散、弥漫在空气中，因而是不同于烟剂和雾剂的。烟剂以固体微粒形式悬浮在空气中，雾剂以微小的液滴形式悬浮在空气中。

熏蒸剂要发挥其对害虫、病菌的毒杀作用，必须在适当气温下，在固定的空间蒸发成气体，并在短时间内达到使昆虫、病菌死亡的浓度。因此，使用熏蒸剂必须在密闭或近于密闭的场所内，例如仓库、帐幕、房内进行熏蒸，才能比较彻底地消灭害虫。目前，熏蒸剂主要用于粮食、海关货物检疫消毒，近些年来大棚蔬菜的蓬勃兴起也给熏蒸剂提供了广阔的发展空间。此外在温室、果树、苗木、秧、土壤及培养室等熏蒸消毒上也有很大作用。

一、影响熏蒸效果的因素

影响熏蒸效果的因素有多种，但大体上可分为四个方面，即药剂的物理化学性质、熏蒸物体的性质、温度和湿度、昆虫种类及不同发育阶段等。

1. 药剂的物理化学性质

除气态熏蒸剂外，熏蒸剂本身的挥发性是直接影响熏蒸效果的重要因素之一，因为在一定的时间和空间内，熏蒸剂的挥发性决定能杀死害虫的有效浓度。挥发性可用熏蒸剂在一定温度下的蒸气压来表示。在一定气温下，沸点愈低，蒸气压愈高，挥发性愈强。

气体的扩散性和渗透性也是决定熏蒸效果的重要因素。熏蒸剂挥发成气体后，必须均匀而迅速地分布于整个熏蒸空间，而且要穿透到被熏蒸物体的间隙和内部，才能有效地发挥毒效。气体扩散和渗透能力受本身分子量大小的影响，在同温同压下，蒸气的扩散速率与分子量成反比。因此，分子量愈大气体愈重也越难弥散，渗透速度也越慢。毒气的渗透能力与熏蒸剂的沸点也有一定关系，沸点越低，则渗透力也越强。磷化氢沸点低，所以渗透能力很强。因此，一个理想的熏蒸剂要求蒸气压高、分子量小、沸点低。

2. 熏蒸物体的性质

任何物体表面都有吸附气体的能力，这是一种表面现象。固体对气体的吸附力，除了与固体本身的表面活性有关以外，也与熏蒸剂的沸点，熏蒸剂气体的浓度等有关。当其他条件相同时，熏蒸剂的沸点越高，越易被吸附。例如氯化苦的沸点比磷化氢和溴甲烷都高，物体对氯化苦的吸附量也最大。

被熏蒸物对熏蒸剂气体分子的吸附性，关系到熏蒸剂的渗透、杀虫、灭菌效果以及残留问题。一般是吸附性高时可能影响被熏蒸物体的质量，如使种子发芽率降低，植物产生药害等。吸附性低、渗透力强则可增高有效杀虫浓度。

3. 温度和湿度

温度是影响熏蒸效果最重要的一个因素。在通常的熏蒸温度范围内（10～35℃），如果提高温度可大大提高熏蒸效果。其主要原因：温度升高，昆虫的呼吸速率加決，昆虫从环境中呼吸的熏蒸剂有毒气体随之增多；温度升高，昆虫体内的生理生化反应速率加快，进入昆虫体内的熏蒸剂有毒气体更易于发挥毒杀作用；温度升高，被熏物品对熏蒸剂气体的吸附率

降低，熏蒸体系自由空间中就有更多的熏蒸剂气体参与有害生物的杀灭作用。

一般来说，湿度对熏蒸效果影响较为复杂，没有一定的规律可循。对于落叶植物或其他生长中的植物及其器官，熏蒸时必须保持较高的湿度；在熏蒸粮食加工厂时，为了避免毒气对金属的腐蚀，或对种子等时，避免过湿引起种子发霉，湿度越低越安全；用磷化铝和磷化钙进行熏蒸，湿度太低，影响磷化氢的产生速度，因此必须延长熏蒸时间。

4. 昆虫种类及不同发育阶段

不同种类的昆虫，因其生理和昆虫本身的结构不同，对熏蒸剂的敏感程度存在差异；同一种昆虫其不同发育阶段，差异更为明显。

二、常用的重要熏蒸剂

1. 磷化铝 (aluminium phosphide)

【主要理化性质】 原药为浅黄色或灰绿色松散固体，工业品为绿色或褐色固体，无气味，遇潮湿空气或水易吸水分解，即可释放有毒的磷化氢气体。化学反应式如下：

$$AlP+3H_2O \longrightarrow PH_3\uparrow+Al(OH)_3$$

磷化氢是其有效的杀虫成分，是一种无色气体，具有特殊的电石及大蒜气味，熔点−133.78℃，沸点−87.4℃，室温下能微溶于水，易溶于酒精、醚类等溶剂，相对密度1.185，接近于空气的密度，所以在空气中上升、下沉、侧流等方向的扩散速率差异不大。渗透力强，在散堆粮食中可深达3m，能够穿透未受伤的昆虫表皮。磷化氢气体在空气中其浓度达到每升26mg时能自然燃烧，产生白烟（P_2O_5），因此在一般产品中往往加进保护剂，以防止自燃。磷化氢对铜、铁等金属有腐蚀作用，使用时应加以注意。磷化氢有剧毒，易燃易爆，能和所有金属反应。触及王水时，易发生爆炸和着火。

【生物活性】 磷化铝为广谱性熏蒸杀虫剂。分解产生的磷化氢气体具有渗透力强、杀虫毒效高、药害低等特点，对粉螨和其他仓储害虫的成虫、蛹、幼虫及卵都可有效地杀死。由于本品熏过的食品几乎无残毒、无气味，且不影响种子的发芽率，所以被广泛用于处理谷物、棉花、饲料、茶叶、烟草、竹器、皮毛、药材、面粉和糖果等方面。

磷化氢对昆虫致毒是由于氧存在下磷化氢被活化为有毒中间体，与虫体内细胞色素氧化酶等含铜物作用，使细胞色素氧化酶被还原，还原后细胞色素氧化酶不能再被氧化，其呼吸率下降，而影响其呼吸代谢。因此，磷化氢必须在有氧条件下才能发挥毒效，在缺氧情况下，如在二氧化碳、氮气中，毒气不被吸收，药效显著降低。磷化铝对人、畜是比较安全的，但遇到水则分解成磷化氢气体，对人、畜有剧毒，空气中含量达0.01mg/L，对人就很危险，含量达0.14mg/L时，使人呼吸困难，以至死亡。

【制剂】 56%磷化铝片剂、56%磷化铝粉剂、56%磷化铝丸剂。

【使用方法】 用磷化铝熏蒸时，投药量按空间体积计算，粉剂4～6g/m³，片剂6～12g/m³，用药量应根据不同熏蒸对象、虫口密度、堆装形式酌情确定。投药时必须分布均匀，以提高药效和防止引起火灾。投药后密闭120～168h，散气72h。熏蒸要严格按照熏蒸操作规程和做好安全防护工作。投药可用探管及投药器投药，也可在粮面上施药，还可将药装入布袋，均匀分布在粮堆表面或放在粮面各层间，在局部粮食发生虫害时，可在粮面上用塑料薄膜或篷布覆盖，进行局部施药。

【注意事项】 ①接触药物时严禁吸烟、进食，严禁与水接触。②熏蒸时不能把药堆放在一起，以免自燃。③熏蒸留种用的油、粮种子时，要注意气温的影响，如果气温超过28℃，熏蒸时间不能过长，否则影响种子发芽率。④磷化铝必须密闭贮藏于阴凉、干燥处，严防受

潮，远离火源及其他易燃品，不得与酸类物质或强氧化剂混放，不得在阳光下曝晒。每罐启封后须用完。

2. 溴甲烷（methylene bromide，溴代甲烷）

【主要理化性质】纯品为无色气体，压缩或冷凝时为无色或淡黄色透明液体，一般无味，高浓度时略带甜味，沸点 4.5℃，微溶于水，易溶于乙醇、乙醚、氯仿、苯、四氯化碳、二硫化碳等有机溶剂，比较稳定，不易被酸、碱性物质分解。溴甲烷渗透力强，吸附性小，容易散气，不易燃烧，无腐蚀性。

【生物活性】溴甲烷对害虫各个不同虫期都有强烈毒杀作用，可以防治米象、米蛾、谷盗、红铃虫、粉螨、各种豆象，以及马铃薯块茎蛾等多种害虫。溴甲烷目前在我国主要用在植物检疫上，快速歼灭一些进口果品中携带的检疫性害虫，此外还可用于废旧交通工具、集装箱、废旧物品及其他货物、交通工具的货舱、堆放货物场地的杀虫。溴甲烷对大鼠急性经口 LD_{50} 为 100mg/kg，急性吸入 LC_{50} 为 3120mg/L。

【制剂】98%溴灭泰压缩气体。

【使用方法】溴甲烷在夏天熏蒸，用药 20～30g/m^3，熏蒸 16h；冬天用药30～40g/m^3，熏蒸 24～48h。溴甲烷比空气重约 3 倍，须将投药管放在熏蒸室顶部施药。

【注意事项】①不能用于含有橡胶垫的高精尖仪器设备、橡胶制品、皮革、高级皮毛制品、高脂肪含量食品的熏蒸；也不适用于住宅和大船内人员住所的熏蒸。②参加大船、相对封闭的大型空间或作业场所内情况复杂的相对封闭空间的熏蒸作业人员必须穿气密性防护服，佩戴自给式正压呼吸器防毒面罩（全面罩）。③熏蒸室必须全部密闭，以免漏气，可在仓库四周用测溴灯检查有无漏气现象。

但由于溴甲烷对大气臭氧层的不利影响等诸多环境和土壤问题，因而备受争议。目前世界各国政府出于安全考虑都趋于停止使用这种熏蒸剂。

3. 氯化苦（chloropicrin，三氯硝基甲烷）

【主要理化性质】纯品是一种无色油状液体，商品氯化苦为淡黄色油状液体，几乎不溶于水，在水中溶解度为 0.1621g/100ml（25℃），但易溶于苯、乙醇、煤油及脂肪中。有强烈的刺激性的臭味，在极低浓度下，对人的眼睛具有强烈的刺激作用，是一种“警戒性”熏蒸剂。液体相对密度 1.657，气体相对密度 5.67，熔点－64℃，沸点 112.4℃。氯化苦化学性质比较稳定，不燃烧、不爆炸，不易与酸、碱作用。对铜无腐蚀性，对铁、锌和其他轻金属形成保护膜。

【生物活性】氯化苦是一种高效并且具有警戒性的农药。氯化苦蒸气极易由昆虫体壁、气管侵入虫体组织，在虫体内能生成强酸性物质，使细胞肿胀、破裂、腐烂，还能使细胞脱水及蛋白质沉淀，致使虫体组织机能被破坏而死亡。氯化苦主要用于防治粮仓米象、谷蛾、豌豆象、蚕豆象、赤拟谷盗等多种害虫，但毒杀作用比较缓慢，氯化苦毒气对常见仓库害虫都可致死，特别是对磷化铝抗性害虫，是磷化铝的理想轮换用药，但对螨类的卵和休眠体效果较差。氯化苦对雌大鼠急性经口 LD_{50} 为 126mg/kg。

【制剂】99.5%氯化苦液剂。

【使用方法】用 99.5%氯化苦液剂处理空间，用药量为 20～30 g/m^3；处理粮堆，用药量为 35～70g/m^3，施药后密封 3～5 天。熏蒸后的散气时间一般应掌握在 5～7 天，充分利用仓库的通风设备。熏蒸时最低平均粮温应在 15℃以上。

【注意事项】①氯化苦不可熏蒸花生仁、芝麻、棉籽、种子粮（安全水分标准以内的豆类除外）、发芽用的大麦及地下粮仓。不能用于熏蒸成品粮如面粉等，否则影响发酵。种子

的胚部对氯化苦的吸附力较强，严重影响种子的发芽率。在一般用药量和熏蒸时间长的情况下，水稻种子的含水量应在13%以下，小麦种子含水量应在12%以下，否则会影响发芽率。豆类种子更应在熏蒸前后检查发芽率。②氯化苦对铜有很强腐蚀性，使用时库内的电源开关、灯头等裸露器材设备，应涂以凡士林保护。③氯化苦熏蒸的起点温度为12℃，在实际应用时，最好在20℃以上时进行，效果较好。④氯化苦气体比空气重很多，扩散、渗透能力也不如磷化氢，因此要在高处均匀施药，仓库四角应适当增加药量。

4. 对二氯苯（1,4-dichlorobenzene，1,4-二氯苯）

【主要理化性质】 无色或白色晶体，有特别气味，熔点53℃，蒸气压1.33kPa（10mmHg，54.8℃）。几乎不溶于水，溶于乙醇、乙醚、苯、氯仿、二硫化碳等有机溶剂。常温下易升华，遇热、明火、氧化剂可燃，燃烧可能产生氯气、氯化氢、光气。

【生物活性】 对二氯苯作为防蛀剂主要用于预防、驱避或控制蛀蚀皮毛、纤维制品、图书、字画等蛀食性害虫（网衣蛾、负袋衣蛾、毛毡衣蛾、黑皮蠹、花斑皮蠹等），农业上能防治桃透翅蛾，甜菜象鼻虫、葡萄根瘤蚜虫等害虫，大鼠急性经口LD_{50}为50～500mg/kg。

【制剂】 99%以上的对二氯苯。

【使用方法】 用透气纸包装后，放置在柜体等空间的四角，要注意密封使用。

【注意事项】 该物质是一种氯代芳香烃类化合物，属于具有毒性的挥发性有机化合物，人体短期接触会造成眼睛、皮肤和呼吸道刺激，长期反复接触会引起头痛、呼吸困难、恶心、呕吐、腹泻、皮肤过敏、麻木等症状，过量使用还会引起肺功能障碍、肝脏受损等。1999年，国家环境保护总局发布了安全型防蛀剂的环境标志产品技术要求，提出以樟脑或拟除虫菊酯为原料生产防蛀剂产品，且产品中不得含有对二氯苯。

5. 硫酰氟（sulfuryi fluoride，氟化磺酰）

【主要理化性质】 在常温条件下为无色无味不燃不爆的气体，是一种"无警戒性"熏蒸剂。熔点－136.67℃，水中的溶解度（25℃）为0.75mg/L，可溶于酒精、氯仿、四氯化碳、甲苯等有机溶剂，与溴甲烷能混溶。在碱性溶液中易水解，无腐蚀性，对纤维品无损害。

【生物活性】 硫酰氟是优良熏蒸剂，硫酰氟具有杀虫谱广、扩散渗透性强、药效显著、不燃不爆不腐蚀、对熏蒸物安全和适用低温熏蒸等特点。硫酰氟应用范围广泛，对仓库害虫、检疫害虫、城市卫生害虫、土壤害虫等均有良好的防治效果，尤其对昆虫胚胎后期的各种虫态药效更佳，是溴甲烷理想的替代品之一。防治对象有粉蠹、黑皮蠹、谷长蠹、谷斑皮蠹、花斑皮蠹、刺槐种子小蜂幼虫、柳杉大痣小蜂幼虫、谷象、米象、绿豆象、玉米象、拧条豆象幼虫、紫穗槐豆象幼虫、赤拟谷盗、谷蛾、墨西哥豆瓢虫、麦蛾、地中海粉螟、大黑拟步甲、烟草甲、衣鱼、天牛、黑翅土白蚁、家白蚁、土栖白蚁等成虫、幼虫、蛹及卵。也可防治德国蜚蠊和家蝇的各个虫态。大鼠急性经口LD_{50}为100mg/kg。

【制剂】 99%广净杀虫气雾剂。

【使用方法】 硫酰氟防治多种仓库害虫，成虫用药量为0.59～3.45g/m^3，卵用药量为54～75.8g/m^3，熏蒸16h。国产硫酰氟贮存在耐高压的钢瓶内，商品有5kg、15kg、20kg、35kg四种规格的包装。在钢瓶上端设有施药开关，使用时，按照开关上的箭头标志进行操作。

【注意事项】 ①本品对人、畜有剧毒，熏蒸作业过程中必须佩戴自给式正压呼吸器防毒面罩（全面罩）和穿有效的防护服，不要戴橡胶手套，不要穿胶靴。②不适用于粮食、食品及含脂肪物品的熏蒸。③被熏蒸空间须严格密封，否则稍有泄漏就会影响熏蒸效果。④熏蒸

完毕必须充分通风散气并测定残留浓度。

第九节　昆虫生长调节剂

激素是生物化学物质，其在生物体的一个部位被合成并输导到另一个部位，在那里它们具有控制、调节或改变行为的效能。昆虫脑激素、保幼激素和蜕皮激素的类似物和几丁质合成抑制剂等，对昆虫的生长、变态、滞育等主要生理现象有重要的调控作用。昆虫生长调节剂是人工合成的昆虫某些激素类似物，通过阻碍或干扰昆虫的正常发育使其死亡。它是一类全新的防治害虫药剂，杀虫特点是使害虫的发育、行为、习性、繁殖等受到阻碍或抑制，从而达到控制为害的目的。这类杀虫剂对人、畜安全，选择性高，不会杀伤天敌，害虫不易产生耐药性，不会污染环境，有利于保持生态平衡，这些优点是有机合成杀虫剂无法可比的，所以又被称为第三代杀虫剂。人工合成的激素模拟物和抗激素类物质日益增多，但当前作为农药使用的昆虫生长调节剂仅限于拟保幼激素、拟蜕皮激素、几丁质抑制剂。

一、昆虫生长调节剂的发展概况

早在 1967 年，Williams 就提出以保幼激素（Jn）及蜕皮激素（MH）为主的 IGRs 作为第三代杀虫剂。但随着“农药万能论”思潮的蔓延，IGRs 曾一度步入低谷。后来用于化学农药“3R”（residue、resistance 和 resurgence）副作用的不断加剧，人们对农药的概念又从“杀生物剂”转向寻找“生物合理农药”（biorational pesticides）或“环保和谐农药”（environment acceptable pesticides）的新型杀虫剂，IGRs 又重新得到人们的重视，尤其是 1995 年 Fresco 在第三届国际植保大会（IPPC）上提出“从植物保护到保护农业生产系统”后，IGRs 已成为全球农药研究与开发重点领域之一，研究成功的实用化种类源源而出。

在大力提倡“绿色化学”、日益强调保护环境和发展持续农业的今天，开发作用机理独特、活性高、结构新、选择性强且与环境相容的新型无公害农药，理应成为当务之急，虽然当前尚处于应用的初级阶段，但随着人们对农药观念的更新、环境意识的加强，以及害虫综合防治水平和应用技术的提高，符合发展趋势的昆虫生长调节剂无疑将成为今后研究的热点。

二、昆虫生长调节剂的作用特点

昆虫生长调节剂是一种控制昆虫变态的化合物，它能作用于昆虫生长和发育的关键阶段，通过干扰昆虫的正常生长发育来减轻害虫对农作物的危害。由于昆虫生长调节剂与昆虫体内的激素作用相同或结构类似，所以它选择性高，一般不会引起抗性，且对人、畜和天敌安全，能保持正常的自然生态平衡而又不会导致环境污染。

三、常用的昆虫生长调节剂

昆虫生长调节剂根据其作用方式以及化学结构的不同，主要分为保幼激素类似物、蜕皮激素类似物和几丁质合成抑制剂等三大类。

（一）具保幼激素活性的昆虫生长调节剂

保幼激素类似物可以控制害虫的生长发育，使变态受阻，形成超龄若虫（或幼虫）或形

成中间体（例如蛹-成虫的中间体），这些畸形个体没有生命力或者不能繁殖，因此产生了间接不育的效果。一些保幼激素类似物可以直接使雌虫不育，成为一类安全的化学不育剂。

1. 烯虫酯（methoprene，可保持）

【化学名称】 (*E*,*E*)-(*RS*)-11-甲氧基-3,7,11-三甲基十二碳-2,4-二烯酸异丙酯

【主要理化性质】 纯品为琥珀液体，6.64Pa 时沸点为 100℃，25℃下蒸气压为 3.15mPa，难溶于水，可溶于大多数有机溶剂。稳定性好，但在紫外线下降解。

【生物活性】 烯虫酯是高效、无毒、无污染农药，主要用于粮贮、烟贮害虫的防治，畜牧、公共卫生、家庭害虫和寄生虫等的防治，尤其对双翅目害虫防效更好。主要用于防治蚊科、蚤目害虫和烟草甲虫、烟草粉斑螟等。烯虫酯对大鼠急性经口 LD_{50}＞34600mg/kg。

【制剂】 4.1%烯虫酯乳油。

【使用方法】 防治烟草甲虫用 7.5～10mg/kg (a.i)。

2. 双氧威（fenoxycarb，苯氧威）

【化学名称】 2-(对苯氧基苯氧基)乙基氨基甲酸乙酯

【主要理化性质】 纯品为无色结晶，熔点 53～54℃，25℃时蒸气压 1.7μPa，200℃时 7.8μPa。溶解度（20℃）：水 6mg/kg，乙烷 5g/kg，大部分有机溶剂中的溶解度大于 250g/kg。对光稳定。

【生物活性】 双氧威主要用于防治仓库害虫，并且有昆虫生长调节作用，影响昆虫的蜕皮过程。可有效地防治果树、柑橘、橄榄和葡萄上的许多鳞翅目害虫和蚧类，对许多有益的节肢动物安全，也用来防治蜚蠊、蚤和入侵性红火蚁。双氧威对大鼠急性经口 LD_{50}＞10000mg/kg，急性经皮 LD_{50}＞2000mg/kg。

【制剂】 25%双氧威可湿性粉剂、1%双氧威毒饵、24%双氧威乳油。

【使用方法】 25%双氧威可湿性粉剂兑水稀释 3000～6000 倍喷雾防治果树害虫和谷象、米象、杂拟谷盗、印度谷螟等仓库害虫。1%双氧威毒饵防治红火蚁的使用浓度为 0.0125%～0.025%。24%双氧威乳油防治蜚蠊和蚤的使用浓度为 60mg/L。

（二）具蜕皮激素活性的昆虫生长调节剂

具蜕皮激素活性的昆虫生长调节剂具有和蜕皮激素相似的作用方式，在害虫胚胎发育、幼虫生长和成虫繁殖等各个阶段均可起作用，对鳞翅目、双翅目及鞘翅目害虫等具有很高的选择毒性，对益虫等非靶标生物和环境安全，是实施有害生物综合治理的重要优选药剂。

1. 抑食肼（虫死净）

【化学名称】 2-苯甲酰-1-叔丁基苯甲酰肼

【主要理化性质】 纯品为白色或无色晶体，工业品为淡黄色或无色无味粉末，熔点 174～176℃，蒸气压为 0.24mPa(25℃)，常规条件下稳定，在土壤中的半衰期为 27 天 (23℃)。

【生物活性】 本品具胃毒、触杀作用；对鳞翅目、鞘翅目、双翅目幼虫具有抑制进食、加速蜕皮和减少产卵的作用，施药后 2～3 天见效，持效期长，无残留，适用于蔬菜上多种害虫和菜青虫、斜纹夜蛾、小菜蛾等的防治，对水稻稻纵卷叶螟、稻黏虫和有抗性的马铃薯甲虫也有很好效果。大鼠急性经口 LD_{50} 为 271mg/kg，急性经皮 LD_{50}＞5000mg/kg。

【制剂】 20%抑食肼可湿性粉剂。

【使用方法】 ① 防治菜青虫。在低龄幼虫施药，用 20%可湿性粉剂 1500～2000 倍液均

匀喷雾。②防治小菜蛾和斜纹夜蛾。在幼虫孵化高峰期至低龄幼虫盛发高峰期施药，用20%可湿粉性剂600～1000倍液均匀喷雾。③防治水稻稻纵卷叶螟和稻黏虫，在幼虫1～2龄高峰期施药，每亩用20%可湿性粉剂50～100g，兑水均匀喷雾。

2. 虫酰肼（tebufenozide，米满）

【化学名称】 1-(1,1-二甲基乙基)-1-(4-乙基苯甲酰基)-3,5-二甲基苯甲酰肼

【主要理化性质】 纯品为灰白色粉末，熔点191℃，蒸气压3.0×10^{-3}mPa(25℃气化状态)，密度1.03g / cm^3，水中的溶解度不高于1mg/L(25℃)，微溶于有机溶剂，对光稳定(pH7，25℃)。

【生物活性】 虫酰肼为昆虫蜕皮加速剂，属昆虫生理激素剂，使昆虫接触米满后，在不该蜕皮时，提前产生蜕皮反应，开始蜕皮，由于不能完全蜕皮而导致幼虫脱水、饥饿而死亡。米满对鳞翅目害虫有特效，可用于防治甜菜夜蛾、瓜绢螟、水稻螟虫、玉米螟、苹果卷叶蛾、梨食心虫、菜青虫、豆荚螟等害虫。对大鼠急性经口和经皮$LD_{50}>$5000mg/kg。

【制剂】 20%、24%虫酰肼悬浮剂。

【使用方法】 20%虫酰肼悬浮剂防治水稻螟虫、甘蔗螟虫、蔬菜上的甜菜夜蛾、斜纹夜蛾、豆荚螟、瓜绢螟、苹果卷叶蛾用1000～2000倍液喷雾，防治菜青虫、豆卷叶螟用2000～3000倍液喷雾。在虫卵孵化前或孵化时使用效果最佳。

（三）几丁质合成抑制剂

几丁质合成抑制剂简称几丁质抑制剂，能够抑制昆虫几丁质合成酶的活性，阻碍几丁质合成，即阻碍新表皮的形成，使昆虫的蜕皮、化蛹受阻，活动减缓，取食减少，直至死亡。这类化合物具有杀虫力强、毒性低和作用机理特殊、对益虫影响少和对环境无污染等特点，是一类很有发展前途的新型杀虫药剂。目前，形成或开发中的几丁质合成抑制剂商品制剂约20种以上，按其化学结构可分为以下几类。

1. 苯甲酰基脲类

该类化合物具有抗蜕皮激素的生物活性，能抑制昆虫表皮几丁质合成酶和尿核苷辅酶的活化率，抑制*N*-乙酰基氨基葡萄糖在几丁质中结合，能影响卵的呼吸代谢及胚胎发育过程中的DNA和蛋白质代谢，使卵内幼虫缺乏几丁质而不能孵化或孵化后随即死亡；在幼虫期施用，使害虫新表皮形成受阻，延缓发育，或缺乏硬度，不能正常蜕皮而导致死亡或成畸形蛹死亡。它们是几丁质抑制剂中发展最早、成熟品种最多的一类药剂，已商品化生产实际应用的主要种类有：除虫脲（diflubenzuron）、灭幼脲（chlorbenzuron）、氟虫脲（flufenoxuron）、氟啶脲（chlorfluazumn）、氟铃脲（hexaflumuron）、杀铃脲（triflumuron）、氟苯脲（teflubenzuron）等。

（1）**灭幼脲**（chlorbenzuron，灭幼脲Ⅲ号、苏脲Ⅰ号）

【化学名称】 1-邻氯苯甲酰基-3-(4-氯苯基)脲

【主要理化性质】 纯品为白色晶体，无味，熔点200～201℃，不溶于水，易溶于二甲基酰胺和吡啶等有机溶剂。灭幼脲遇碱和较强的酸易分解，对光和热较稳定，常温下贮存较稳定。

【生物活性】 灭幼脲是一种昆虫几丁质合成抑制剂，主要是胃毒作用，接触毒性极弱，无熏蒸作用。昆虫的幼虫取食之后，体表的几丁质合成受到抑制，不能蜕皮而引起死亡，对有些成虫处理，它有抑制产卵及使卵不孵化作用，因此仍是一种不育型药剂。对鳞翅目幼虫有特效，可用于防治小麦、小稻、高粱、玉米、大豆上的黏虫、稻纵卷叶螟、豆天蛾，甜菜

和白菜上的甘蓝夜蛾、菜青虫，森林和果树上的松毛虫、舞毒蛾、美国白蛾、枣步曲等害虫。兼治某些卫生害虫，如蚊、蝇类幼虫。持效期 30 天以上。灭幼脲对大鼠急性经口 $LD_{50}>20000mg/kg$。

【制剂】 25%、50%灭幼脲悬浮剂，25%灭幼脲悬浮乳油。

【使用方法】 防治黏虫、天幕毛虫、舞毒蛾、螟虫、甘蓝夜蛾、茶尺蠖的用量为 120～150g/hm²(a.i)；防治美国白蛾、枣步曲的用量为 150～225g/hm²(a.i)；防治松毛虫的用量为 150～300g/hm²(a.i)；防治菜青虫、小菜蛾 30～75g/hm²(a.i)。

【注意事项】 ①此药在 2 龄前幼虫期进行防治效果最好，虫龄越大，防效越差。②灭幼脲悬浮剂有沉淀现象，使用时要先摇匀后加少量水稀释，再加水至合适的浓度，搅匀后喷用。③灭幼脲类药剂不能与碱性物质混用，以免降低药效，和一般酸性或中性的药剂混用药效不会降低。

(2) **氟铃脲** (hexafluron，盖虫散)

【化学名称】 1-[3,5-二氯-4-(1,1,2,2-四氟乙氧基)苯基]-3-(2,6-二氟苯甲酰基)脲

【主要理化性质】 纯品为白色固体，工业品略显粉红色，熔点 202～205℃，蒸气压 0.059mPa (25℃)，水中溶解度仅为 0.027mg/L (18℃)，能溶于甲醇，在甲醇中的溶解度为 11.3g/L，二甲苯中的溶解度为 5.2g/L，也能溶于丙酮、二氯甲烷，强烈地被各种土壤吸附，化学性质稳定。

【生物活性】 氟铃脲具有杀虫活性高、杀虫谱较广、击倒力强、速效等特点。具有很高的杀虫和杀卵活性，而且速效，尤其对防治棉铃虫属的害虫有特效，故得名“氟铃脲”。在通过抑制蜕皮而杀死害虫的同时，还能抑制害虫取食速度，故有较快的击倒力，广泛用于防治棉花、马铃薯及果树多种鞘翅目、双翅目、同翅目和鳞翅目昆虫。氟铃脲对大鼠急性经口 $LD_{50}>5000mg/kg$，急性经皮 $LD_{50}>5000mg/kg$，对蜜蜂的接触和经口 LD_{50} 均大于 0.1mg/头。

【制剂】 5%、10%氟铃脲乳油。

【使用方法】 5%氟铃脲乳油，以 0.5～1kg/hm² (棉花) 和 200～300g/hm² (果树) 可防治棉花和果树上的鞘翅目、双翅目和鳞翅目害虫。防治棉铃虫和甘蓝小菜蛾的用量分别为 1.2～2.4kg/hm² 和 0.6～1.2kg/hm²。

(3) **除虫脲** (diflubenzuron，灭幼脲Ⅰ号、伏虫脲、敌灭灵)

【化学名称】 1-(4-氯苯基)-3-(2,6-二氟苯甲酰基)脲

【主要理化性质】 纯品为白色结晶，熔点 (℃) 230～232℃，相对密度 1.56，蒸气压 1.32×10^{-5}Pa(50℃)。难溶于水，在水中溶解度仅为 0.1mg/L，易溶于乙腈、二甲基亚砜等极性溶剂，可溶于醋酸乙酯、乙醇、二氯甲烷多数有机溶剂，稍溶于乙醚、苯、石油醚，在丙酮中溶解度为 6.5g/L。对光、热较稳定，常温下贮存稳定，遇碱或强酸易分解，能被土壤微生物分解。

【生物活性】 除虫脲具有胃毒和触杀作用，通过抑制昆虫的几丁质合成，而干扰了角质精层的形成，使幼虫在蜕皮时不能形成新表皮，虫体成畸形而死亡，作用缓慢，对刺吸式口器昆虫无效。对鳞翅目害虫效果好，对鞘翅目、双翅目、瘿螨等也有效。可用来防治柑橘潜叶蛾、锈壁虱、木虱及各种果树上的凤蝶、毒蛾、刺蛾等鳞翅目幼虫。对大鼠急性经口 $LD_{50}>4640mg/kg$，对鸟类等天敌及有益生物影响小。

【制剂】 5%、25%敌灭灵可湿性粉剂，20%除虫脲悬浮剂，5%除虫脲乳油。

【使用方法】 20%除虫脲悬浮剂兑水稀释 1000～2000 倍喷雾可防治黏虫、玉米螟、玉

米铁甲虫、稻纵卷叶螟、二化螟、柑橘木虱等害虫，以及菜青虫、小菜蛾、甜菜夜蛾、斜纹夜蛾等蔬菜害虫。5%除虫脲乳油稀释1000～1500倍可防治金纹细蛾、茶尺蠖等。

【注意事项】①除虫脲作用较慢，防治时机应适当提前，在幼虫初孵期防治最好，对高龄幼虫效果相对较差。②要避光贮存，不能与碱性物质混合使用。

(4) **氟虫脲**（flufenoxuron，卡死克）

【化学名称】1-[4-(2-氯-4-三氟甲基苯氧基)-2-氟苯基]-3-(2,6-二氟苯甲酰基)脲

【主要理化性质】原药为细结晶固体，熔点169～172℃，微溶于水，在丙酮和二甲苯中的溶解度分别为66g/L和6g/L，在碱性条件下易水解，对光、热稳定，在土壤中强烈地吸附。

【生物活性】氟虫脲具有胃毒和触杀作用，无内吸、熏蒸功能，并有很好的叶面滞留性，通过干扰害虫、害螨几丁质的形成而达到杀虫、杀螨作用，尤其对未成熟阶段的螨和害虫有高的活性，不能杀成虫和成螨。广泛用于柑橘、棉花、葡萄、大豆、玉米和咖啡上，对防治植食性螨类（刺瘿螨、短须螨、全爪螨、锈螨、红叶螨等）和其他许多害虫均有特效，对捕食性螨和天敌昆虫安全，对柑橘潜叶蛾及毒蛾、刺蛾、夜蛾、凤蝶等鳞翅目害虫有很好的防治效果。大鼠急性经口LD_{50}>3000mg/kg，急性经皮LD_{50}>2000mg/kg。

【制剂】5%卡死克可分散性液剂。

【使用方法】①防治柑橘潜叶蛾，在潜叶蛾成虫羽化盛期放梢时，新梢抽出约1～2cm时用5%乳油1000～1500倍喷雾，7～8天后再喷一次。②防治各种果树上的毒蛾、刺蛾、尺蠖、凤蝶等幼虫，宜在卵孵盛期至低龄幼虫期防治，用5%乳油1000～1500倍喷雾。

【注意事项】与除虫脲相同。

(5) **氟啶脲**（chlorfluazuron，定虫隆、抑太保）

【化学名称】1-[3,5-二氯-4-(3-氯-5-三氯甲基-2-吡啶氧基)苯基]-3-(2,6-二氟苯甲酰基)脲

【主要理化性质】纯品为棕黄色无味结晶体，熔点222～223.9℃。微溶于水，易溶于乙醇、丙酮。在正常条件下存放稳定。

【生物活性】氟啶脲以胃毒作用为主，兼有触杀作用，无内吸作用。通过抑制几丁质合成，阻碍昆虫正常蜕皮，使卵的孵化、幼虫蜕皮及蛹发育畸形，成虫羽化受阻。对多种鳞翅目害虫及直翅目、鞘翅目、膜翅目、双翅目等害虫有很高活性，可用于棉花、水果、马铃薯、观赏植物及茶叶上。对甜菜夜蛾、斜纹夜蛾有特效，对蚜虫、叶蝉、飞虱等刺吸式口器害虫无效。大鼠急性经口LD_{50}>8500mg/kg，急性经皮LD_{50}>1000mg/kg。

【制剂】5%抑太保乳油。

【使用方法】①防治柑橘潜叶蛾。在放梢期新梢抽出1～2cm长，潜叶蛾幼虫刚孵化时进行防治。用5%乳油1000～1500倍液喷雾，隔5～8天后再喷一次，每个梢期共喷药2～3次，能兼治凤蝶、毒蛾、卷叶蛾等新梢鳞翅目幼虫。②防治枇杷黄毛虫。在每次新梢抽出，发现黄毛虫幼虫刚开始孵化时，用5%乳油1000～1500倍喷雾，叶片正反两面都要喷药。③防治桃蛀螟、梨小食心虫、栗皮夜蛾等害虫，用5%乳油1000～1500倍液喷雾。④防治小菜蛾、菜青虫、豆野螟、棉铃虫、棉红铃虫、柑橘潜叶蛾、苹果小食心虫、桃小食心虫等鳞翅目害虫，使用5%抑太保乳油兑水稀释1000～2000倍喷雾。

【注意事项】①本剂是阻碍幼虫蜕皮致使其死亡的药剂，从施药至害虫死亡需3～5天，

因此，使用此药需在低龄幼虫期进行。②本剂无内吸传导作用，喷药要均匀周到，使枝叶及虫体都有药液湿润。③对低龄鱼虾等甲壳类有很大影响，应避免将药液混入鱼塘。④对家蚕有长期毒性，应避免在桑园、蚕室附近施药。

2. 噻二嗪类

噻嗪酮（buprofezin，扑虱灵）

【化学名称】 2-叔丁亚氨基-3-异丙基-5-苯基-3,4,5,6-四氢-2*H*-1,3,5-噻二嗪-4-酮

【主要理化性质】 纯品为白色结晶，工业品为白色至浅黄色晶状粉末，熔点104.5～105.5℃。水中仅溶0.9mg/L，易溶于丙酮、苯、甲苯中。对酸、碱、热、光稳定。

【生物活性】 噻嗪酮为噻二嗪类昆虫生长调节剂，对害虫的作用为抑制蜕皮，作用缓慢，不能直接杀死成虫，但能减少产卵和阻止卵孵化。本品为对鞘翅目、部分同翅目以及蜱螨目具有持效性杀幼虫活性的杀虫剂，可有效防治水稻上的叶蝉科和飞虱科，马铃薯上的叶蝉科，柑橘、棉花和蔬菜上的粉虱科，柑橘上的蚧总科、盾蚧科和粉蚧科等害虫。噻嗪酮对雌、雄大鼠急性经口 LD_{50} 分别为2198mg/kg和2355mg/kg，急性经皮 LD_{50} ＞5000mg/kg。

【制剂】 25％乳油、25％可湿性粉剂、40％胶悬剂。

【使用方法】 稻飞虱、叶蝉类，每亩用25％可湿性粉剂20～30g兑水50～75kg喷雾；柑橘矢尖蚧、黑刺粉虱、白粉虱等用25％可湿性粉剂1500～2000倍液喷雾；茶小绿叶蝉用25％可湿粉剂750～1500倍液喷雾。

3. 三嗪（嘧啶）胺类

灭蝇胺（cyromazine，斑蝇敌）

【化学名称】 *N*-环丙基-1,3,5-三嗪-2,4,6-三胺

【主要理化性质】 白色或淡黄色固体，熔点220～222℃，蒸气压＞0.13mPa（20℃），20℃时密度为1.35g/cm^3。水中溶解度（20℃）为11000mg/L（pH7.5），稍溶于甲醇。310℃以下稳定，在pH5～9时，水解不明显，70℃以下28天内未观察到水解。

【生物活性】 本药剂具触杀、胃毒及内吸渗透作用，对蝇类等双翅目幼虫有特殊活性，诱使双翅目幼虫和蛹在形态上发生畸变，成虫羽化不全或受抑制。可用于防治蔬菜及花卉上的斑潜蝇等双翅目害虫。大鼠急性经口 LD_{50} 为3387mg/kg。

【制剂】 10％灭蝇胺悬浮剂，20％、30％、50％、70％灭蝇胺可溶性粉剂，50％灭蝇胺水溶性粉剂。

【使用方法】 灭蝇胺在我国主要有于防治黄瓜和菜豆斑潜蝇，持效期在7天以上。在斑潜蝇发生初期，当叶片被害率（潜道）达5％进行防治，应掌握在幼虫潜入为害初期效果更好。用10％悬浮剂600～800倍，或20％可溶性粉剂1000～2000倍，或30％可溶性粉剂2000～3000倍，或50％可溶性粉剂、水溶性粉剂3000～5000倍，或70％可湿性粉剂5000～7000倍均匀喷雾。对潜叶蝇有良好防效。

【注意事项】 本品不能与强酸性物质混合使用。

复习思考题

1. 有机磷杀虫剂、氨基甲酸酯类杀虫剂的特点是什么？
2. 影响熏蒸杀虫剂使用效果的主要因素是什么？
3. 一个理想的杀螨剂应具备什么条件？
4. 简述昆虫生长调节剂的作用特点。

第八章　杀菌剂及杀线虫剂

知识目标

- 了解植物病害化学防治策略，掌握植物病害化学防治原理。
- 掌握杀菌剂的作用方式及使用方法。
- 掌握不同种类杀菌剂、杀线虫剂的生物活性及使用方法。

技能目标

- 能根据引起植物病害的病原物，选择不同种类的杀菌剂，并能采取合理的使用方法。

据调查，全世界对植物有害的病原微生物（真菌、细菌、立克次体、支原体、病毒、藻类等）有8万种以上。植物受到真菌、细菌、病毒、类菌原体及类病毒等病原微生物侵害时就会得病，植物病害对农业造成巨大损失，据粗略估计，由于病害引起的作物产前损失达10%～13%，产后损失则难以估计。历史上曾多次发生因某种植物病害流行而造成严重饥荒，甚至大量人口饿死的灾祸。例如，众所周知的“爱尔兰饥馑”和“孟加拉灾荒”。

使用杀菌剂是防治植物病害的一种经济有效的方法。用于防治植物病害的化学农药简称为杀菌剂。“杀”有两方面的意义：其一指真正杀死菌体，并铲除病菌，即“杀菌”，对病原物直接产生影响；其二是指使菌体处于受抑状态，停止萌发或生长，但解除药剂后，又可恢复生长，这种作用称为“抑菌”，但两者有时很难截然分开。此外，一些可提高植物抗病性的物质，其本身可不必对病菌本身产生作用，但可影响寄主病原之间复杂关系中的任一链锁从而起到防病治病作用。综上所述，杀菌剂可定义为：施用少量药品就可抑制菌类生长繁殖，以及能使菌体某些器官畸形，生理代谢发生变化而失去正常活力，甚至能直接杀死菌体，以及可通过其他各种途径而使植物体消除病症、病状的物质。在病菌侵染前施于植物表面起预防保护作用的，称为保护性杀菌剂即保护剂；在施药部位能消灭已侵染病菌的，称为铲除性杀菌剂；能被植物吸收并在体内传导至病菌侵染的部位而消灭病菌的，称为内吸性杀菌剂，许多铲除剂也是内吸剂，两者大多有化学治疗作用。因此，实际上常简单地将杀菌剂分成保护性和内吸性两种作用方式。

近半个世纪以来，杀菌剂的发展主要集中在防治真菌病害的药剂方面，而对于防治细菌和病毒引起病害的药剂还研究开发得很不够。农作物能否健康生长，除受虫、草害影响外，对病害的防治亦很重要。随着环保观念的加强和可持续发展战略的实施，高效、低毒、高活性、低残留已成为杀菌剂发展的必然趋势。

第一节　植物病害化学防治策略与原理

一、植物病害化学防治策略

植物病害化学防治策略就是要科学地使用杀菌剂，提高植物病害化学防治的效果和最大限度地发挥化学防治的经济、生态和社会效益。20世纪40年代，人工合成有机杀菌剂的出

现，使化学防治成为防治植物病害的主要手段。化学防治方法具有使用方便、价格便宜、效果显著等优点。但是经过长期大量使用后，产生的副作用越来越明显，不仅污染环境，而且使病虫害产生耐药性以及大量杀伤有益生物。人们终于从历史的经验教训和严峻的现实认识到单纯依赖化学防治解决植物病害的防治问题是不完善的。为了最大限度地减少防治有害生物对环境产生的不利影响，我国确定了“预防为主，综合防治”的植保工作方针。提出在综合防治中，要以农业防治为基础，因地因时制宜，合理运用化学防治、农业防治、生物防治、物理防治等措施，达到经济、安全、有效地控制病害的目的。1986 年又将综合防治解释为：“综合防治是对有害生物进行科学管理的体系。它从农业生态系总体出发，根据有害生物和环境之间的相互关系，充分发挥自然控制因素的作用，因地制宜地协调应用必要的措施，将有害生物控制在经济受害允许水平之下，以获得最佳的经济、生态和社会效益。”

使用杀菌剂防治植物病害时，应该认真做调查研究，弄清病原微生物种类，掌握其病害发生的规律，如侵染和为害的时间、为害部位、侵入方式，越冬、越夏场所等，在施药适期，合理使用化学农药有针对性地进行有效的化学防治。

植物病害化学防治的策略应包括预防为主、综合防治和科学用药三方面的核心内容。预防为主的策略就是要坚持在植物病害发生的早期使用杀菌剂，把病害的发生控制在较低水平，充分发挥化学防治的效果和延缓耐药性群体的形成。综合防治策略就是要坚持在植物病害化学防治实践中配合利用各种利于减轻病害发生的技术，如选用抗病品种、采取清洁田园卫生、加强田间栽培管理等，充分发挥杀菌剂在植物病害综合防治中的作用。科学用药的策略就是要坚持依据杀菌剂的理化性质和生物活性、病原微生物种类、寄主和环境对植物病害发生的影响，正确选用杀菌剂的品种、剂型、剂量和使用方法，保证杀菌剂的高效、安全使用。

二、植物病害化学防治原理

植物病害化学防治的含义是指：使用化学药剂处理植物及其生长环境，以减少或消灭病原生物或改变植物代谢过程，提高植物抗病能力而达到预防或阻止病害的发生和发展。使用杀菌剂防治植物病害的方法虽然很多，防治原理主要包括以下三种。

1. 化学保护

化学保护是指在植物感病之前使用杀菌剂来消灭病菌或防止病菌侵入，使植物免受危害而得到保护。化学保护一般通过以下途径来实现。

(1) 在接种体来源施药

① 处理病菌越冬、越夏场所，中间寄主或带菌土壤。对于一些土传病害，如棉花黄萎病，可于秋天翻地时用杀线虫剂（如棉隆）进行土壤处理。

② 处理带菌种子和苗木。对于以种子带菌为主的病害，如小麦腥黑穗病菌，采用药剂拌种常可收到十分满意的防治效果。如用多菌灵 50% WP[❶]0.2%～0.5%、敌克松 95% WP 0.2%～0.5%、福美双 0.2%～0.3%拌种，防效良好。石灰水浸种对小麦散黑穗病菌，稻胡麻叶斑病菌、稻瘟病等也有较好效果。

③ 处理发病中心。田间发病中心对田间未发病的植株来说，也是一种菌源，如在苗稻瘟田间发病中心，喷施 40%克瘟散乳剂（WS）1000～1200 倍液或 40%富士一号 EC 100g/亩，对于减轻此病的流行很有效果。

❶ WP 表示可湿性粉剂。

在接种体来源施药的目的是消灭和减少可侵染田间生长植物的孢子和其他繁殖体，防治和减轻病害的发生。特别是内吸性杀菌剂的广泛使用，已经取得良好的防治效果。例如，利用该途径在冬季清洁果园和早春喷施花梗、树干，消灭越冬病源防治桃缩叶病取得了完全的控制，桃褐腐病可用苯来特铲除受侵染花梗和干果上的病原菌而得到防治。因此，该途径仍然是许多病害的有效防治途径。

(2) 在可能被侵染的植物体表面或农产品表面施药　对大多数植物病害来说，化学保护最有效的途径是在田间生长着的、未发病而可能被侵染的植株上施药。在可能被侵染的植物表面或农产品前表面施药，对大多数气流传播的叶丛病害是有效的途径。如用波尔多液防治马铃薯晚疫病以及用胶体硫防治叶斑病等都属此种类型。用于此种途径的杀菌剂要求残效期较长，以减少喷药次数。使用杀菌剂喷洒或浸蘸农产品的果实，是防治果品、蔬菜贮运期间病害有效的化学保护方法。

2. 化学治疗

化学治疗是指在感病的植物体上直接喷药，使杀菌剂直接对植物体或病原菌起作用，从而改变病菌的致病过程，达到消除或减轻病害的目的。由于病原菌种类不同，侵入植物体的深度不同，所以化学治疗又分为以下 3 类。

(1) 表面化学治疗　有些病菌主要附着在植物表面，例如白粉病菌在寄主植物的表面，用渗透性不太强的杀菌剂就可杀死表面病菌，如用石硫合剂或喷撒硫黄粉；苹果黑星病菌在植物角质层和表皮之间活动，可采用渗透性较强的药剂，喷药得到治疗。表面化学治疗剂不一定具有内吸性。

(2) 内部化学治疗　即药剂能进入已经感病的植物体内后，直接或间接作用于病菌，使病害得以控制。典型的化学治疗药剂必须具有内吸活性，并有两种可能的作用：一是药剂对病菌的直接毒杀作用、抑制作用或影响病菌的致病过程；二是药剂影响植物代谢，改变植物对病菌的反应而减轻或阻止病害的发生，亦即提高植物对病菌的抵抗力。例如使用粉锈宁（三唑酮）防治小麦条锈病、井冈霉素防治水稻纹枯病都是内部化学治疗的成功案例。

(3) 外部化学治疗　在果树、森林病害的防治中采用的一种“外科治疗”方法。一般是在树皮被病害侵染发病后，先用刀子刮去病部，然后在伤口处再涂以杀菌剂及保护剂、防水剂，以免再受病原菌侵染和利于树木伤口的重新愈合。

3. 化学免疫

免疫是指一种生物固有的周体抗病能力，这种抗病性是可以遗传的。化学免疫是利用化学物质诱导植物产生这种抗病性，使植物免于发病，从而达到防治的目的。它是一种间接的植物病害防治方法。新的观点认为：抗病性的产生是植物体内潜在的抗病基因表达的结果，这种基因的表达是通过生物的或非生物的诱导作用来实现的，是一种高水平的抗病性。非生物的诱导剂则可看作为一种新型的杀菌剂。目前尚未有大面积采用化学免疫防治植物病害成功的例子，但研究使用诱发剂（eliciter）诱导植物产生防御素（phytoalexin）的研究十分活跃。Carwright 等人用 2,2-二氯丙烷羧酸防治稻瘟病，施药后，在感病周围出现黑素物质外，还有两种双萜类植物防御素，这些物质抑制了病菌蔓延。

第二节　杀菌剂的作用方式和应用

一、杀菌剂的作用方式

杀菌剂在一定剂量或浓度下，能够直接杀灭或抑制植物病原菌生长和繁殖，或能诱导植物产生抗病性能，控制植物病害发展与危害。据此杀菌剂的作用方式一般分为以下 3 大类。

1. 杀菌作用

杀菌剂真正杀死病原孢子和菌丝体，从中毒症状看，杀菌作用主要表现为使孢子不能萌发和菌丝体不能再复活，这种作用是永久性的，从菌体内代谢的变化来看，起杀菌作用方式的杀菌剂是影响菌体内生物氧化，抑制能量产生。一般有机硫类、铜、汞等重金属药剂类无机杀菌剂主要起杀菌作用。

2. 抑菌作用

杀菌剂并非将病原菌杀死，它仅仅是抑制菌体生命活动的某一个过程，从中毒症状来看，抑菌作用则表现为孢子萌发后的芽管或菌丝不能继续生长，使病原菌的孢子和菌丝体暂时处于静止状态，如果将药剂冲洗掉后，病菌又可恢复活动，其作用是暂时性的；从菌体内代谢的变化来看，起杀菌作用方式的杀菌剂影响菌体内的生物合成。大多数有机合成的杀菌剂，特别是内吸性杀菌剂主要起抑菌作用。

其实，在具体植物病害防治实践中，杀菌作用和抑菌作用不是绝对的。虽然具体某一种作用方式主要取决于杀菌剂本身的性质，但与使用浓度及作用时间的长短也有一定关系。

3. 增强寄主植物的抗病性

植物在长期的进化过程中，需要不断地抵抗病原微生物的侵害。在这种长期相互影响的共进化过程中，植物逐渐形成一系列复杂而行之有效的保护机制来抵御病原微生物的侵染，这种特性称作植物诱导抗病性，又叫系统获得抗性（SAR）。植物抗病诱导剂是一类新型杀菌剂，它本身并无杀菌或抑菌活性，但可以通过启动植物机体的抵御与适应机制，来获得提高植物抗病、抗旱、抗寒、抗盐碱等抗逆能力，提高植物的抗病性，使植物减少病害发生。由于它具有全新的作用机制和独特的优势，是今后植物保护发展的重要研究方向，有很好的应用前景。

二、杀菌剂的使用方法

科学使用杀菌剂必须遵循“安全、经济、高效”的原则，依据病害发生规律、为害特点和作物发育阶段，结合环境因素和实际情况，全面考虑后再用药，才能达到良好的防治效果。农业用杀菌剂的使用方法有多种，常见的使用方法主要有种子处理、土壤处理、叶面喷洒和其他施药方法。

1. 种子处理

种子处理是指用杀菌剂处理种子、果实、块根、块茎、苗木、秧苗、插条等繁殖材料，消除繁殖材料表面和内部的病原菌。这种方法的优点是集中处理，省时、省力、省药，效果好。种子处理的方法有以下 5 种。

（1）浸种　种子浸泡在杀菌剂药液中一定时间，沥出种子晾干即行播种。它是对侵入种子内部的病原菌的一种处理方法，要求有一定的器械和场地，选择的杀菌剂只能是溶液、乳浊液或者乳油，绝对不能用悬浮液，即可湿性粉剂、可湿性粉剂与助溶剂的混合物不能用来浸种。浸种时间与药剂浓度呈反相关，浓度高时，浸种时间短，反之亦然。浸种的关键是药液浓度和浸种时间，操作不当会造成灭菌效果差或造成药害。其他因素如温度、种子类型、病菌所在部位等也影响浸种效果。一般情况下，在种子类型、气温、药剂种类确定后，药剂浓度和浸种时间是可以协调的，浓度高可适当延长浸种时间。病菌所在部位较深或种皮坚硬可适当延长浸种时间，气温高可适当缩短浸种时间。

（2）拌种　就是用干燥的药粉与干燥的种子在播前混合搅拌，使每粒种子表面都均

匀地黏附一层药粉，形成所谓药衣（膜）以杀死种子表面或内部的病菌。拌种时要求种子和药粉都必须是干燥的，否则会造成拌种不均匀，产生药害，影响种子的发芽率。拌种药量一般是种子量的0.2%～0.5%，禾谷类为种子量的0.2%～0.3%，棉花、玉米等大粒种子为种子量的0.5%，然后适当旋转拌种容器使之拌和均匀。一般有以下几种拌种方法。

① 干拌法：要求杀菌剂为粉剂，种子要干燥。

② 湿拌法：即把药粉用少量的水弄湿，然后拌种，或把干的药粉拌在湿的种子上，使药粉粘在种子表面，待播种之后，药剂慢慢溶解并吸收到植物体内向上传导。

③ 半干拌法：用高浓度药液来处理种子后，堆积并用薄膜盖严，堆积2天后播种。

④ 热化学拌种法：热力和化学处理相结合，用于果实处理防治贮藏期病害，20世纪20年代用温度较高的硼酸溶液处理苹果防治贮藏期的青霉病和绿霉病；利用高温杀菌，主要是提高药剂的渗透力。该方法的优点是用药量少，同时可以缩短浸种时间。

(3) 闷种法　将药剂按一定浓度稀释后，喷洒种子，翻匀堆积数小时后，进行播种。拌种、浸种和闷种后要及时播种，要注意种子的发芽状况，最好在拌种、浸种和闷种前要用药剂处理少量种子做发芽试验，以免药剂影响种子的发芽率。

(4) 种衣法　是用专用剂型种衣剂，将其包裹在种子外面，形成有一定厚度的薄膜，除可促进种子萌发外，还可达到防治病虫害、增加矿质营养、调节植株生长的目的。

(5) 浸苗　药剂按一定浓度稀释后，将幼苗的根部放在药液中浸蘸，然后进行移栽。

2. 土壤处理

土壤处理是指针对一些存在于土壤中的病原菌，用具有挥发性的杀菌剂处理土壤，达到防治病害的目的。缺点是用药量大。方法有以下4种。

(1) 浇灌法　把药剂稀释后，以5kg/m^2左右的量浇于土壤中，或借助于灌水将药剂施于沟中。

(2) 翻混法　先将药剂施于土壤表面，结合春、秋季翻地混入土壤中或直接将药剂施于犁沟内。

(3) 注射法　利用土壤注射器，按一定药量和孔距将药剂定量施于土壤中。

(4) 在播种沟内施药　结合播种将药剂直接施于播种沟内。

土壤处理时要注意“候种期”问题。所谓“候种期”是指土壤用药后与种植之间的间隔期。候种期一般是2～4周时间。如果土壤处理完毕后不留足候种期而马上种植农作物，种下的种子等繁殖材料很容易受到药害。

3. 叶面喷洒和其他施药方法

叶面喷洒主要是指在田间生长的作物上喷药防病。针对田间作物叶面喷药，影响杀菌剂田间防病效果的因素主要有药剂、环境、作物三个方面，但杀菌剂在施用技术上比杀虫剂和除草剂的施用技术要求更高，尤其要充分了解病害的发生和发展规律，因为病害的发生和发展不像虫害和草害那样一目了然。因此，对田间农作物喷药要注意以下两点。

首先是药剂的种类和浓度。药剂种类的选择取决于病害类型，所以先要作出正确的病害类型诊断，然后才能对症下药。如稻瘟病可选稻瘟净、稻瘟灵、三环唑等，小麦白粉病、锈病要选三唑醇、三唑酮等，花生叶斑病要选甲基托布津等。选择药剂的种类后，还要根据作物种类及生长期、杀菌剂的种类和剂型、环境条件等选择合适的施用浓度。一般农药使用说明书都有推荐使用浓度，可以按说明使用，但最好还是根据当地植保技

术部门在药效试验基础上提出的使用浓度进行施用。干旱或炎热的夏天应当降低使用浓度，避免产生药害。

其次，使用杀菌剂时还要注意使用时期和使用次数。掌握好喷药时期的关键是掌握病害发生和发展的规律，做好病害发生的预测预报工作，或根据当地植保部门对作物病害的预测预报做好喷施杀菌剂的准备。一般情况下杀菌剂的喷洒都是在病害发生的初期进行，如稻瘟病等，尤其在高温天气，稻瘟病发展快，应立即喷药。植物病害的发生和发展往往要持续一段时间，喷洒杀菌剂也很难一次解决问题，往往需要喷洒多次。喷洒次数的多少主要取决于病菌再侵染情况、杀菌剂持效期的长短以及气候条件等。

杀菌剂除了上述3种主要方法外，还有其他施药方法，如熏蒸法和熏烟法等。熏蒸法是利用具有挥发性的农药产生的毒气防治病害，熏烟法主要应用烟剂农药，将烟剂点燃后产生浓烟弥散于空气中，起到防治病害的作用。熏蒸法和熏烟法主要用于防治温室、大棚、仓库等密闭场所的病害。

第三节　杀菌剂种类

一、保护性杀菌剂

(一) 无机铜杀菌剂

1. 波尔多液 (Bordeaux mixture)

【化学名称】碱式硫酸铜

【主要理化性质】 波尔多液是用硫酸铜、生石灰和水按一定比例配制而成的一种天蓝色胶状悬浊液，有效成分是碱式硫酸铜。放置过久会产生沉淀，并析出结晶，性质发生了变化，宜现配现用。药液呈碱性，对金属有腐蚀作用。

【生物活性】波尔多液是一种良好的保护剂，抑菌谱广，具有良好的展布性和黏合力，在植物表面可形成薄膜，不易被雨水冲刷，持效期比较长，病菌不易产生耐药性，对作物比较安全，微量铜能使病原菌细胞膜上的蛋白质凝固及进入细胞内的少量铜离子与某些酶结合而影响酶的活性以抑制病菌。对人、畜低毒。

【配合量】波尔多液的有效含量一般以硫酸铜的含量进行标注。不同植物对硫酸铜或石灰的反应不同，配制时应根据寄主植物及病害种类来选择合适的配合量。分为石灰少量式、石灰半量式、石灰等量式、石灰多量式、石灰倍量式、石灰三倍量式等。如硫酸铜与生石灰分别为1kg、水为100kg配制时，称为1%等量式波尔多液。硫酸铜为0.5kg，生石灰为1kg时，水为100kg配制时，称为0.5%倍量式波尔多液；硫酸铜为1kg，生石灰为0.5kg时，水为100kg配制时，称为1%半量式波尔多液等。

【制剂】 80%碱式硫酸铜可湿性粉剂，30%、35%碱式硫酸铜悬浮剂。

【使用方法】广泛用于防治大田作物、蔬菜、果树和经济作物等多种病害，对霜霉病和炭疽病，马铃薯晚疫病等叶部病害效果尤佳。在病原菌侵入寄主前施用最为适宜。波尔多液可以自己配制。在葡萄、瓜类、马铃薯、番茄等上选用0.5%半量式，在苹果、梨上选用0.5%倍量式或0.5%等量式。也可以买现成制剂直接稀释使用，防治葡萄霜霉病用2000～2667mg/kg(a.i)，防治柑橘树溃疡病用1333～2000mg/kg(a.i)，防治辣椒炭疽病、苹果树轮纹病用1600～2667mg/kg(a.i) 喷雾。

【注意事项】对铜敏感的作物，如李、桃、鸭梨、白菜、小麦、苹果、大豆等在潮湿多

雨条件下，因铜的离解度增大和对叶表面渗透力增强，易产生药害。对石灰敏感的作物如茄科、葫芦科、葡萄、黄瓜、西瓜等，在高温干燥条件下易产生药害。

2. 王铜（copper oxychloride，碱式氯化铜）

【化学名称】 氧氯化铜

【主要理化性质】 主要成分为$3Cu(OH)_2CuCl_2$，原药为绿色至蓝绿色粉末，难溶于水、乙醇、乙醚，溶于酸和氨水，溶于稀酸同时分解。对金属有腐蚀性。

【生物活性】 低毒。杀菌谱与波尔多液相同

【制剂】 30%王铜悬浮剂、50%王铜可湿性粉剂。

【使用方法】 防治柑橘树溃疡病用375～500mg/kg(a.i)，防治黄瓜细菌性角斑病用1500～2250g/hm^2(a.i)喷雾。

【注意事项】 不能与石硫合剂、松脂合剂、矿物油乳剂、多菌灵、托布津等药剂混用。不能与强碱性农药混用。桃、李、白菜、杏、豆类、莴苣等敏感作物慎用。

3. 氢氧化铜（copper hydroxide，可杀得）

【主要理化性质】 原药为蓝色或蓝绿色凝胶或淡蓝色结晶性粉末，难溶于水，溶于酸、氨水和氰化钠，受热至60～80℃变暗，温度再高分解为黑色氧化铜和水。

【生物活性】 氢氧化铜靠释放出铜离子与真菌体内蛋白质中的—SH、—NH_2、—COOH、—OH等基团起作用，导致病菌死亡。大鼠急性经口LD_{50}为1000mg/kg。

【制剂】 77%氢氧化铜可湿性粉剂、53.8%氢氧化铜干悬浮剂。

【使用方法】 能防治多种作物上的真菌和细菌病害，适用于瓜类的叶斑病、炭疽病、早（晚）疫病、立枯病、霜霉病等多种病害。防治番茄早疫病用1545～2310g/hm^2(a.i)，防治柑橘树溃疡病用1283.3～1925mg/kg(a.i)喷雾。

【注意事项】 桃、李等果树对铜敏感应禁用，苹果、梨花期、幼果期禁用。须单独使用，避免与其他农药混用。

（二）无机硫杀菌剂

石硫合剂（lime sulfate，多硫化钙）

【主要理化性质】 深橘色液体，具有强烈的臭蛋味。相对密度为1.28(15.6℃)，呈碱性，其有效成分多硫化钙性质不稳定，遇酸和二氧化碳易分解，在空气中易氧化而生成硫黄和硫酸钙，遇高温和日光照射更不稳定。

【生物活性】 石硫合剂具有杀菌、杀虫作用。石硫合剂稀释喷于植物上接触空气，发生一系列化学变化，形成极微小的硫黄沉淀并释放少量硫化氢发挥杀菌、杀虫作用。石硫合剂呈碱性，有侵蚀昆虫表皮蜡质层的作用，因此对介壳虫及卵有较强的杀伤力。对硫敏感的作物有药害，如杏、树莓、黄瓜等。大鼠急性经口LD_{50}为400～500mg/kg。

【制剂】 45%石硫合剂结晶、45%石硫合剂固体、29%石硫合剂水剂。

【使用方法】 用于苜蓿、大豆、果树上，防治白粉病、黑星病、炭疽病等；作为杀虫剂，可软化介壳虫的蜡质，对果树上红蜘蛛的卵有效。防治苹果、梨叶螨或介壳虫，于果树发芽前，用45%石硫合剂晶体或固体20～30倍液喷雾；防治柑橘树螨、介壳虫和锈壁虱在早春用45%石硫合剂晶体或固体180～300倍液喷雾；晚秋300～500倍液喷雾。防治苹果树白粉病，在发病初期用29%石硫合剂水剂74～188倍液喷雾。

【注意事项】 不能与酸性农药、油乳剂、铜制剂及各类化学肥料混用，喷过油乳剂或波尔多液后需30天才能施用。桃、李、梨等蔷薇科植物和豆科植物对石硫合剂的硫黄敏感，应慎用。

（三）有机硫杀菌剂

1. 福美双（thiram，炭疽福美）

【化学名称】 四甲基秋兰姆二硫化物

【主要理化性质】 原药为无色晶体，熔点155～156℃，难溶于水，微溶于乙醇和乙醚，可溶于丙酮、氯仿、苯和二硫化碳等有机溶剂。酸性介质中分解，长期接触日照、热、空气和潮湿会变质。

【生物活性】 福美双抗菌谱广，主要用于处理种子和土壤，防治禾谷类黑穗病和多种作物的苗期立枯病。也可用于喷洒防治果树、蔬菜一些病害。大鼠急性经口 LD_{50} 为865mg/kg。

【制剂】 50%、70%福美双可湿性粉剂，80%福美双水分散粒剂。

【使用方法】 按0.125%剂量（a.i）拌种，防治甘蓝、莴苣、瓜类、茄子、蚕豆等苗期立枯病、猝倒病；按0.15%～0.25%剂量（a.i）拌种，防治水稻立枯病、禾谷类黑腥病、松苗立枯病；用3750～5625g/hm^2（a.i）处理土壤（沟施或穴施），防治蔬菜、烟草、甜菜苗期病害；50%福美双可湿性粉剂对水500～800倍液喷雾，防治草莓等灰霉病、梨黑星病，马铃薯、番茄晚疫病，瓜菜类霜霉病，葡萄炭疽病，白腐病等。

【注意事项】 不能与铜、汞剂及碱性药剂混用或前后紧接使用。

2. 代森铵（amobam，康俊）

【化学名称】 亚乙基双二硫代氨基甲酸铵

【主要理化性质】 纯品为无色结晶，熔点72.5～72.8℃。工业品为橙黄色或淡黄色水溶液，呈弱碱性，有氨及硫化氢的臭味。易溶于水，微溶于乙醇、丙酮，不溶于苯。化学性质较稳定，温度高于40℃时易分解，遇酸性物质易分解。

【生物活性】 代森铵是具保护和治疗作用的杀菌剂。代森铵水溶液能渗透植物组织，杀菌力强，能防治多种作物病害。在植物体内分解后还有肥效作用。大鼠急性经口 LD_{50} 为450mg/kg。

【制剂】 45%代森铵水剂。

【使用方法】 45%代森铵水剂防治蔬菜霜霉病、早疫病、晚疫病、炭疽病、水稻稻瘟病、玉米大小斑病用1000～1500倍液喷雾。防治橡胶树条溃疡病用150倍液涂抹。

【注意事项】 本品不宜与石硫合剂、波尔多液、铜制剂等混用。喷雾用稀释倍数少于1000倍时，对某些作物易发生药害。气温高时对豆类作物易产生药害。

3. 代森锌（zineb，邦蓝）

【化学名称】 亚乙基双二硫代氨基甲酸锌

【主要理化性质】 原粉为灰白色或浅黄色粉末，157℃分解，无熔点，难溶于水，几乎不溶于一般有机溶剂，溶于某些螯合剂，长期置于光、潮湿、热条件下不稳定。

【生物活性】 代森锌是一种叶面喷洒使用的保护剂，对许多病菌如霜霉病菌、晚疫病菌及炭疽病菌等有较强触杀作用。对植物安全，有效成分化学性质较活泼，在水中易被氧化成异硫氰化合物，对病原菌体内含有—SH的酶有强烈的抑制作用，并能直接杀死病菌孢子，抑制孢子的发芽，阻止病菌侵入植物体内，但对已侵入植物体内的病原菌丝体的杀伤作用很小。药效期短，在日光照射及吸收空气中的水分后分解较快，其残效期约7天。大鼠急性经口 $LD_{50}>5200mg/kg$。

【制剂】 65%、80%代森锌可湿性粉剂。

【使用方法】 既可用于防治真菌性病害，又可有效防治细菌性病害。如果树轮纹病、黑

星病、锈病、炭疽病、褐斑病、黑斑病、葡萄霜霉病和黑痘病、核果类果树细菌性和真菌性穿孔病等，蔬菜霜霉病、早疫病、晚疫病、炭疽病、真菌性叶斑病和细菌性叶斑病等。用65%代森锌可湿性粉剂500～700倍液或80%代森锌可湿性粉剂800～1000倍液，在病害发生前均匀喷雾防治。

【注意事项】 葫芦科蔬菜对锌敏感，用药时要严格掌握浓度，不能过大。不能与铜制剂或碱性药物混用，放置在阴凉、干燥、通风处，受潮和雨淋会分解。

4. 代森锰锌（mancozeb，大生）

【化学名称】 亚乙基双二硫代氨基甲酰锰和锌的配合物

【主要理化性质】 原药为灰黄色粉末，熔点136℃（分解）。不溶于水及大多数有机溶剂，为代森锰与代森锌的混合物，锰含20%，锌含2.55%。通常干燥环境中稳定，加热、潮湿环境中缓慢分解。

【生物活性】 代森锰锌是杀菌谱较广的保护性杀菌剂，主要抑制菌体内丙酮酸的氧化。对果树、蔬菜上的炭疽病、早疫病等多种病害有效，同时它常与内吸性杀菌剂混配，用于延缓抗性的产生。比代森锰药害轻。大鼠急性经口LD_{50}为5000mg/kg。

【制剂】 50%、80%代森锰锌可湿性粉剂。

【使用方法】 80%代森锰锌可湿性粉剂防治番茄早疫病、西瓜炭疽病用125～187.5g/亩，防治苹果树斑点落叶病、轮纹病、炭疽病、梨树黑星病、葡萄霜霉病、黑痘病、白腐病用600～800倍液，柑橘树疮痂病、炭疽病用400～600倍液喷雾。

【注意事项】 该药不能与铜及强碱性农药混用，在喷过铜、汞、碱性药剂后要间隔一周后才能喷此药；在茶树上的间隔期为半个月。

5. 丙森锌（propineb，安泰生）

【化学名称】 丙烯基双二硫代氨基甲酸锌

【主要理化性质】 原药为白色或微黄色粉末，在160℃以上分解，在300℃左右仅会有少量残渣留下。难溶于水及二氯甲烷、甲苯等有机溶剂。干燥低温条件下贮存时稳定。

【生物活性】 其杀菌机制为抑制病原菌体内丙酮酸的氧化。在推荐剂量下对作物安全。在花期和作物各个生育期均可用药。由于它不含可能会对作物造成药害的锰，对作物更安全，可释放锌离子以补充作物生长所需的锌元素，因此具有叶面肥的功效，果菜着色好、品质高。大鼠急性经口LD_{50}为5000mg/kg。

【制剂】 70%丙森锌可湿性粉剂。

【使用方法】 主要用于防治蔬菜、葡萄霜霉病、番茄早疫病、晚疫病、苹果树斑点落叶病等。用70%丙森锌可湿性粉剂400～700倍液均匀喷雾。

【注意事项】 不能与碱性农药或含铜的农药混用，如前后分别使用，间隔期应在7天以上。

6. 敌磺钠（fenaminosulf，敌克松）

【化学名称】 对二甲氨基苯重氮磺酸钠

【主要理化性质】 原药为黄棕色粉末，约200℃分解，可溶于水20～30g/L（25℃），溶于二甲基甲酰胺、乙醇等，不溶于苯、乙醚、石油等大多数有机溶剂。水溶液见光分解，但在碱性介质中稳定。

【生物活性】 敌磺钠是种子和土壤消毒剂。以保护作用为主，兼有弱的内吸渗透性，能被植物根、茎吸收后输导至其他部位，可以保持相当长的药效。大鼠急性经口LD_{50}为75mg/kg。

【制剂】 50%、70%敌磺钠可溶性粉剂。

【使用方法】 主要用作种子处理和土壤处理，也可用作喷雾。防治黄瓜、西瓜立枯病、枯萎病，用2625～5250g/hm²(a.i)泼浇或喷雾；防治温室蔬菜苗期立枯病、猝倒病，用4g/m²(a.i) 药剂加20倍细土，混匀配成药土，均匀撒施苗床；防治松杉苗木根腐病用40～350g/100kg(a.i) 种子拌种；防治烟草黑胫病用3000g/hm²(a.i)，拌土穴施或浇灌。

【注意事项】 敌磺钠能与碱性农药和农用抗生素混合使用。制剂使用时溶解较慢，可先加少量水搅拌均匀后，再加水稀释溶解，最好现配现用。

（四）有机胂类杀菌剂

福美胂（asomate，三福胂）

【化学名称】 三-*N*-二甲基二硫代氨基甲酸胂

【主要理化性质】 纯品为黄绿色棱柱状结晶，熔点224～226℃，不溶于水，微溶于丙酮、甲醇，在空气中稳定，遇浓酸和热酸则分解。

【生物活性】 杀菌机理是药剂与菌体内含—SH的酶结合而抑制三羧酸循环，对植物具有保护、治疗作用，对病菌具有铲除作用，在果树皮死组织部位渗透力强，持效期较长。小鼠急性经口LD_{50}为335～370mg/kg。

【制剂】 40%福美胂可湿性粉剂。

【使用方法】 防治苹果树和梨树腐烂病、干腐病、轮纹病，用40%福美胂可湿性粉剂100倍液在果树发芽前全株喷雾，喷到滴水程度为止；对腐烂病的病疤处，分别在春、夏季用刀刮除病处老皮，再50倍液涂抹各一次。防治苹果白粉病用700～800倍液进行喷雾。

【注意事项】 葡萄接近采摘期时不要使用，以防药害，不能与碱性药剂、含铜、汞药剂混用。

（五）有机氯类杀菌剂

1. 五氯硝基苯（quintozene，土粒散）

【主要理化性质】 原药为无色针状体结晶，熔点142～145℃，不溶于水，可溶于苯、氯仿等有机溶剂，化学性质稳定，在土壤中持效期较长。

【生物活性】 用作土壤处理和种子消毒。杀菌机制被认为是影响菌丝细胞的有丝分裂，对丝核菌引起的病害有较好的防效，大鼠急性经口LD_{50}>5000mg/kg。

【制剂】 20%、40%五氯硝基苯粉剂。

【使用方法】 防治茄子猝倒病用33150g/hm² (a.i) 进行土壤消毒，防治小麦腥、散黑穗病及秆黑粉病，每100kg用40%五氯硝基苯粉剂0.5kg拌种。

2. 百菌清（chlorothalonil）

【化学名称】 2,4,5,6-四氯-1,3-苯二甲腈

【主要理化性质】 纯品为无色晶体，稍有刺激气味，熔点250～251℃，微溶于水，溶于二甲苯和丙酮等有机溶剂。对酸、碱、紫外光都稳定。

【生物活性】 能与真菌细胞中的3-磷酸甘油醛脱氢酶中的半胱氨酸的蛋白质结合，破坏细胞的新陈代谢而丧失生命力。其主要作用是预防真菌侵染，没有内吸传导作用，但在植物表面有良好的黏着性，不易受雨水冲刷，有较长的药效期。大鼠急性经口LD_{50}>10000mg/kg，对鱼毒性大。

【制剂】 75%百菌清可湿性粉剂、45%百菌清烟剂。

【使用方法】 75%百菌清可湿性粉剂防治番茄早疫病、黄瓜霜霉病用147～267g/亩，花生叶斑病用111～133g/亩喷雾。

【注意事项】 不能与石硫合剂、波尔多液等碱性农药混用，梨、柿、桃、梅和苹果树等使用浓度偏高会发生药害。

（六）二甲酰亚胺类杀菌剂

1. 异菌脲（iprodione，扑海因）

【化学名称】 3-(3,5-二氯苯基)-1-异丙基氨基甲酰基乙内酰脲

【主要理化性质】 纯品为无色晶体，熔点136℃，酸性介质中稳定，碱性介质中不稳定。

【生物活性】 异菌脲为广谱接触性杀菌剂，对葡萄孢属、链孢霉属、核盘菌属、小菌核属等菌具有较好的杀菌效果。对链格孢属、蠕孢霉属、丝核属、镰刀菌属等菌也有效果。大鼠急性经口 LD_{50} 为 3500mg/kg。

【制剂】 50%异菌脲可湿性粉剂。

【使用方法】 50%异菌脲可湿性粉剂防治番茄灰霉病、早疫病用 50～100g/亩，防治苹果树轮纹病、褐斑病用 1000～1500 倍液喷雾。

【注意事项】 要避免与强碱性药剂混用，不宜长期连续使用，以免产生耐药性，应交替使用。

2. 腐霉利（procymidone，速克灵）

【化学名称】 N-(3,5-二氯苯基)-1,2-二甲基环丙烷-1,2-二甲酰基亚胺

【主要理化性质】 原药为无色晶体，熔点 166℃，易溶于丙酮、二甲苯等，微溶于醇类，几乎不溶于水，一般贮存条件下稳定，对光、热、潮湿稳定。

【生物活性】 腐霉利主要抑制菌体内甘油三酯的合成，具有保护和治疗的双重作用。对葡萄孢属和核盘菌属真菌有特效，大鼠急性经口 LD_{50} 为 6800mg/kg。

【制剂】 50%腐霉利可湿性粉剂、10%腐霉利烟剂。

【使用方法】 50%腐霉利可湿性粉剂防治番茄、黄瓜、葡萄的灰霉病及油菜菌核病用 1000～2000 倍液喷雾，保护地用有效成分 300～600g/hm^2 烟剂点燃放烟。

【注意事项】 不能与碱性药剂如波尔多液、石硫合剂混用，并不宜与有机磷农药混配。长时间单一使用易使病菌产生耐药性，应与其他杀菌剂轮换使用。

3. 乙烯菌核利（vinclozolin，农利灵）

【化学名称】 3-(3,5-二氯苯基)-5-甲基-5-乙烯基-1,3-噁唑烷-2,4-二酮

【主要理化性质】 原药为无色晶体，熔点 108℃，在水中溶解度为 1g/L，中性和微酸性介质中稳定。

【生物活性】 乙烯菌核利主要干扰细胞核功能，并对细胞膜和细胞壁有影响，改变膜的渗透性，使细胞破裂。对核盘菌和灰葡萄孢霉有特效。大鼠急性经口 LD_{50} ＞10000mg/kg。

【制剂】 50%乙烯菌核利可湿性粉剂、50%乙烯菌核利水分散粒剂。

【使用方法】 防治黄瓜、番茄的灰霉病、早疫病及油菜菌核病用 75～100g/亩喷雾。

（七）代森联类杀菌剂

代森联（metriam，品润）

【化学名称】 三［氨［乙烯双（二硫氨基甲酸酯）锌（2＋）］］［四氢-1,4,7-二噻二氮芳辛-3,8-连二硫酮］聚合体

【主要理化性质】 纯品为白色粉末，工业品为灰白色或淡黄色粉末，有鱼腥味，难溶于水，不溶于大多数有机溶剂，但能溶于吡啶中，对光、热、潮湿不稳定，易分解出二硫化碳，遇碱性物质或铜、汞等物质均易分解放出二硫化碳而减效，挥发性小。

【生物活性】 代森联是一种优良的保护性杀菌剂，杀菌范围广，不易产生抗性，对作物安全，花期也可用药。对作物的主要病害，如霜霉病、早疫、晚疫病、疮痂病、炭疽病、锈病、叶斑病等病害具有预防作用。大鼠急性经口 LD_{50}＞500mg/kg。

【制剂】 70％代森联干悬浮剂。

【使用方法】 70％代森联干悬浮剂防治黄瓜霜霉病用 105～160g/亩，防治苹果斑点落叶病、轮纹病、炭疽病稀释 300～700 倍液喷雾。

（八）苯吡咯类杀菌剂

咯菌腈（fludioxonil，适乐时）

【化学名称】 4-(2,2-二氟-1,3-苯并间二氧杂环戊烯-4-基)-1-氢-吡咯-3-腈

【主要理化性质】 原药为浅橄榄绿色粉末，熔点 199.8℃，蒸气压 3.9×10^{-7}Pa(25℃)，难溶于水，易溶于乙醇、丙酮等。

【生物活性】 咯菌腈为广谱触杀性杀菌剂，用于种子处理，可防治大部分种子带菌及土壤传染的真菌病害。在土壤中稳定，在种子及幼苗根际形成保护区，防止病菌入侵。大小鼠急性经口 LD_{50}＞5000mg/kg。

【制剂】 25g/L 咯菌腈悬浮种衣剂、50％咯菌腈可湿性粉剂。

【使用方法】 防治向日葵菌核病、花生及大豆根腐病用 15～20g/100kg(a.i) 种子拌种，菊花灰霉病用 83.3～125mg/kg(a.i) 喷雾。

二、内吸性杀菌剂

（一）有机磷类杀菌剂

1. 异稻瘟净（iprobenfos，kitazinP）

【化学名称】 *O*,*O*-二异丙基-*S*-苄基硫代磷酸酯

【主要理化性质】 纯品为无色透明或黄色油状体，难溶于水，易溶于多种有机溶剂，对光和酸较稳定，遇碱易分解。

【生物活性】 主要干扰细胞膜透性，使几丁质的合成受阻碍，细胞壁不能生长，抑制菌体的正常发育。主要用于防治水稻稻瘟病。大鼠急性经口 LD_{50} 为 490mg/kg。

【制剂】 40％、50％异稻瘟净乳油。

【使用方法】 防治水稻稻瘟病用 900～1200g/hm^2(a.i) 喷雾。

2. 敌瘟磷（edifenphos，克瘟散）

【化学名称】 *O*-乙基-*S*,*S*-二苯基二硫代磷酸酯

【主要理化性质】原油为黄色至浅棕色透明液体，带有特殊气味，难溶于水，易溶于丙酮和二甲苯。碱中水解，见紫外光分解。

【生物活性】 对水稻稻瘟病有良好的预防和治疗作用，同时对水稻纹枯病、胡麻叶斑病、小球菌核病、穗枯病、玉米大小斑病及麦类赤霉病等有良好的防治效果。对飞虱、叶蝉及鳞翅目害虫兼有一定的防效。大鼠急性经口 LD_{50} 为 100～260mg/kg。

【制剂】 30％敌瘟磷乳油。

【使用方法】 防治水稻稻瘟病用 450～600g/hm^2(a.i) 喷雾。防治玉米大小斑病 500～800 倍喷雾。

【注意事项】 使用除草剂敌稗前后 10 天禁用敌瘟磷。

3. 三乙膦酸铝（fosetyl-aluminium，疫霉灵）

【化学名称】 三乙基膦酸铝

【主要理化性质】 纯品为白色无味结晶，水中溶解度为120g/L(20℃)，一般贮存条件下稳定，遇强酸水解。

【生物活性】 三乙膦酸铝是一个具双向传导的内吸性杀菌剂，具有保护和治疗作用。对霜霉属、疫霉属等鞭毛菌引起的病害有良好的防效。小鼠急性经口 LD_{50} 为 5800mg/kg。

【制剂】 40%、80%三乙膦酸铝可湿性粉剂，90%三乙膦酸铝可溶性粉剂。

【使用方法】 防治番茄晚疫病用 2376～2700g/hm^2(a.i) 喷雾，防治黄瓜、白菜霜霉病用 1500～2160g/hm^2(a.i) 喷雾。

【注意事项】 勿与酸性、碱性农药混用，以免分解失效。

（二）苯并咪唑类杀菌剂

1. 多菌灵（carbendazim，苯并咪唑 44 号）

【化学名称】 苯并咪唑-2-氨基甲酸甲酯

【主要理化性质】 纯品为白色结晶，熔点 330～357℃，几乎不溶于水，微溶于有机溶剂中，对酸、碱不稳定，对热较稳定。

【生物活性】 对子囊菌和半知菌有效，对鞭毛菌和细菌引起的病害无效，具有保护和治疗作用。大鼠急性经口 LD_{50} ＞15000mg/kg。

【制剂】 50%、80%多菌灵可湿性粉剂，80%多菌灵水分散粒剂。

【使用方法】 用 562.5～750g/hm^2(a.i) 喷雾，拌种用药量（a.i）为种子量的 0.5%。

2. 甲基硫菌灵（thiophanate-methyl，甲基托布津）

【化学名称】 1,2-双-(3-甲氧羰基-2-硫脲基）苯

【主要理化性质】 纯品为无色晶体，熔点 172℃（分解），几乎不溶于水（23℃），溶于丙酮、甲醇等有机溶剂。对酸碱稳定。

【生物活性】 甲基硫菌灵能防治多种作物病害，具有预防和治疗作用。它在植物体内转化为多菌灵，主要用于防治子囊菌、担子菌和半知菌真菌病害。大鼠急性经口 LD_{50} 为 7500mg/kg。

【制剂】 70%甲基硫菌灵可湿性粉剂、70%甲基硫菌灵水分散粒剂。

【使用方法】 防治苹果树轮纹病用 800～1000 倍液，小麦赤霉病用 75～100g/亩，水稻纹枯病用 100～140g/亩，花生褐斑病用 25～33g/亩，西瓜炭疽病用 40～50g/亩喷雾。

【注意事项】 可与多种农药混合使用，但不能与铜制剂混用。

（三）唑类杀菌剂

1. 氟硅唑（flusilazole，福星）

【化学名称】 双（4-氟苯基）甲基（1*H*-1,2,4-三唑-1-基甲）甲硅烷

【主要理化性质】 纯品为无色晶体，熔点 53℃，水中溶解度 45mg/L(pH7.8)，溶于大多有机溶剂，一般贮存条件下可保存 2 年以上。对光稳定。

【生物活性】 该药主要破坏和阻止病菌的细胞膜重要组成成分麦角甾醇的生物合成，导致细胞膜不能形成，使病菌死亡。对子囊菌、担子菌和半知菌所致病害有效，对卵菌无效。大鼠急性经口 LD_{50} 为 1100mg/kg。

【制剂】 40%氟硅唑乳油。

【使用方法】 防治葡萄黑痘病、白腐病、炭疽病，黄瓜黑星病、梨树黑星病用 8000～10000 倍液喷雾。

2. 腈菌唑（myclobutanil，信生）

【化学名称】 2-(4-氯苯基)-2-(1*H*,1,2,4-三唑-1-甲基）己腈

【主要理化性质】 纯品为浅黄色固体，熔点63～68℃，水中溶解度142mg/L（25℃），溶于一般有机溶剂，不溶于脂肪烃类，一般贮存条件下稳定。

【生物活性】 腈菌唑对病原菌的表角甾醇的生物合成起抑制作用，具有预防和治疗作用。对子囊菌、担子菌均有较好的防治效果，持效期长。大鼠急性经口 LD_{50} 为1600mg/kg。

【制剂】 25%腈菌唑乳油、40%腈菌唑可湿性粉剂。

【使用方法】 防治苹果树白粉病用50～66.7mg/kg(a.i)，葡萄炭疽病66.7～100mg/kg(a.i)，梨树黑星病8000～10000倍液。

3. 咪鲜胺（prochloraz，施保克）

【化学名称】 *N*-丙基-*N*-[2-(2,4,6-三氯苯氧基)乙基]-1*H*-咪唑-1-甲酰胺

【主要理化性质】 纯品为无色晶体，原药为金黄色液体，熔点46.5～49.3℃，难溶于水，溶于有机溶剂，对强酸、强碱和光不稳定。

【生物活性】 咪鲜胺对子囊菌及半知菌引起的多种作物病害有特效。通过抑制甾醇的生物合成而引起作用。具有良好的渗透性，具有保护和铲除作用。大鼠急性经口 LD_{50} 为1600mg/kg。

【制剂】 25%、40%咪鲜胺乳油，25%咪鲜胺水乳剂，50%咪鲜胺可湿性粉剂。

【使用方法】 防治水稻恶苗病用62.5～125mg/kg(a.i)浸种，柑橘、芒果采收后防腐处理用250～500mg/kg(a.i)药液浸1～2min可有效抑制青霉、绿霉、炭疽、蒂腐等病菌为害。

4. 戊唑醇（tebuconazole，立克秀）

【化学名称】 1-(4-氯苯基)-3(1*H*-1,2,4-三唑-1-基甲基)戊醇

【主要理化性质】 纯品为无色晶体，熔点102.4℃，水中溶解度32mg/L(20℃，pH7)，溶于有机溶剂。在土中半衰期为1～4个月。

【生物活性】 戊唑醇具有保护、治疗和铲除作用。防病谱广，用于防治锈病和白粉病等多种植物的各种高等真菌病害，作为种衣剂对禾谷类各种作物黑穗病有很高的活性。大鼠急性经口 LD_{50} 为4000mg/kg。

【制剂】 25%水乳剂、43%悬浮剂、2%湿拌剂、80%可湿性粉剂。

【使用方法】 防治花生叶斑病、葡萄白腐病、苹果树落叶病、梨树黑星病用100～125mg/kg(a.i)喷雾，种子包衣防小麦散黑穗病用（a.i)1.8～2.7g/100kg种子拌种，玉米丝黑穗病用（a.i)6～12g/100kg种子拌种。

5. 三唑酮（triadimefon，粉锈宁）

【化学名称】 1-(4-氯苯氧基)-3,3-二甲基-1-(1,2,4-三唑-1-基)-2-丁酮

【主要理化性质】 纯品为无色晶体，有特殊芳香味，熔点82.3℃，水中溶解度64mg/L(20℃)，溶于许多有机溶剂。

【生物活性】 三唑酮是一种高效、低毒、低残留、持效期长、内吸性强的三唑类杀菌剂。被植物的各部分吸收后，能在植物体内传导。对锈病和白粉病具有预防、治疗和熏蒸等作用。对多种作物的病害如玉米圆斑病、小麦叶枯病、玉米丝黑穗病等均有效。对鱼类及鸟类较安全。对蜜蜂和天敌无害。大鼠急性经口 LD_{50} 为1000mg/kg。

【制剂】 25%三唑酮可湿性粉剂、20%三唑酮乳油。

【使用方法】 防治锈病、白粉病用105～142.5g/hm²(a.i)喷雾，防治玉米丝黑穗病用(a.i) 60～90g/100kg种子拌种。

6. 三环唑（tricyclazole，比艳）

【化学名称】 5-甲基-1,2,4-三唑并(3,4-*b*)苯并噻唑

【主要理化性质】 原药为白色结晶，熔点 187～188℃，水中溶解度 0.7g/L，对紫外光相对稳定。

【生物活性】 三环唑是一种内吸性较强的杀菌剂，能迅速被水稻根、茎、叶吸收，并输送到稻株各部。三环唑抗冲刷力强，喷药 1h 后遇雨不需补喷药。主要抑制孢子萌发和附着孢形成，从而有效地阻止病菌侵入和减少稻瘟病菌孢子的产生。大鼠急性经口 LD_{50} 为 314mg/kg。

【制剂】 20%、75%三环唑可湿性粉剂。

【使用方法】 防治水稻稻瘟病用 225～300g/hm^2(a. i) 喷雾。

（四）杂环化合物类杀菌剂

1. 苯醚甲环唑（difenoconazole，世高）

【化学名称】 顺,反-3-氯-4-[甲基-2-(1*H*-1,2,4-三唑-1-1-基甲基)-1,3-二恶戊烷-2-基]苯基-4-氯苯基醚

【主要理化性质】 纯品为白色至淡米黄色晶体，熔点 78.6℃，难溶于水，易溶于有机溶剂。

【生物活性】 苯醚甲环唑是一种内吸广谱杀菌剂，对子囊菌、半知菌和担子菌引起的病害具有很强的保护和治疗性，主要用于防治多种作物、蔬菜和果树的叶斑病、白粉病、锈病及黑星病等病害。大鼠急性经口 LD_{50} 为 1453mg/kg。

【制剂】 10%苯醚甲环唑水分散粒剂。

【使用方法】 10%苯醚甲环唑水分散粒剂防治西瓜炭疽病 50～75g/亩，柑橘树疮痂病稀释 667～2000 倍液，梨树黑星病稀释 6000～7000 倍液，茶树炭疽病用 1000～1500 倍液，大蒜叶枯病用 30～60g/亩，辣椒炭疽病及菜豆锈病用 75～125g/亩喷雾。

2. 恶霉灵（hymexazol，土菌消）

【化学名称】 3-羟基-5-甲基异噁唑

【主要理化性质】 原药为无色晶体，熔点 86～87℃，易溶于水和甲醇等有机溶剂，对酸、碱、光、热稳定。

【生物活性】 恶霉灵为内吸性种子和土壤杀菌剂，与土壤中的铁、铝离子结合，抑制病菌孢子的发芽。对腐霉菌、镰刀菌等引起的猝倒病有较好的预防效果。能被植物的根吸收及在根系内移动，在植株内代谢产生两种糖苷无毒产物，对作物生长有刺激作用。大鼠急性经口 LD_{50} 为 4678mg/kg。

【制剂】 15%、30%恶霉灵水剂，70%恶霉灵可湿性粉剂。

【使用方法】 防治甜菜立枯病用 (a. i) 280～490g/100kg 种子拌种，水稻立枯病用 1.35～1.8g/ m^2(a. i) 苗床土壤处理，西瓜枯萎病用 375～500mg/kg(a. i) 灌根。

3. 稻瘟灵（isoprothiolane，富士一号）

【化学名称】 二异丙基-1,3-二硫戊环-α-基丙二酸酯

【主要理化性质】 纯品为白色晶体，熔点 54～54.5℃，水中溶解度 48mg/L(20℃)，易溶于苯、醇等有机溶剂。对光、温度及在 pH 值 3～10 均稳定。

【生物活性】 稻瘟灵为内吸杀菌剂，对稻瘟病有特效。稻株吸收药剂后累积于叶组织，特别集中于穗轴与枝梗，从而抑制病菌侵入和生长，起到预防与治疗作用。雄性和雌性大鼠急性经口 LD_{50} 分别为 1190mg/kg 和 1340mg/kg。

【制剂】 30%、40%稻瘟灵乳油，40%稻瘟灵可湿性粉剂。

【使用方法】 防治水稻稻瘟病叶瘟在发病初期用450～675g/hm^2(a.i) 喷雾，到抽穗期和齐穗期再各喷1次。

4. 嘧霉胺（pyrimethanil，施佳乐）

【化学名称】 *N*-(4,6-二甲基嘧啶-2-基) 苯胺

【主要理化性质】 原药为无色晶体，熔点96.3℃，蒸气压2.2mPa（25℃），难溶于水，能溶于大多数有机溶剂。

【生物活性】 嘧霉胺主要抑制灰葡萄孢霉的孢子萌发和菌丝生长，用于防治各种作物灰霉病，大鼠急性经口 LD_{50} 为4150～5971mg/kg。

【制剂】 20%嘧霉胺可湿性粉剂、40%嘧霉胺悬浮剂、40%嘧霉胺水分散粒剂。

【使用方法】 防治番茄、黄瓜灰霉病用472.5～577.5g/hm^2(a.i) 喷雾。

（五）甲氧基丙烯酸酯类杀菌剂

1. 嘧菌酯（azoxystrobin，阿米西达）

【化学名称】 (*E*)-{2-[6-(2-二氰基苯氧基)嘧啶-4-氧基]苯基}-3-甲氧基丙烯酸甲酯

【主要理化性质】 原药为浅棕色固体，无特殊气味，熔点为116℃，水中溶解度为6.7g/L（20℃），易溶于有机溶剂。

【生物活性】 嘧菌酯具有保护、治疗和抗产孢作用，具内吸和跨层转移作用。高效、广谱，对几乎所有的子囊菌、担子菌、鞭毛菌和半知菌都有很高的杀菌活性。大小鼠急性经口 $LD_{50}>5000mg/kg$。

【制剂】 50%嘧菌酯水分散粒剂、250g/L嘧菌酯悬浮剂。

【使用方法】 防治黄瓜霜霉病、辣椒炭疽病用120～180g/hm^2(a.i)，番茄早疫病用90～120g/hm^2(a.i)，葡萄霜霉病、香蕉叶斑病稀释1000～2000倍液喷雾。

2. 醚菌酯（kresoxim-methyl，翠贝）

【化学名称】 甲基(*E*)-2-甲氧基亚氨基-2-[2-(*O*-甲苯氧基)苯基]醋酸盐

【主要理化性质】 原药为白色晶体，带芳香味，20℃密度1.258kg/L，熔点101℃，难溶于水，易溶于有机溶剂。

【生物活性】 醚菌酯具有保护、治疗和铲除作用，对大多数子囊菌、担子菌和半知菌都有良好的杀菌活性。大鼠急性经口 $LD_{50}>5000mg/kg$。

【制剂】 50%醚菌酯水分散粒剂。

【使用方法】 50%醚菌酯水分散粒剂防治黄瓜、草莓白粉病用200～300g/hm^2 喷雾，苹果斑点落叶病用250～333.4mg/kg喷雾。

（六）吗啉类杀菌剂

1. 烯酰吗啉（dimethomorph，安克）

【化学名称】 4-[3-(4-氯苯基)3-(3,4-二甲氧基苯基)丙烯酰]吗啉

【主要理化性质】 无色结晶，熔点为127～148℃，水中溶解度小于50mg/L(20～23℃)，在暗处可稳定保存5年以上。

【生物活性】 烯酰吗啉是专一杀卵菌纲真菌杀菌剂，具有保护和抗产孢作用，对霜霉属、疫霉属特别有效，对腐霉属效果稍差。大鼠急性经口 LD_{50} 为4300mg/kg（雄），3500mg/kg（雌）。

【制剂】 50%烯酰吗啉可湿性粉剂、10%烯酰吗啉水乳剂。

【使用方法】 防治黄瓜霜霉病用225～300g/hm^2(a.i)，辣椒疫病用300～450g/hm^2

(a.i)，烟草黑胫病用 202.5～300g/hm^2(a.i)，葡萄霜霉病稀释 2000～3000 倍液，使用方法为喷雾。

2. 氟吗啉 (flumorph)

【化学名称】 (*E*,*Z*)4-[3-(3′,4′-二甲氧基苯基)-3-(4-氟苯基)丙烯酰]吗啉

【主要理化性质】 原药为浅黄色固体。熔点 110℃～135℃，水中溶解度（25℃）低于 0.02g/L；微溶于石油醚，溶于甲苯、二甲苯、乙酸乙酯、丙酮等有机溶剂。在酸性及弱碱性介质中稳定。

【生物活性】 氟吗啉具有保护及治疗作用。对霜霉科和疫霉属所引起的真菌病害有优异的防治效果，对黄瓜霜霉病具有良好的防治效果。大鼠急性经口 LD_{50} 为 2710mg/kg（雄），3160mg/kg（雌）。

【制剂】 20%氟吗啉可湿性粉剂。

【使用方法】 防治黄瓜霜霉病用 375～750 g/hm^2。

（七）其他类杀菌剂

1. 氨基甲酸酯类杀菌剂

霜霉威 (propamocarb，普力克)

【化学名称】 *N*-[3-(二甲基氨基)丙基]氨基甲酸丙酯盐酸盐

【主要理化性质】 纯品为无色吸湿性晶体，熔点 45～55℃，蒸气压（25℃）8×10^{-4}Pa；易溶于水、甲醇、二氯甲烷等。

【生物活性】 专用于防治卵菌病害，特别是用于疫霉菌和腐霉菌，也用防治多种作物的霜霉病。大鼠急性经口 LD_{50} 为 2000～2900mg/kg。

【制剂】 722g/L 霜霉威水剂。

【使用方法】 722g/L 霜霉威水剂防治黄瓜猝倒病、疫病用 400～600 倍液苗床浇灌，防治黄瓜霜霉病用 600～1000 倍液喷雾，防治辣椒疫病用 600～900 倍液喷雾。

2. 嘧啶类杀菌剂

嘧菌环胺 (cyprodinil，和瑞)

【化学名称】 4-环丙基-6-甲基-*N*-苯基嘧啶-2-胺

【主要理化性质】 纯品为粉状固体，有轻微气味；熔点 75.9℃；蒸气压（25℃）5.1×10^{-4}Pa；难溶于水，易溶于丙酮、甲苯等有机溶剂。

【生物活性】 嘧菌环胺具有保护、治疗、叶片穿透及根部内吸活性。对由半知菌和子囊菌引起的病害如灰霉病、斑点落叶病等有极好的防治效果。大鼠急性经口 $LD_{50}>$ 2000mg/kg。

【制剂】 50%嘧菌环胺水分散粒剂。

【使用方法】 50%嘧菌环胺水分散粒剂防治辣椒、草莓灰霉病用 60～96g/亩，葡萄灰霉病 625～1000 倍液，使用方法为喷雾。

3. 甲氧基丙烯酸酯类杀菌剂

吡唑醚菌酯 (ovraclostrobin，凯润)

【化学名称】 甲基(*N*)-[[1-(4-氯苯)吡唑-3-基-氧]-*O*-甲氧基]-*N*-甲氧氨基甲酸酯

【主要理化性质】 纯品为白色至浅米色结晶体，无味。溶点 63.7～65.2℃。蒸气压 26×10^{-8}Pa（20～25℃），难溶于水，易溶于甲苯、二氯甲烷、丙酮等有机溶剂。

【生物活性】 吡唑醚菌酯具有保护、治疗、叶片渗透传导作用。对黄瓜白粉病、霜霉病和香蕉黑星病、叶斑病有较好的防治效果，作用迅速，持效期长。大鼠急性经口 $LD_{50}>$

5000mg/kg。

【制剂】 250g/L吡唑醚菌酯乳油。

【使用方法】 防治黄瓜白粉病、霜霉病的制剂用药量为20～40ml/亩。防治香蕉黑星病、叶斑病稀释为1000～3000倍液，使用方法为喷雾。

4. 啶菌噁唑（灰霉净，菌思奇）

【化学名称】 *N*-甲基-3-(4-氯)苯基-5-甲基-5-吡啶-3-甲基-噁唑啉

【主要理化性质】 原药为稳定的均相液体，无可见的悬浮物和沉淀物。易溶于丙酮、氯仿、乙酸乙酯、乙醚，微溶于石油醚，不溶于水。在水中、日光或避光下稳定。

【生物活性】 啶菌噁唑属甾醇合成抑制性杀菌剂，具有保护和治疗作用。通过根部施药能有效地控制地上叶部病害的发生与危害，具有广谱的杀菌活性。大鼠急性经口 LD_{50}＞4640mg/kg。

【制剂】 25%啶菌噁唑乳油。

【使用方法】 番茄灰霉病200～400g/hm²(a.i)喷雾。

5. 噻唑酰胺类杀菌剂

噻呋酰胺（thifluzamide，满穗）

【化学名称】 2,6-二溴-2-甲基-4-三氟甲氧基-4-三氟甲基-1,3-噻唑-5-羰酰代苯胺

【主要理化性质】 纯品为白色至浅棕色粉状固体，熔点177.9～178.6℃，水中溶解度(20℃)1.6mg/L，蒸气压（25℃）1.06×10^{-8}Pa，在pH5～9时稳定。

【生物活性】 该药具有较强的内吸作用，持效期长。可防治多种植物病害，特别是担子菌丝核菌属真菌所引起的病害。大鼠急性经口 LD_{50}＞5000mg/kg。

【制剂】 240g/L噻呋酰胺悬浮剂。

【使用方法】 防治水稻纹枯病施药适期为水稻分蘖末期至孕穗初期，每亩用24%噻氟菌胺14～25ml兑水喷雾。

三、生物源杀菌剂

1. 春雷霉素（kasugamycin，春日霉素）

【化学名称】 [5-氨基-2-甲基-6-(2,3,4,5,6-羰基环已基氧代)吡喃-3-基]氨基-α-亚氨醋酸

【主要理化性质】 春雷霉素是一种小金色放线菌所产生的代谢物，其盐酸盐为无色针状晶体，熔点202～204℃（分解），易溶于水，微溶于甲醇，不溶于丙酮、乙醇等。在酸性和中性溶液中比较稳定，强酸或碱性溶液中不稳定，室温下稳定。

【生物活性】 春雷霉素是农用抗生素，具有较强的内吸性，该药主要干扰氨基酸的代谢酯酶系统，从而影响蛋白质的合成，抑制菌丝伸长和造成细胞颗粒化，但对孢子萌发无影响。小鼠急性经口 LD_{50}＞8000mg/kg。

【制剂】 2%、4%、6%春雷霉素可湿性粉剂。

【使用方法】 防治柑橘树溃疡病50～66.7mg/kg(a.i)喷雾，防治水稻稻瘟病30～36g/hm²(a.i)喷雾，防治黄瓜细菌性角斑病、番茄叶霉病180～270g/hm²(a.i)喷雾，黄瓜枯萎病56.25～75g/hm²(a.i)灌根。

2. 多抗霉素（polyoxin，多氧霉素）

【化学名称】 肽嘧啶核苷

【主要理化性质】 多抗霉素是链霉菌产生的肽嘧啶核苷类抗生素。含有A～N 14种同

系物，主要为多抗霉素B和多抗霉素D。多抗霉素B为无定形粉末，在水中溶解度为1kg/L（20℃）；多抗霉素D为无色结晶，在水中溶解度小于200mg/L(20℃)，也难溶于有机溶剂。对紫外线稳定，在酸性和中性溶液中稳定，在碱性溶液中不稳定。

【生物活性】 多抗霉素系广谱性抗生素类，具有较好的内吸传导作用，其作用机制是干扰病菌细胞壁几丁质的生物合成，芽管和菌丝体接触药剂后，局部膨大，破裂，溢出细胞内含物，而不能正常发育，导致死亡，还有抑制病菌产孢和病斑扩大作用。对由交链孢菌和灰葡萄孢霉引起的病害有良好的防治效果。主要防治小麦白粉病、烟草赤星病、黄瓜霜霉病、瓜类枯萎病、人参黑斑病、水稻纹枯病、苹果斑点落叶病、草莓及葡萄灰霉病、林木枯梢及梨黑斑病等多种真菌病害。大鼠急性经口LD_{50}＞21000mg/kg。

【制剂】 1.5%、2%、3%多抗霉素可湿性粉剂。

【使用方法】 防治番茄叶霉病用150～210g/hm^2(a.i)，番茄晚疫病用160～270g/hm^2(a.i)，苹果树斑点落叶病用10～15mg/kg(a.i)，烟草赤星病用27～45g/hm^2(a.i)。使用方法为喷雾。

3. 井冈霉素（jinggangmycin，有效霉素）

【化学名称】 *N*-[(1*S*)-(1,4,6/5)-3-羟甲基-4,5,6-三羟基-2-环己烯基][*O*-*β*-D-吡喃葡萄糖基-(1→3)]-1*S*-(1,2,4/3,5)-2,3,4-三羟基-5-羟甲基-环己基胺

【主要理化性质】 井冈霉素是由吸水链霉菌井冈变种产生的水溶性抗生素——葡萄糖苷类化合物。共有6个组分，主要活性物质为井冈霉素A和井冈霉素B。纯品为无色无味吸湿性粉末，熔点130～135℃（分解），易溶于水，溶于甲醇、二甲基甲酰胺，微溶于乙醇和丙酮，难溶于乙醚和乙酸乙酯，室温下中性和碱性介质中稳定，酸性介质中不太稳定。

【生物活性】 井冈霉素是内吸作用很强的农用生菌素，当水稻纹枯病菌的菌丝接触到井冈霉素后，能很快被菌体细胞吸收并在菌体内传导，干扰和抑制菌体细胞正常生长发育，从而起到治疗作用。井冈霉素也可用于防治小麦纹枯病、稻曲病等。小鼠急性经口LD_{50}＞20000mg/kg。

【制剂】 3%、5%、10%井冈霉素水剂，5%、10%、20%井冈霉素可溶性粉剂。

【使用方法】 防治水稻纹枯病用150～187.5g/hm^2(a.i) 喷雾、泼浇。

4. 链霉素（streptomycin，农用硫酸链霉素）

【化学名称】 2,4-二胍基-3,5,6-三羟基环己基-5-脱氧-2-脱氧-2-甲氨基-2-L-吡喃葡萄基-3-*C*-甲酰-*β*-L-来苏戊呋喃糖苷

【主要理化性质】 链霉素是灰链丝菌分泌的抗生素。原粉为白色粉末，易溶于水，不溶于大多数有机溶剂。低温下比较稳定，高温下长时间存放及碱性条件下易分解失效。

【生物活性】 链霉素属抗生素杀菌剂，对多种作物的细菌性病害有防治作用，对一些真菌病害也有一定的防治作用。大鼠急性经口LD_{50}＞9000mg/kg。

【制剂】 72%农用硫酸链霉素可溶性粉剂。

【使用方法】 防治白菜软腐病、柑橘树溃疡病、水稻白叶枯病、番茄青枯病、溃疡病用3000～4000倍液喷雾。

5. 嘧啶核苷类抗生素（农抗120）

【化学名称】 嘧啶核苷

【主要理化性质】 原药为白色粉末，熔点165～167℃（分解），易溶于水，不溶于有机溶剂，在酸性和中性介质中稳定，碱性介质中不稳定。

【生物活性】 嘧啶核苷是一种广谱抗生素，它对许多植物病原菌有强烈的抑制作用，对

瓜类白粉病、花卉白粉病和小麦锈病防效较好。小鼠静注 LD_{50} 124.4mg/kg。

【制剂】 2%、4%嘧啶核苷类抗生素水剂。

【使用方法】 小麦锈病、白菜黑斑病、瓜类及葡萄的白粉病、西瓜枯萎病用 100mg/kg (a.i) 喷雾。

6. 烟酰胺（boscalid，凯泽）

【化学名称】 2-氯-*N*-(4′-氯二苯-2-基) 烟酰胺

【生物活性】 烟酰胺具有保护和治疗作用，杀菌谱广。除对灰霉病和菌核病有防效外，对早疫病、黑斑病、斑枯病、叶枯病、叶斑病、蔓枯病、白粉病、锈病、枯萎病和青霉烂果病等也有良好的防效。持效期长，耐雨水冲刷，喷施后半小时降雨不影响药效。大鼠急性经口 $LD_{50}>2000$mg/kg。

【制剂】 50%烟酰胺水分散粒剂。

【使用方法】 50%烟酰胺水分散粒剂防治灰霉病用 1000～1500 倍液喷雾。

四、混配杀菌剂

1. 克露

【作用特点】 由霜脲氰和代森锰锌混配而成，具有保护兼治疗作用，不易产生抗性，对马铃薯、番茄晚疫病，黄瓜、葡萄霜霉病等蔬菜果树上的病害有很好防效。

【制剂】 72%代森锰锌·霜脲氰可湿性粉剂（含 64%代森锰锌和 8%霜脲氰）。

【使用方法】 防治黄瓜霜霉病用 133～167g/hm^2，防治番茄晚疫病用 130～180g/hm^2，防治荔枝树霜霉病、疫霉病用 500～700 倍。使用方法为喷雾。

2. 噁霜锰锌（杀毒矾）

【作用特点】 噁霜锰锌由噁霜灵和代森锰锌混配而成，具有保护和治疗双重功效。专用于防治霜霉科、白锈科和腐霉科等真菌所引起的烟草黑胫病、黄瓜霜霉病等。

【制剂】 64%噁霜·锰锌可湿性粉剂（含 8%噁霜灵和 56%代森锰锌）。

【使用方法】 防治黄瓜霜霉病用 172～203g/亩，防治烟草黑胫病用 203～250g/亩。使用方法为喷雾。

3. 春雷·王铜（加瑞农）

【作用特点】 春雷·王铜是春雷霉素与王铜的复配剂，具有保护和治疗作用。适用于蔬菜、果树上防治多种真菌及细菌性病害。

【制剂】 50%春雷·王铜可湿性粉剂（含 5%春雷霉素和 45%王铜）、47%春雷·王铜可湿性粉剂（含 2%春雷霉素和 45%王铜）。

【使用方法】 防治柑橘溃疡病 625～1000mg/kg(a.i)，番茄叶霉病用 661.5～877.5g/hm^2(a.i)。黄瓜霜霉病、荔枝树霜霉病、疫霉病用 587.5～783.3mg/kg(a.i) 喷雾。

4. 精甲霜·锰锌（金雷）

【作用特点】 精甲霜·锰锌是精甲霜灵与代森锰锌的复配剂，具有保护和治疗作用。专用于防治卵菌纲引起多种作物的霜霉病、疫霉病、疫病、晚疫病等病害。

【制剂】 68%精甲霜·锰锌水分散粒剂（含 4%精甲霜灵和 64%代森锰锌）。

【使用方法】 防治番茄晚疫病、黄瓜霜霉病、辣椒疫病、马铃薯晚疫病、葡萄霜霉病、西瓜疫病、烟草黑胫病 100～120g/亩，荔枝霜霉病、疫病稀释 800～1000 倍喷雾。

5. 锰锌·氟吗啉（施得益）

【作用特点】 锰锌·氟吗啉由氟吗啉和代森锰锌复配而成，有预防和治疗作用，适用于

黄瓜霜霉病的防治，对作物安全。

【制剂】 50%锰锌·氟吗啉可湿性粉剂（含 43.5%代森锰锌和 6.5%氟吗啉）。

【使用方法】 防治番茄晚疫病、黄瓜霜霉病、辣椒疫病、葡萄霜霉病、烟草黑胫病稀释 500～750 倍液喷雾使用。

6. 唑醚·代森联（百泰）

【作用特点】 唑醚·代森联具有阻止病菌侵入，防止病菌扩散和清除体内病菌三重作用，持效期长达 14 天以上，对作物安全。主要用于防治瓜果、蔬菜的霜霉病，在草坪、园林植物上除用于霜霉病的防治外，对褐斑病、白粉病、斑枯病等病害有明显的效果。促进氮、二氧化碳的吸收，抑制二氧化碳的逃逸，进而增强作物的抵抗力。

【制剂】 60%吡唑醚菌酯·代森联水分散粒剂（含 55%代森联和 5%吡唑醚菌酯）。

【使用方法】 在发病前或发病早期使用稀释 1000～2000 倍液均匀喷雾。

7. 苯甲·丙环唑（爱苗）

【作用特点】 苯甲·丙环唑是一种具有保护和治疗作用的广谱性杀菌剂，可防治子囊菌、担子菌和半知菌所引起的病害。

制剂 300g/L 苯醚甲环唑·丙环唑乳油（含 150g/L 苯醚甲环唑和 150g/L 丙环唑）。

【使用方法】 防治水稻纹枯病亩用 15ml 兑水 50～60L 喷雾防治。

8. 丙森·缬霉威（霉多克）

【作用特点】 丙森·缬霉威是德国拜耳公司为防治霜霉病而特别开发的广谱杀菌剂。主要成分是丙森锌和缬霉威，它含有内吸性全新化合物，具保护、治疗和铲除作用；广谱杀菌，持效期长，尤其针对黄瓜、葡萄、辣椒、番茄、西瓜、荔枝和白菜等作物上的霜霉病、疫病等有极高防效。丙森锌又富含有机锌，可防治“小叶病”和提高果实品质，从而达到“杀菌”、“补锌”一举两得。

【制剂】 66.8%丙森锌·缬霉威可湿性粉剂（含 61.3%丙森锌和 5.5%缬霉威）。

【使用方法】 800～1000 倍兑水稀释，均匀充分喷雾至叶片。

第四节 杀线虫剂

杀线虫剂按防治对象分为两类：一类是专性杀线虫剂，即在使用浓度下只对线虫有活性的农药；另一类是兼性杀线虫剂，即在使用浓度下对土壤中大多数生物都有活性的农药。按作用方式不同，杀线虫剂可分为熏蒸性杀线虫剂和非熏蒸性杀线虫剂。按化学结构主要分为五类：①卤代烃类，如溴甲烷（参见第七章杀虫剂）；②硫代异硫氰酸甲酯类，如威百亩；③有机磷类，如苯线磷；④氨基甲酸酯类，如克百威（参见第七章杀虫剂）；⑤生物源类，如厚孢轮枝菌等。

一、硫代异硫氰酸甲酯类杀线虫剂

1. 威百亩（metam-sodium，维巴姆）

【化学名称】 *N*-甲基二硫代氨基甲酸钠

【主要理化性质】 原药为白色具刺激气味的结晶样粉末状物，水中溶解度（20℃）为 77.2g/L，不溶于大多数有机溶剂。在碱液中稳定，遇酸和重金属盐则分解，在湿土中分解成异硫氰酸甲酯起熏蒸作用。

【生物活性】 威百亩是一种杀菌、杀线虫和除草的土壤熏蒸剂，具有内吸作用，在土中

分解成异硫氰酸甲酯对植物有毒害。使用不当易产生药害。雄大鼠急性经口 LD_{50} 为 820mg/kg。

【制剂】 35%威百亩水剂。

【使用方法】 防治黄瓜、番茄根结线虫用 21000～31500g/hm^2(a.i) 沟施（待土壤中药剂挥发完后再种植）。

2. 棉隆（dazomet，必速灭）

【化学名称】 四氢-3,5-二甲基-1,3,5-噻二唑-2-硫酮

【主要理化性质】 原药为白色晶体，熔点 104～105℃，水中溶解度（20℃）为 0.3g/L，易溶于丙酮、氯仿等有机溶剂。常规条件下贮存稳定，但遇湿易分解。

【生物活性】 棉隆系广谱杀线虫剂，兼治土壤真菌、地下害虫及杂草，易于在土壤及其他基质中扩散，杀线虫作用全面而持久，并能与肥料混用。该药使用范围广，可防治多种线虫，不会在植物体内残留，对鱼有毒，易污染地下水。大鼠急性经口 LD_{50} 为 640mg/kg。

【制剂】 98%棉隆颗粒剂。

【使用方法】 防治花卉线虫用 30～40g/m^2(a.i) 土壤处理，烟草根结线虫用 29.4～39.2g/m^2(a.i) 播前土壤处理。

二、有机磷类杀线虫剂

1. 硫线磷（cadusafos，克线丹）

【化学名称】 *S*,*S*-二仲丁基-*O*-乙基二硫代磷酸酯

【主要理化性质】 原油为无色至黄色液体，沸点 112～114℃(0.8mmHg)，水中溶解度 24.1mg/L，可溶于己烷、甲苯、二氯甲烷、甲醇等，常温下稳定。

【生物活性】 硫线磷被植物吸收后很快水解而消失，在作物体内残留量极少。大鼠急性经口 LD_{50} 为 37.1mg/kg。

【制剂】 5%、10%硫线磷颗粒剂。

【使用方法】 防治黄瓜根结线虫用6000～7500g/hm^2(a.i) 撒施，柑橘树根结线虫 6000～12000g/hm^2(a.i) 沟施或撒施，甘蔗线虫 3000～6000g/hm^2(a.i) 沟施。

2. 灭线磷（ethoprophos，丙线磷）

【化学名称】 *O*-乙基-*S*,*S*-二丙基二硫代磷酸酯

【主要理化性质】 原药为淡黄色液体，沸点 86～91℃，相对密度 1.094(20℃)，水中溶解度 700 mg/L（20℃），溶于大多数有机溶剂，中性和弱酸性环境中稳定，碱中迅速分解。

【生物活性】 灭线磷是一种触杀性杀线虫剂和杀虫剂，无熏蒸和内吸作用，杀线虫谱广，可防治多种线虫，对大部分地下害虫也具有良好的防效。原药大鼠急性经口 LD_{50} 为 62mg/kg。颗粒剂大鼠急性经口 LD_{50} 为 720mg/kg。

【制剂】 10%、20%灭线磷颗粒剂。

【使用方法】 水稻瘿蚊 1500～1800g/hm^2(a.i) 拌细沙撒施，花生根结线虫 4500～5250g/hm^2(a.i) 沟施。

3. 苯线磷（fenamiphos，克线磷）

【化学名称】 *O*-乙基-*O*-(3-甲基-4-甲硫基) 苯异丙基氨基磷酸酯

【主要理化性质】 纯品为无色晶体，熔点 46℃，水中溶解度 0.04g/L（20℃），易溶于

有机溶剂。在中性介质中稳定，在酸性或碱性介质中缓慢分解。

【生物活性】 具有触杀和内吸作用的杀线虫剂。药剂从根部进入植物体，在植物体内上下传导并能很好地分布在土壤中，借助雨水和灌溉水进入作物根层。对作物有良好的耐药性，不会产生药害。原药雄性大鼠急性经口 LD_{50} 为 15.3mg/kg，急性经皮 LD_{50} 为 500mg/kg。

【制剂】 10%苯线磷颗粒剂。

【使用方法】 防治花生线虫每亩用10%颗粒剂 2000～4000g，防治柑橘线虫病每亩用3000～5000g，随播种施入或在生长期施入根际附近的土壤中。

4. 氯唑磷（isazofos，米乐尔）

【化学名称】 *O*,*O*-二乙基-*O*-(5-氯代-1-异丙基-1,2,4 三唑-3-基) 硫代磷酸酯

【主要理化性质】 纯品为黄色液体，沸点 120℃(36Pa)，蒸气压 7.45×10^{-3} Pa(20℃)，相对密度 1.23(20℃)，水中溶解度 168mg/L(20℃)，溶于氯仿、甲醇、苯等有机溶剂，中性和微酸性条件下稳定，在碱性介质中不稳定。

【生物活性】 氯唑磷作为杀线虫剂和杀虫剂，抑制胆碱酯酶的活性，干扰线虫、昆虫神经系统的协调作用而导致死亡。大鼠急性经口 LD_{50} 为 40～60mg/kg，急性经皮 LD_{50} 为 250～700mg/kg。

【制剂】 3%氯唑磷颗粒剂。

【使用方法】 防治水稻飞虱、瘿蚊、三化螟用 450g/hm^2(a.i) 撒毒土，防治甘蔗螟用 2250～2700g/hm^2(a.i) 沟施。

三、生物源杀线虫剂

1. 淡紫拟青霉菌（*Paecilomyces lilacinus*，防线霉、线虫清）

【主要理化性质】 原药为淡紫色粉末，为活体真菌杀线虫剂，固体制剂为灰黑色颗粒(粒径 2～4mm)，含菌量>2 亿/g。

【生物活性】 该药入土后，孢子萌发长出很多菌丝，菌丝碰到线虫的卵，分泌几丁质酶，从而破坏卵壳的几丁质层，菌丝得以穿透卵壳，以卵内物质为养料大量繁殖，使卵内的细胞和早期胚胎受破坏，不能孵出幼虫。大鼠急性经口、经皮 LD_{50} > 5000mg/kg。

【制剂】 2 亿孢子/g 淡紫拟青霉菌粉剂。

【使用方法】 22.5～30kg/hm^2 制剂穴施。

【注意事项】 ①本剂不能与杀菌剂混用。②拌过药剂的种子应及时播入土中，不能在阳光下暴晒。施用时不宜与水或含水高的湿土混合。

2. 厚孢轮枝菌（*Verticillium chlamydosporium* ZK7，线虫必克）

【主要理化性质】 母粉为淡黄色粉末，以活体微生物厚孢轮枝菌孢子为主要活性成分，是经发酵而生成的分生孢子和菌丝体。

【生物活性】 厚孢轮枝菌施入土壤后迅速萌发繁殖，捕杀线虫并抑制线虫卵的繁殖，对烟草、蔬菜根结线虫有很好的防治效果，对其他作物线虫危害有较好防效；同时该产品施用后对各种地下害虫有趋避作用。母粉对雌、雄大鼠急性经口 LD_{50} 均大于 5000mg/kg，急性经皮 LD_{50} 均大于 2000mg/kg。

【制剂】 2.5 亿个孢子/g 厚孢轮枝菌微粒剂。

【使用方法】 22.5～30kg/hm^2 制剂穴施。

复习思考题

1. 植物病害化学防治的原理是什么？
2. 杀菌剂的使用方法有哪些？
3. 简述波尔多液和石硫合剂的防病特点，两者是否可以混合使用？
4. 杀线虫剂可分为哪些类型？

第九章　除　草　剂

知识目标

- 了解除草剂的分类及除草剂的选择性原理。
- 了解除草剂的作用机制，了解除草剂的吸收和输导特性，掌握除草剂的使用方法。
- 了解影响除草剂药效与引起药害的环境因素，了解除草剂对杂草生态系统的影响。
- 掌握除草剂混用的基本原则，掌握不同种类除草剂的作用特点、适用范围及防除对象。

技能目标

- 掌握除草剂常用类型及其品种的使用技术
- 能根据田间杂草种类选择不同种类除草剂品种，并能合理混合使用。

用来防除杂草及有害植物的药剂叫除草剂。农田化学除草已成为现代化农业生产的重要组成部分，使用除草剂防除农田杂草，具有快速、高效、省工、省力的特点，但在使用过程中，应掌握好药剂的适用作物范围、施药时期、施药方法及用药量，科学合理地使用除草剂。

第一节　除草剂的分类

除草剂发展较快，种类繁多，按不同的角度可分成不同的类别。除草剂常见的分类方法主要有以下几种。

一、按作用性质分类

（1）选择性除草剂　在常用剂量下施用，能有选择性地杀死或抑制某些种类的植物，而对另一些种类的植物安全无害的药剂，称为选择性除草剂。这类除草剂可以在指定的作物田防除杂草，对作物安全。而在非指定作物田不能使用，否则将会伤害作物。如 2，4-D 丁酯，可用在禾本科作物田防除阔叶杂草，对禾本科作物安全。若误用棉田，将对棉花产生严重伤害。

（2）灭生性除草剂　药剂在植物间无选择性或选择性较差，施用后能杀伤所有接触药剂的植物，这类药剂称为灭生性除草剂。如草甘膦、百草枯等。这类除草剂既能防除杂草，也会伤害作物，一般用于非耕地或休闲地除草。通过合理的方法施用，也可用在农作物田防除杂草。如百草枯在果园定向喷雾施药，可杀死杂草，对果树安全无害。

二、按输导性能分类

（1）输导型除草剂　药剂能被植物的根、茎、叶等部位吸收，并在植物体内传导运输，扩散到整株或到达敏感部位发挥作用，杀死杂草。如2甲4氯、草甘膦等。这类除草剂一般通过传导作用可到达植物的地下部位，破坏杂草的根系及地下繁殖器官，杀死整株杂草。

（2）触杀型除草剂　药剂不能在植物体内传导运输，只停留在植物接触药剂的部位，杀伤或杀死接触药剂的植物组织或器官。如乙羧氟草醚、百草枯等。这类除草剂一般只能杀死杂草的地上部分，不能杀死杂草的根系及地下繁殖器官。

三、按使用方法分类

（1）土壤处理剂　使用时把药剂施于土壤表面或混入浅层土壤中，形成一个药剂处理层，杀死刚萌芽没出土的杂草，这类药剂称为土壤处理剂。如乙草胺、氟乐灵等。该类除草剂一般在杂草出土前施用，杂草已出土后再施药，效果不好。

（2）茎叶处理剂　使用时把药剂喷洒在杂草茎叶上，靠茎叶吸收、传导杀死杂草。这类药剂称为茎叶处理剂。如苯磺隆、百草枯等。该类药剂一般在田间杂草基本出齐后施用，对施药时还没有出土的杂草无效。

（3）茎叶土壤兼用处理剂　药剂既可作土壤处理使用，也可作茎叶处理使用。如莠去津等。

四、按施药时间分类

（1）芽前除草剂　药剂主要通过萌动期的杂草幼芽吸收，杀死出土前的杂草幼芽。如甲草胺、氟乐灵等。这类药剂一般在作物播种前或出苗前进行土壤处理施药，杀死萌动期的杂草，对已出土的杂草基本无效。

（2）芽后除草剂　药剂主要通过杂草的根、茎、叶吸收，在杂草出苗后，把除草剂直接喷洒到杂草茎叶上或土壤处理施药，杀死已出土的杂草。如精喹禾灵、溴苯腈、草甘膦等。这类药剂一般在作物出苗后使用，也可以在作物播种前或移栽前使用。

（3）芽前芽后兼用除草剂　药剂既能通过杂草幼芽吸收，又能通过根、茎、叶吸收，对萌芽期和出土后的杂草都有效。如莠去津、烟嘧磺隆、砜嘧磺隆等，这类药剂既可以作茎叶处理使用，也可以作土壤处理使用。

五、按除草剂成分及来源分类

1. 生物除草剂

利用微生物或其代谢产物、含有杀草活性成分的植物、食草性昆虫等，经加工或饲养制成的防除杂草的制剂或生物称为生物除草剂。按其来源可分为微生物除草剂、植物除草剂和动物除草剂3种类型。如鲁保1号、双丙氨膦等。

2. 无机除草剂

由无机化学物质制成的除草剂称无机除草剂。如氯酸钾、硫酸铜、亚砷酸钠等。

3. 有机合成除草剂

由人工合成的有机化合物质加工制成的除草剂称有机合成除草剂。目前，农业生产上使用的除草剂多数都是有机合成除草剂。该类药剂按化学结构可进一步划分成不同的类别，同类结构的除草剂具有相似的理化性质、作用方式及杀草活性，以此划分，便于掌握各种除草

剂的适用作物及应用方法。有机合成除草剂按化学结构主要分为以下一些类型。

（1）苯氧羧酸类除草剂　这类药剂属于选择性、输导型、激素类除草剂，能被杂草根茎叶吸收，作用机理是干扰植物体内激素的平衡，使杂草生长异常，茎叶扭曲、畸形，最终死亡。主要用于禾本科作物田，防除阔叶杂草和部分莎草科杂草。常用品种有 2，4-D 类和 2 甲 4 氯类。

（2）芳氧苯氧基丙酸酯类除草剂　这类药剂属于选择性、输导型除草剂，具有很强的茎叶吸收活性。以茎叶处理为主，多用于阔叶作物田，防除禾本科杂草，少数品种也可用于水稻、高粱田。作用机理是抑制脂肪酸的合成。常用品种有喹禾灵、氟吡甲禾灵、精吡氟禾草灵、精噁唑禾草灵、氰氟草酯、喹禾糠酯等。

（3）二硝基苯胺类除草剂　这类药剂属于选择性、触杀型土壤处理剂，在作物播种前或播后苗前使用。杀草谱广，对一年生禾本科杂草高效，还能防除部分一年生阔叶杂草。药剂易挥发，易光解，药剂在土壤中持效期中等，对大多数后茬作物安全。常用品种有氟乐灵、二甲戊乐灵、地乐胺等。

（4）三氮苯类除草剂　这类药剂属于选择性、输导型除草剂，多为土壤处理剂，易被植物根部吸收，向顶传导，叶部吸收后不能传导。药剂在土壤中有较强的吸附性，淋溶性较小，多数品种性质稳定，持效期较长。作用机制主要抑制植物光合作用中的电子传递。常用品种有莠去津、西玛津、扑草净、氰草津、嗪草酮等。

（5）酰胺类除草剂　这类药剂属于选择性除草剂，多数品种有内吸输导作用，能防除一年生禾本科和部分阔叶杂草。多数品种是土壤处理剂，少数品种是茎叶处理剂。作用机制主要是抑制淀粉酶和蛋白质酶的活性。常用品种有乙草胺、异丙甲草胺、丁草胺、甲草胺、丙草胺等。

（6）二苯醚类除草剂　这类药剂多为触杀型除草剂，可被植物吸收，但不易传导。防除一年生杂草和种子繁殖的多年生杂草幼芽，多数对阔叶杂草防除效果好于禾本科杂草。一些品种有光活化作用，必须在光的照射下才能发挥杀草活性。常用品种有氟磺胺草醚、乙羧氟草醚、三氟羧草醚、乙氧氟草醚、乳氟禾草灵等。

（7）磺酰脲类除草剂　这类药剂选择性强，对作物安全。杀草活性高，田间用药量极低。杀草谱广，可防除阔叶杂草，部分品种对禾本科及莎草科杂草也有效。有内吸输导性，能被植物根茎叶吸收，既可作土壤处理，又可作茎叶处理。常用品种有氯磺隆、苯磺隆、甲磺隆、甲基二磺隆、苄嘧磺隆、烟嘧磺隆、砜嘧磺隆等。

（8）氨基甲酸酯类除草剂　这类药剂可防除一年生禾本科杂草和部分阔叶杂草幼芽及幼苗，对成株杂草防效较差。多数品种在作物播种前或播后苗前使用，主要用于土壤处理。常用品种有禾草丹、禾草敌、哌草丹等。

（9）取代脲类除草剂　这类药剂属于选择性除草剂，土壤位差选择性较强。具有内吸输导性，通过植物根部吸收，茎叶吸收和传导作用较弱。一般在作物播种后出苗前用于土壤处理，防除一年生禾本科及阔叶杂草，杀草作用机制是抑制植物光合作用。常用品种有敌草隆、绿麦隆等。

（10）有机磷类除草剂　这类药剂选择性较差，多为灭生性除草剂，杀草谱广，能防除一年生及多年生杂草。常用品种有草甘膦、草铵膦等。

（11）杂环类及其他除草剂　除上述各类除草剂外，生产上还有一些广泛使用的除草剂品种属于不同的化学结构类型，如噁草酮、磺草酮、氟烯草酸、丙炔氟草胺、百草枯、溴苯腈等。

第二节　除草剂的选择性

除草剂在一定剂量下，通过一定的方法使用，能杀灭某些植物，而对另一些植物安全，这种现象称为除草剂的选择性。作物与杂草都属于高等植物，且生活在同一环境中，因此，要求除草剂具备特殊的选择性，对于无选择性或选择性不高的除草剂，通过恰当的施药方法也可使除草剂获得选择性，这样才能安全有效地用于农作物田防除杂草。除草剂的选择性原理，主要有以下六个方面。

一、位差选择性

利用作物与杂草在土壤中或空间分布位置的差异而获得的选择性，称为位差选择性。

1. 土壤位差选择

利用作物与杂草种子萌发深度或根系在土壤中位置的不同，施用除草剂后，使杂草种子或根系接触药剂，而作物种子或根系不接触药剂，从而杀死杂草，而不伤害作物。有两种方法可达到此目的。

(1) 播种后出苗前土壤处理　在作物播种后出苗前用药，药剂在土壤中1～2cm处形成含药层，这一浅层土壤恰好是大多数杂草种子的萌发层，杂草种子萌发时幼芽接触药剂而被杀死。作物种子播种较深，处在含药层以下，有覆土层保护，可正常发芽生长（图9-1）。

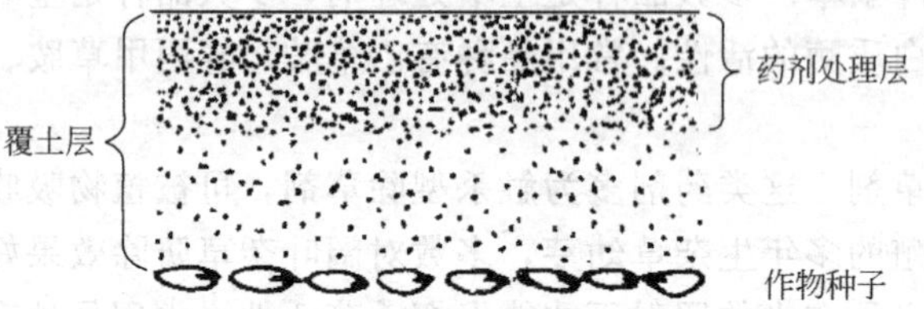

图9-1　播种后出苗前土壤处理法除草示意

利用位差选择性除草应注意：浅播小粒种子作物易产生药害；一些淋溶性强的除草剂，如西玛津等，药剂施用后下移较深，易导致药害产生；砂性及有机质含量低的土壤药剂向下淋溶，易造成药害；降雨后田间有积水，也易产生药害。

(2) 深根作物生育期土壤处理　一般作物的根系在土壤中分布较深，大多数杂草的根系分布在土壤浅层，在作物生长期土壤处理施药，可杀死根系分布在浅层的杂草，而对根系分布在深层的作物安全（图9-2）。如应用西玛津或敌草隆在果园及橡胶园除草。

2. 空间位差选择

利用作物与杂草在空间分布位置不同，让药剂只接触杂草，不接触作物。一些行距较宽且作物与杂草有一定高度差异的作物田或果园、林木等，使用灭生性除草剂除草时，可采用定向喷雾或保护性喷雾措施，使作物接触不到药剂，或药剂仅喷到作物非要害基部，只喷到杂草上（图9-3）。如玉米田、果园在作物生长期喷施百草枯除草。

二、时差选择性

利用作物与杂草发芽及出苗期早晚的差异而形成的选择性，称为时差选择性。一些除草剂对作物有较强的毒性，但药效快，持效期短。在作物种植前或移栽前施药，将田间已萌发的杂草杀死，待药剂失效后再种植作物。如百草枯用于作物播种前或移栽

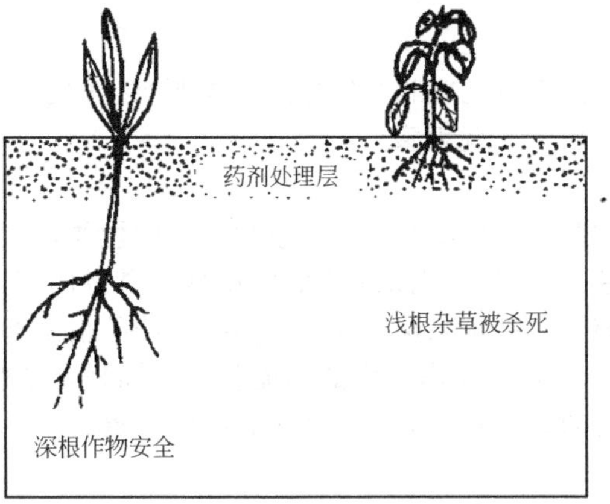

图 9-2 利用土壤位差选择除草示意

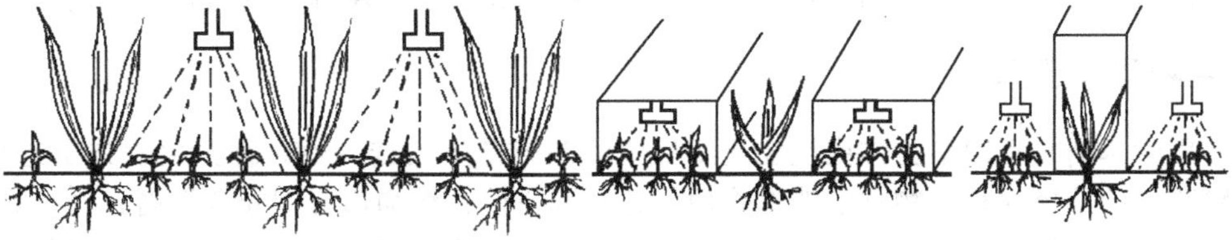

图 9-3 作物生育期行间处理

前，杀死已长出的杂草，而药剂在土壤中很快失去活性，施药后短期内即可安全地播种或移栽作物。

生产上在玉米、大豆免耕田中，将百草枯与苗前土壤处理剂混合使用，于作物播种后出苗前施药，靠时差选择性可杀死田间已出土的杂草，对作物安全，同时还有土壤封闭除草作用。

三、形态选择性

利用作物与杂草的形态差异而获得的选择性，称为形态选择性。不同种类的植物，其叶片形态、叶表面的结构及生长点位置不同，附着和吸收除草剂的能力存在着差异。附着和吸收药剂多的植物受害重，反之就轻。例如双子叶植物与单子叶植物在形态上差异很大（表9-1），喷洒除草剂时，单子叶植物附着和吸收药量少，不易被伤害；而双子叶植物附着和吸收药量多，易被杀死。田间使用 2,4-D 类或 2 甲 4 氯除草剂防除小麦、玉米或甘蔗田的双子叶杂草，而对作物安全，都与植物的形态差异有重要关系。

表 9-1 双子叶与单子叶植物形态差异与耐药性

组织 植物	叶　　片	生　长　点
单子叶	竖立，狭小，表面角质层和蜡质层较厚，叶片和茎秆直立，药液易滚落	顶芽为重重叶鞘所包围、保护，触杀性除草剂不易伤害分生组织
双子叶	平伸，面积大，叶表面角质层和蜡质层较薄，药液易在叶面上沉积	幼芽裸露，没有叶片保护，触杀性除草剂能直接伤害分生组织

四、生理选择性

植物的茎叶或根系对除草剂的吸收及输导的差异所产生的选择性，称为生理选择性。对除草剂易吸收、易输导的植物表现敏感。

1. 吸收差异

不同植物对除草剂的吸收程度不同，易吸收除草剂的植物，容易受到伤害。如黄瓜根部易吸收豆科威，表现敏感；而某些南瓜品种根部吸收豆科威的能力极弱，表现较高的耐药性。试验分别用黄瓜和南瓜作砧木嫁接，使两种嫁接植物的根系都接触豆科威，结果以黄瓜作砧木的地上茎叶萎蔫，而以南瓜作砧木的不受伤害。同样，植物的幼嫩叶片与老叶片相比，幼嫩叶片表面角质层薄，喷药时易吸收药剂，受害较重。

2. 输导差异

除草剂在不同植物体内的输导性有差异，输导速度快的植物对除草剂敏感。例如2,4-D类除草剂在双子叶植物体内输导速度高于单子叶植物，所以2,4-D类除草剂常用来防除单子叶作物田的双子叶杂草。又如扑草净在棉花体内不易输导，土壤施药后对棉花安全。

五、生物化学选择性

利用除草剂在不同植物体内生物化学反应的差异产生的选择性，称为生物化学选择性。多数除草剂的选择性是生物化学选择作用，这种选择性在作物田应用安全性高，属于除草剂真正意义的选择性。除草剂在植物体内进行的生物化学反应多数属于酶促反应，可分为活化反应与钝化反应两大类型。

1. 除草剂在植物体内活化反应差异产生的选择性

这类除草剂本身对植物无毒害或毒害较小，但在植物体内经过代谢而成为有毒物质。此类药剂杀草活性的强弱，主要取决于植物转变药剂的能力。转变能力强的植物将被杀死，而转变能力弱的植物则安全。例如，2甲4氯丁酸本身对植物并无毒害，但经植物体内β-氧化酶系的催化而产生的β-氧化反应，生成杀草活性强的2甲4氯。不同的植物体内β-氧化酶活性存在着差异，因而转化成2甲4氯丁酸的能力也就不同。大豆、芹菜、苜蓿等作物体内β-氧化酶的活性很低，不能将药剂大量转变成有毒的2甲4氯，故不会受害或受害很轻；而一些β-氧化能力强的杂草如荨麻、藜、蓟等，能将药剂大量转化成有毒的2甲4氯，故被杀死。

2. 除草剂在植物体内钝化反应的差异产生的选择性

这类除草剂本身对植物有毒害，但经植物体内酶或其他物质的作用钝化而失去活性。由于药剂在不同植物体内的代谢钝化反应速率与程度存在差异，因而产生了选择性。例如，敌稗在稻田防除稗草，对水稻安全，是因为在水稻体内含有酰胺水解酶，能将进入水稻体内的敌稗迅速水解，生成无活性的3,4-二氯苯胺和丙酸；而稗草体内含酰胺水解酶的量极少，难以分解钝化敌稗，仍能维持敌稗的杀草活性，故稗草受害死亡。

又如莠去津对玉米安全，对多种杂草有害，是因为药剂在玉米体内能发生脱氯反应、谷胱甘肽轭合反应和脱烷基反应，将其转变为无毒化合物，使药剂失去对玉米的毒害性能。

再如氯嘧磺隆在大豆田安全除草，是因为在大豆体内谷胱甘肽转移酶的作用下，药剂与谷胱甘肽发生轭合反应，导致药剂丧失活性。

六、除草剂利用保护物质或安全剂而获得选择性

一些除草剂选择性较差，可以利用保护物质或安全剂而获得选择性。

1. 保护物质

活性炭即为除草剂的一种保护物质。活性炭对药剂具有很高的吸附性能，用来处理作物种子或种植时施入种子周围，可以使种子免遭除草剂的伤害。如用活性炭处理水稻、玉米、高粱等作物的种子，可避免或降低三氮苯类及取代脲类除草剂的药害。另外，在作物播种沟或播种穴施内施用活性炭，对作物种子也有保护作用。

2. 安全剂

除草剂安全剂又称作物安全剂，用安全剂处理作物种子或与除草剂混合使用，可以避免作物遭受除草剂的伤害。如安全剂 CGA-123407 与丙草胺混合后用于水稻秧田除草，可以增强药剂对水稻幼苗的安全性；安全剂 Hoe070542 与精噁唑禾草灵混合后用于小麦田除草，可使小麦不受伤害。

安全剂的使用方法，取决于安全剂的活性作用。如果安全剂对作物和杂草都有降低除草剂活性的作用，可用安全剂作种子处理使用；若安全剂只能降低除草剂对作物的伤害，而不降低药剂的杀草活性，就可将安全剂与除草剂混合使用。与除草剂混用是安全剂理想的使用方法。

安全剂的作用机制主要有以下几个方面：①安全剂与相应的除草剂进行化学或生物化学反应，在作物体内形成无活性的复合物，从而对作物产生保护作用；②竞争作物体内的作用靶标，安全剂在作物体内的作用靶标位点与除草剂反应而导致解毒，这是安全剂对作物产生保护作用的重要机制；③安全剂能诱导作物体内代谢酶的活性；④安全剂降低了作物对除草剂的吸收，降低了除草剂在作物体内的输导。

掌握除草剂的选择性原理十分重要，这对指导安全有效地使用除草剂具有重要的实践意义。上述除草剂选择性原理并非彼此孤立，实际上，除草剂在作物与杂草之间的选择性可能是几种原理共同作用的结果。另外，除草剂的选择性还受到植物生长状况、品种特性、环境因素、除草剂的使用方法、用药量等多种因素的影响。例如在大豆田使用乙草胺遇到强降雨，会使乙草胺淋溶到大豆根层土壤中而产生药害；施药后遇低温，作物出土慢，增加接触药剂时间，作物降解能力低，也易出现药害；作物不同品种之间对除草剂的敏感性也存在差异，在使用除草剂时，一定要考虑到作物品种间对除草剂敏感性的差异，以免发生药害。

第三节　除草剂的吸收、输导与作用机制

一、除草剂的吸收与输导

除草剂施用后通过植物吸收、输导到达作用部位，才能发挥杀草作用。如果除草剂不能被植物吸收，或吸收后不能被输导到作用部位，就不能发挥杀草活性。除草剂进入植物体内以及在植物体内的输导方式，因药剂的特性及施药方法不同而异。掌握除草剂的吸收和输导特性，对合理、安全、有效地使用除草剂具有重要意义。

1. 除草剂的吸收

植物吸收除草剂的主要部位是叶、茎、根系、幼芽、胚轴等。

（1）茎叶吸收　除草剂可通过叶表皮或气孔进入植物体内。大多数情况下，除草剂主要通过茎叶的角质层进入。能被植物茎叶吸收的药剂，可作茎叶处理使用。影响除草剂茎叶吸收的主要因素如下。①药剂性质：不同种类的除草剂，茎叶吸收程度差异很大。例如在三氮

苯类除草剂中，莠去津和扑草净易被植物叶面吸收，而西玛津则吸收困难。②植物因素：植物种类、形态、叶的老嫩等都会影响药剂的吸收。③环境条件：通常气温高、空气湿度大，有利于药剂的吸收。

(2) 根系吸收　大多数除草剂在土壤中可被植物的根部吸收。能被植物根系吸收的药剂可作土壤处理使用。影响除草剂根部吸收的主要因素如下。①药剂性质：例如2,4-D类、莠去津及西玛津等除草剂很容易被植物根部吸收，而抑芽丹、茅草枯则吸收缓慢。②植物种类：如黄瓜根部易吸收豆科威，而某些南瓜品种吸收能力极弱。③环境条件：通常气温高、土壤湿度大，有利于药剂的吸收。而土壤干旱或土壤有机质含量高，不利于药剂的吸收。

(3) 幼芽吸收　有些除草剂是在杂草种子萌芽出土的过程中，经幼芽或胚芽鞘吸收而发挥杀草作用。能被杂草幼芽吸收的药剂一般作土壤处理使用。影响除草剂幼芽吸收的主要因素如下。①药剂性质：二硝基苯胺类、酰胺类、三氮苯类等除草剂均可通过未出土的幼芽吸收。②环境条件：通常土壤湿度大，有利于药剂的吸收。而土壤干旱或土壤有机质含量高，不利于药剂的吸收。

2. 除草剂在植物体内的输导

除草剂通过吸收进入植物体后，有些药剂还须经过输导到达作用部位，才能起作用。除草剂在植物体内的移动有以下4种方式。

(1) 不能输导或输导甚微　一些触杀型的除草剂被植物吸收后不能在体内输导，只能杀死接触药剂的植物部位。这类药剂作茎叶处理使用时，要求喷洒均匀周到，使药液全面覆盖杂草茎叶，否则防除效果不好。土壤处理使用的触杀型除草剂，很容易被杂草的幼芽吸收，药剂不需输导，即可杀死萌芽期的杂草。

(2) 共质体系输导　除草剂进入植物体内后，在细胞间通过胞间连丝的通道进行移动，直至进入韧皮部，然后随着茎内的同化液流而上下移动。这类除草剂茎叶处理施药后，通过输导作用可到达杂草的地下部位，杀死杂草的根系及地下繁殖器官。

由于共质体系的输导是在植物的活组织中进行的，因此当施用高急性毒力的除草剂将韧皮部杀死后，共质体系的输导也就停止了。例如若将百草枯与草甘膦混合后用于果园除草，反而不能杀死杂草的地下组织。

(3) 质外体系输导　除草剂经植物根部吸收后，随水分的移动进入木质部，沿导管随蒸腾液流向上输导。大多数除草剂易在木质部移动，在植物体内一般从下向上输导。质外体系的主要组成是木质部，为无生命的组织，即便药剂使用浓度较大，也不至于损害木质部，甚至根部或茎的局部被杀死后，仍能继续吸收与输导一段时间。

(4) 质外-共质体系输导　有些除草剂的输导，并不局限于单一的体系，而能同时发生于两种输导体系中。如杀草强、茅草枯、麦草畏等除草剂在植物体内的输导即为如此。

二、除草剂的作用机制

除草剂的作用机制比较复杂，有些药剂靠单一机制即可杀死杂草，而多数药剂是通过多种复合作用机制起作用。除草剂的作用机制主要有以下几个方面。

1. 抑制光合作用

有些除草剂通过抑制光合作用，使植物的生长发育受阻甚至死亡。光合作用包括光反应和暗反应。在光反应中，通过电子传递链将光能转化成化学能形成ATP和NADPH

（还原辅酶Ⅱ）。在暗反应中，利用光反应形成的 NADPH 和 ATP，将 CO_2 还原成碳水化合物。除草剂对光合作用的抑制有 3 种情况。①阻断电子传递。例如三氮苯类及取代脲类除草剂通过与光合作用系统中的电子传递载体结合使之钝化，阻断电子传递。②截获电子传递链中的电子。例如百草枯在植物体内可充当电子受体，与植物体内的电子受体竞争，从电子传递链中争夺电子，使正常传递到 $NADP^+$ 中的电子被截获，影响 $NADP^+$ 还原。与此同时，百草枯获得电子被还原后可自动氧化，形成过氧化物，这种有害物质可使生物膜受到损伤，迅速造成细胞死亡，最后杂草枯死。③抑制光合磷酸化反应。例如二苯醚类和联吡啶类除草剂，在高浓度下能抑制光合磷酸化，使得 ATP 合成停止。

2. 破坏植物的呼吸作用

植物的呼吸作用是碳水化合物等基质的氧化过程，期间通过氧化磷酸化反应，将产生的能量转变为 ATP，以供植物生命活动的需要。植物在呼吸过程中，氧化作用与磷酸化作用是相伴发生的，称为偶联反应。凡是破坏这个过程的物质称为解偶联剂。一些除草剂主要破坏氧化磷酸化偶联反应，致使不能生成 ATP，不能满足植物生命活动的能量需要，从而使植物的正常代谢受到破坏而死亡。例如溴苯腈、敌稗、氯苯胺灵、五氯酚钠等除草剂都有破坏偶联反应的作用，属于典型的解偶联剂。

3. 抑制植物的生物合成

一些除草剂可抑制植物的生物合成，导致植物生长发育受阻，最后死亡。

（1）抑制色素的合成　一些除草剂可抑制植物体内叶绿素和类胡萝卜素等色素的合成，导致植物失绿、枯黄而死。例如磺草酮、甲基磺草酮、异噁草松、吡氟酰草胺等除草剂，都有抑制色素合成的作用，用药后可导致植物白化症状，最后死亡。

（2）抑制氨基酸、核酸和蛋白质的合成　氨基酸、核酸和蛋白质是植物细胞的基础物质，这些物质的合成受到干扰，会严重影响植物的生长发育及代谢，造成植物死亡。例如磺酰脲类除草剂，主要干扰植物氨基酸的合成，导致植物生长发育受阻而死亡；又如敌稗对植物核酸及蛋白质合成有强抑制作用。

（3）抑制脂类的合成　脂类是组成植物角质膜、细胞膜及细胞器膜的重要成分，脂类物质的合成受到干扰，会造成植物角质膜、细胞膜及细胞器膜生成受阻，最终导致植物死亡。如芳氧苯氧基丙酸酯类及环己烯酮类除草剂，即为抑制脂类合成的除草剂。

4. 干扰植物激素的平衡

植物体内含有多种激素，它们对协调植物的生长发育起着重要的作用。各种激素在植物体内的不同组织中都有严格的含量与比例，因而植物能够正常生长发育。激素型除草剂进入植物体后，会打破原有的天然植物激素的平衡，严重影响植物的生长发育，造成植物代谢及生长异常，出现畸形或扭曲症状，直至死亡。例如氯氟吡氧乙酸、2，4-D 及 2 甲 4 氯类除草剂都属于激素型除草剂。

5. 抑制微管与组织发育

微管是植物细胞中的丝状亚细胞结构，在细胞分裂、生长和形态发生中起着重要的作用。除草剂对微管系统的抑制作用有：①抑制细胞分裂的连续过程；②阻碍细胞壁或细胞板形成，造成细胞异常，产生双核及多核细胞；③抑制细胞分裂前的准备阶段。二硝基苯胺类除草剂即为抑制微管的除草剂。

除草剂对植物其他组织的生长发育产生抑制作用，也会导致杂草受害死亡。如苯氧羧酸类和苯甲酸类除草剂，可抑制植物韧皮部与木质部的发育，阻碍代谢产物及营养物质的运转

与分配，造成植物畸形。

第四节 除草剂的使用方法

除草剂使用方法因品种性能、剂型、作物及环境条件而异，生产上选择使用方法时，首先应考虑防治效果及对作物的安全性，其次要求经济、简便。

一、按除草剂的喷洒目标划分

按除草剂的喷洒目标可分为土壤处理法和茎叶处理法。

1. 土壤处理法

指在杂草出苗前，将除草剂采用喷雾、撒施等方法施到土壤表面上，形成一定厚度的药层，杂草的种子、幼芽等部位因接触或吸收药液而受到抑制或杀死，也称土壤封闭处理。土壤处理综合利用除草剂的生理生化选择性、时差选择性或位差选择性，以达到除草保苗的目的。

根据处理时期可分为播前、播后苗前、苗后土壤处理，其中播后苗前土壤处理是最常用的方法。

(1) 播前混土处理　是指在作物播种前将除草剂喷洒于土壤表层，并立即耙地，将药剂混于土壤中，然后耙平、镇压，进行播种，混土深度3～5cm。主要适用于易挥发、光解和移动性差的除草剂，如氟乐灵、地乐胺等二硝基苯胺类除草剂。

(2) 播后苗前土壤处理　是指在作物播种后出苗前，将除草剂均匀喷洒于土表。主要适用于通过根或幼芽吸收的除草剂，如酰胺类、三氮苯类。喷施时最好倒退而行，施药后一般不翻动土层，以免影响药效。如遇干旱，可进行浅混土，但耙地深度不能超过播种深度。一般每亩用药量兑水30～50kg。

(3) 苗后土壤处理　是指在作物出苗后或移栽缓苗后采用喷雾、撒施等方法处理土壤。如在玉米2～4叶期杂草出土前地面喷施乙草胺、莠去津等，稻田插秧后撒施丁草胺等。

供土壤处理用的除草剂必须具有足够的选择性和一定的持效期，才能尽量避免产生药害，有效地控制杂草。

2. 茎叶处理法

将除草剂直接喷洒或涂抹到杂草茎、叶上的方法称为茎叶处理法。茎叶处理除草剂的选择性主要是通过形态结构和生理生化选择来实现除草保苗的。茎叶处理受土壤的物理、化学影响小，可看草施药，机动灵活，但持效期短，大多只能杀死已出苗的杂草。

根据处理时期可分为播前茎叶处理和生育期茎叶处理。

(1) 播前茎叶处理　是指在尚未播种或移栽作物前的农田（即空闲地），用除草剂喷洒已长出的杂草的方法。对这类除草剂的要求是广谱性，药效期短，落在土壤后药剂很快分解，可选用灭生性除草剂如百草枯、草甘膦等。

(2) 生育期茎叶处理　是指在作物出苗后用除草剂喷洒或涂抹杂草茎叶的方法。由于处于作物的生育期，因而应选用选择性较强的除草剂，或在作物对除草剂抗性较强的生育阶段喷施，或定向喷雾，一般亩用药量兑水30kg。例如用草甘膦防除玉米田杂草，应在玉米8～10叶（株高50cm）以后定向喷雾。

二、按除草剂的施药方法划分

按除草剂的施药方法划分为喷雾法、涂抹法、撒施法、甩施法等，其中后两种方法主要应用于稻田。

1. 喷雾法

大多数除草剂采用这种方法施用，其中触杀型除草剂的喷液量一般比内吸、传导性除草剂稍多。根据喷液量可分为常规喷雾（每亩喷液量20～30kg）、低容量喷雾（每亩喷液量2～3kg）和超低量喷雾（每亩喷液量60～120ml）。我国常用的器械是背负式喷雾器、机动弥雾机和电动手持超低量喷雾器。

2. 涂抹法

利用特制的绳索或海绵携带药液进行涂抹，这种方法经济、用药量少。在杂草高于作物时，把内吸性较强的除草剂涂抹在杂草上，所以用药浓度要加大，一般药剂与水的比例为1∶(2～10)。目前应用的涂抹器有人工手持式、机械吊挂式和拖拉机带动的悬挂式涂抹器。

3. 稻田甩施法

在稻田使用乳化性好、扩散性强的除草剂时，在原装药瓶盖上穿2～3个孔，将原药液甩施到田中。甩施时，田中要保持3～5cm深的水层，从稻田一角开始，每隔5～6步甩施一次，返回后，与第一次人行道保持6～10m距离，再进行甩施，直至全田。甩施时，行走步伐及间距要始终保持一致，甩施后，药剂接触水层迅速扩散形成药膜，插秧时人踩会破坏药膜，但由于药剂的可塑性很强，一旦人走过后，药膜又恢复原状。这种方法不需要器械，使用方便、简单、效率高。

4. 稻田撒施法

除草剂颗粒剂可直接撒施，乳油和可湿性粉剂可与湿润的细土或细沙按规定比例混匀，配成手能捏成团、撒出时能散开的药土，然后盖上塑料薄膜堆闷2～4h，在露水干后均匀地撒施于水中，也可与化肥混拌后立即撒施。撒施前，稻田要灌水3～5cm，撒施后需保水7天。撒施是目前稻田广泛应用的一种方法，简便易行、省工、效率高，并能提高除草剂的选择性，增强对水稻的安全性。丁草胺、乙氧氟草醚、禾大壮等大多数除草剂多采用撒施法。

5. 覆膜地施除草剂

地膜覆盖栽培的作物，覆膜后不便除草，必须在播种后每亩喷施除草剂稀释液30～50kg，然后覆膜。覆膜地施用除草剂，用药量一般要比常规用药量减少1/4～1/3。

第五节　影响除草剂药效与引起药害的环境因素

除草剂药效受到除草剂本身性状及施药技术、杂草、环境等诸多因素的影响。虽然除草剂具有选择性，但其选择性毕竟是有限的，特异的环境条件会造成药害。影响除草剂药效和药害的环境因素主要包括土壤因素和气候因素两大类。

一、土壤因素

1. 土壤质地与有机质含量

土壤质地与有机质含量会影响除草剂在土壤中的吸附性与淋溶性。有机物和土壤中胶体微粒对药剂有较强的吸附作用，使药剂不能在土壤中移动，无法形成药土层而影响药效，因此，在有机质含量高的黏性土壤，吸附除草剂的量多，药效差，要用较高的剂量才能达到预

期效果；而有机质含量少的砂性土壤，吸附除草剂的量少，易于发挥药效，用较低剂量便可收到良好的除草效果。但由于砂性土壤淋溶性较大，因而也容易产生药害。如相关报道证明土壤中有机质含量是影响莠去津药害程度的重要因素。随着土壤中有机质含量增加，莠去津对水稻的药害程度减轻，当有机质含量大于4%时，莠去津残留对水稻株高的影响较小。

2. 土壤含水量

除草剂只有在土壤中处于溶解状态，才能被植物的根、芽等地下部位有效吸收而发挥作用。一般土壤含水量越大，土壤微粒间的空隙就被更多的除草剂溶液所占据，土壤溶液容积越大，溶解的药量越多。水分子排斥除草剂分子而吸附于土壤微粒表面，药剂分子被吸附的量减少，因此，多数除草剂的药效随土壤含水量的增加而增强。但土壤含水量过大或积水处易产生药害。

在土表干燥时施药，为了保证药效，应提高喷液量，或施药后及时浇水。土壤墒情和营养条件影响杂草的出苗和生长，也会影响除草剂的药效。土壤墒情差，杂草出苗不齐，可降低土壤处理除草剂的药效，对苗后处理除草剂也不利。

3. 土壤 pH 值

土壤 pH 值影响一些除草剂的离子化作用和土壤胶粒表面的极性，从而影响除草剂在土壤中的吸附和淋溶。如莠去津在酸性条件下被离子化，被带负电的土壤胶体微粒吸附得更加紧密，不易被作物吸收，所以不易发生药害或程度较轻；而在碱性条件下，莠去津没有被离子化，其淋溶性增强，则易发生药害。

土壤 pH 也影响一些除草剂的降解，如磺酰脲类除草剂在酸性土壤中降解快，而在碱性土壤中降解慢。

4. 土壤微生物

土壤中的微生物包括细菌、放线菌、真菌、藻类、原生动物等。不同除草剂在土壤中受土壤微生物作用程度不一，有的易被降解，如草甘膦等；有的则难以被降解，如莠去津等。易被土壤微生物降解的除草剂，则不能作为土壤处理剂，否则除草效果降低甚至失效。

二、气象因素

1. 温度

温度是影响除草剂药效、引起药害的重要因素。大多数除草剂具有发挥药效的最佳温度范围，高于或低于适温则效果不佳，甚至产生药害。如大豆田使用杂草焚，在气温低于21℃或土温低于15℃时对大豆易产生药害；2,4-D 在10℃以下易产生药害，气温高时挥发性强也易产生药害。在适温范围内，随着气温升高，杂草吸收与输导除草剂的能力增强，同时药剂的化学活性也提高，除草效果也有所提高。因此，在使用过程中不同地区应根据当地的温度条件确定适宜的用药量。一般在气温较高的南方用量低，而气温较低的北方用量较高。但并不是温度越高除草剂药效越好，温度过高，会使喷出的雾滴迅速蒸发而降低药效，因此尽量不要在正午阳光直射时用药。

2. 湿度

一般空气湿度大，可延缓杂草表面药液的干燥时间，有助于杂草叶面气孔开放，因而药剂易被吸收，提高药效。若湿度过大，杂草叶面有结露，药液会流失，对茎叶处理剂的药效影响更大。

3. 光照

光照通过对光合作用、蒸腾作用、气孔开放与光合产物的形成而影响除草剂的吸收与输

导，特别是抑制光合作用的除草剂与光照关系更为密切。当光照较强时，植物光合作用旺盛，同化产物较多，有利于除草剂在杂草体内的传导及其活性的发挥，同时光照强时，温度也高，因而光照可增强除草效果。但光照过强，易引起作物产生药害，因此，不要在正午阳光直射条件下喷洒除草剂。如光照条件好时使用百草枯能加快杂草的死亡速率，但不利于杂草对该药的吸收，反而可能造成除草效果的下降。对易光解的除草剂如氟乐灵，光照加速其降解，降低其活性，所以喷洒后应及时混土。

4. 风速

风速主要影响施药时除草剂雾滴的沉降，风速过大，除草剂雾滴易飘移，减少在杂草整株上的沉降量，从而使除草剂的药效下降，尤其在干旱时，沉积在土壤表面的药剂易被大风吹掉而影响药效。因此，应选无风或小风天施药。

5. 降雨

降雨对茎叶处理剂影响最大。若喷药后在短时间内遇雨，雨水会将杂草上的药液冲刷掉而降低药效甚至失效。除草剂种类不同，降水对药效的影响也许存在一定差异，通常降水对除草剂乳油及浓乳剂的影响比水剂与可湿性粉剂小，对易被吸收的除草剂影响小。如喷药后15min降雨对百草枯基本上没有影响，喷药后24h降雨对草甘膦基本上没有影响。因此，在阴雨天或将要下雨时不宜施茎叶处理药剂。

第六节　除草剂对杂草生态系统的影响

一、农田杂草群落的形成及演替

杂草是伴随人类农业的产生而形成与发展的，杂草的种类及分布特点与所处的地理环境、气候、耕作制度等密切相关，某些杂草总是与特定的农作物相伴生长，成为典型的伴生植物。

我国的气候带自南向北依次为热带、亚热带、暖温带、温带、寒温带，在各地特定的气候、环境等因素共同作用下，形成了不同的杂草群落，如华北地区，典型的旱作轮作方式是冬小麦-玉米或大豆，麦田杂草主要为荠菜、麦蒿、猪秧秧、大巢菜、婆婆纳、宝盖草、野燕麦、早熟禾、节节麦等；玉米、大豆等夏季作物田杂草主要有马唐、牛筋草、马齿苋、铁苋菜、苘麻、旋花科杂草及莎草等。

在过去相当长时期内，由于种植机械化水平不发达，农田杂草群落的构成相对较稳定，变化缓慢，随着现代农业的兴起，农田杂草的群落组成演替速度明显加快，原有的优势杂草可能转为劣势杂草，而原来的劣势杂草则上升为优势杂草，有的地区还出现了过去未有过的杂草种类，给杂草防除带来许多需要解决的问题。特别是由于除草剂的迅速推广应用，使这类问题更加严峻。

二、农田杂草难以彻底防除的原因

人们可以在某种程度上控制杂草的发生与危害，或者在局部区域暂时消除某些种类的杂草，但就整体而言，使杂草绝迹是做不到的，主要与杂草的生长繁殖习性及生理特性有关。

1. 杂草的生长习性

杂草分为一年生、二年生和多年生三种类型，多数杂草与作物伴生时间较长，且往往萌发时间晚于农作物的种子，而杂草种子的成熟先于作物种子；杂草茎的生长方式有直立、缠

绕、攀援、匍匐、平卧等，对环境的适应性非常强；许多杂草有拟态现象，如麦田禾本科杂草野燕麦、节节麦、早熟禾、看麦娘等，稻田禾本科杂草如稗草等，其苗期的形态与伴生的作物非常相似，人工清除十分困难。

2. 杂草的繁殖习性

多数杂草的种子非常小，数量非常多，既具有有性生殖又具有营养繁殖的特点，如马齿苋、白茅、马唐、香附子等，杂草种子的传播方式多种多样，如蒲公英、苦苣菜、飞蓬的种子靠风力传播；苍耳、鬼针的种子靠动物的皮毛携带传播；黄花酢浆草、马跤儿的种子靠弹力传播；龙葵、酸浆等杂草的果实被动物食后，由于种皮的保护作用，多数种子可完整地通过动物的消化道被排泄出去，同时也借助动物的行走运动被传至异处。多数杂草种子寿命较长，在土壤中可存活数年、十几年甚至更长时间。

3. 杂草的生理特性

主要农作物中，只有玉米、高粱、甘蔗、水稻为 C_4 植物，而在全世界的 18 种恶性杂草中，C_4 植物有 14 种，占杂草种类的 78%，C_4 植物具有低光呼吸、低光补偿点、净光合速率高等特点，在与作物生长竞争中占优势，同时，杂草根系的分布广而且深，更容易吸收土壤中的水分和矿质营养。

三、除草剂对杂草群落演替的影响

农田中长期使用除草剂进行化学除草，会对当地的杂草群落产生很大的影响，一是单位面积上除草剂的用量增加，如山东省济宁市防除冬小麦田的阔叶杂草荠菜、宝盖草、婆婆纳等，秋季施药，在 20 世纪 90 年代中期，每亩使用苯磺隆有效成分 1g，10 多年以后，防除相同杂草的用药量已经增加至 1.5g，说明上述杂草普遍对苯磺隆产生了耐药性。当地许多冬小麦地块的杂草群落也发生了变化，在苯磺隆刚推广应用的 20 世纪 90 年代，组成杂草群落的杂草种类主要是荠菜、宝盖草、婆婆纳、猪秧秧、泽漆，随着除草剂逐年应用，猪秧秧、泽漆渐渐增多，目前在许多地方由劣势杂草上升为优势杂草，而荠菜、麦蒿则转为劣势杂草。由于苯磺隆对禾本科杂草无效，麦田中野燕麦的发生逐年增加，于是人们又采取苯磺隆与骠马混用以防除麦田阔叶及禾本科杂草，此时由于早熟禾、节节麦对骠马有耐药性，其结果又导致了近几年早熟禾、节节麦的发生及危害程度增加，在生产上用世玛代替骠马防除早熟禾、节节麦、野燕麦。

第七节 除草剂的混合使用

一、除草剂混合使用的意义

除草剂的混合使用是指将两种或两种以上的除草剂单剂按一定比例混配在一起使用，简称除草剂混用。其意义主要表现在以下几个方面。

1. 扩大杀草谱

每种除草剂都有特定的除草范围，除草范围最广的是灭生性除草剂，由于在许多情况下，农田中使用灭生性除草剂对农作物存在不安全因素（转基因抗除草剂的作物除外），且目前代表性的草甘膦、百草枯两种灭生性除草剂不具有封闭性除草效果，故其在生产中应用有一定的局限，农田中应用最多的种类为选择性除草剂。农田中的杂草随作物种类、生育期、季节、生态地理环境、栽培管理措施不同呈现出多样性，在特定地块，一种除草剂往往

难以达到既能杀死所有的杂草，又对作物安全的理想效果，合理的除草剂混用在一定程度上可解决此类问题，如黄淮流域冬小麦田，往往既存在双子叶杂草，如荠菜、麦蒿、婆婆纳、大巢菜、猪秧秧等，又存在禾本科杂草，如野燕麦、节节麦、早熟禾、看麦娘、罔草等。目前的除草剂往往只对双子叶杂草有效或只对单子叶杂草有效，如苯磺隆、噻吩磺隆，只防除双子叶杂草，加入安全剂的精噁唑禾草灵（骠马）、世玛主要防除麦田的禾本科杂草，将这两类除草剂混用后，可同时防除麦田的绝大多数单、双子叶杂草。

2. 提高除草效果

除草剂混用后的互作有三种情况。① 加成作用：两种除草剂混用的实际效果等于根据有关模型计算出的除草效果之和。② 增效作用：混用的实际效果大于根据有关模型计算出的两种除草剂单用的除草效果之和。③ 拮抗作用：混用后的实际除草效果小于根据有关模型计算出的两种除草剂单用的除草效果之和。较理想的除草剂混用组合会产生增效作用，提高对杂草的防效。

3. 减少残留活性

有些除草剂在土壤中残留期较长，按正常剂量使用单一制剂时，易对后茬作物产生药害，通过除草剂的混用，可在减少单剂用量的同时不降低除草效果，如使用莠去津可防除玉米田大多数杂草，正确使用时对玉米非常安全，但对玉米的后茬作物易产生药害，当与甲草胺、乙草胺、异丙草胺或异丙甲草胺混用时，单位面积的莠去津用量减少，而且不会影响后茬作物的正常生长。

4. 延缓杂草耐药性的产生和发展

长期使用同一种除草剂单剂，敏感杂草易被杀死，发生突变后，杂草中出现的抗性基因易得以保留，在选择压的作用下，逐渐发展成抗性杂草。不同类型除草剂，由于杀草机制不同，对某种除草剂有抗性的杂草却可能被另一种除草剂杀死，这便减少了抗性基因在杂草中得以延续发展的概率，抑制了抗性杂草出现的可能性。

二、除草剂混用的方式

除草剂混用有现混、桶混、预混三种方式。

1. 现混

施药者将自己选定的两种或两种以上的除草剂，使用前临时混合在一起，这种方式也被称为现用现混或现混现用。施药者应对杂草、作物、除草剂、土质等因素较为熟悉，有助于选用合理的除草剂混用组合、用量及施药方法，以达到最佳除草效果。由于不同除草剂之间是物理性混合在一起，然后加水稀释，为防止除草剂之间产生易降低药效或产生药害的化学反应，一定要用洁净的清水稀释，先稀释一种除草剂，搅拌均匀，然后加入另一种除草剂，再次搅拌均匀。混合后的除草剂应在短时间内施用，不宜久置，若初次在某作物上应用，最好先在作物的小块面积上试验，证实其安全可靠性后再大面积应用。

2. 桶混

生产厂家将固定的除草剂组合分别采用单独的包装，施药前再将其混合在一起，这样的除草剂为桶混剂，也有人称其为子母袋、子母瓶、除草伴侣。例如，阿宝桶混剂，是由38%的阿特拉津（莠去津）悬浮剂与25%宝成（砜嘧磺隆）干悬浮剂组成，阿特拉津装在塑料瓶内，宝成装在专门设计的瓶盖内；津玉桶混剂由38%莠去津悬浮剂与4%烟嘧磺隆（玉农乐）悬浮剂组成，两种单剂在瓶中分开盛装。桶混剂是生产厂家针对特定作物的特定阶段选定的较为理想的组合，对杂草防效较好，适应的作物种类受一定限制，施药前混用，

不应提前混合。

3. 预混

由生产厂家将两种或两种以上的除草剂单剂混合一起加工而成的制剂，称为混合剂、混配剂、复配剂、复合剂、合剂、混合制剂、复合制剂、复配制剂、复混制剂等。含有两种除草单剂的称为二元复配剂，如40%乙·阿合剂（悬浮剂），由乙草胺、阿特拉津复配而成，主要用于玉米田播后苗前除草；5.3%丁·西颗粒剂，由丁草胺、西草净复配而成，用于水稻移栽后7～10天化学除草。含有3种除草单剂的称为三元复配剂，如10%吡嘧·甲磺·乙可湿性粉剂，其有效成分为吡嘧磺隆、甲磺隆、乙草胺。目前生产中应用的二元复配剂较多，三元复配剂较少。混配制剂经精细化工生产加工而成，在产品有效期内其性能稳定，应用时严格按产品说明使用即可。

三、除草剂混用的基本原则

并非任意除草剂混用后对杂草都会有良好的防效，若混用不当可能会出现人们不希望的结果，因此要遵循一定的原则。

① 混用的除草单剂之间应有增效作用或加成作用，而不能有拮抗作用，不能出现由于单剂之间发生化学反应而产生絮状、混浊、沉淀、分层等现象。

② 除草剂应具有不同的杀草谱，以扩大除草范围。

③ 除草单剂应具有不同的杀草机制，以利于增强除草效果，延缓杂草耐药性的产生。

④ 混用后既不能对当季作物产生药害，也不能对后茬作物产生药害。

⑤ 不宜将内吸传导性强的除草剂与内吸传导性弱的触杀性除草剂混用，因为前者要有充足的时间在具有活力的杂草体内传导，并在作用位点积累才可发挥作用，尤其杂草的地下部分需达一定量才能杀死整株杂草，而不具备传导性或传导性弱的触杀型除草剂，往往在短时间内即使杂草触药的部位死亡，即杂草局部死亡，将阻止传导性除草剂向杂草地下部位的传导，这样除草剂复混的效果实质相当于只有触杀型除草剂在发挥作用，草甘膦不宜与百草枯混用的原因即在于此。

⑥ 芽前处理的封闭性除草剂能否与苗后的茎叶处理剂混用，应视杂草的发生情况而定，若地上较大叶龄的杂草较少，不会影响芽前处理剂对地表的覆盖，则二者可以混用，反之，则不应混用。例如果园除草时，大叶龄杂草较少，且地表面湿润，可以将百草枯与乙草胺，或百草枯与乙·阿合剂混用；当大叶龄杂草较多，地表大部分被杂草遮蔽，则应先用百草枯或草甘膦杀死地面杂草，待地表面完全裸露时，再喷施乙草胺或乙·阿合剂进行封闭处理。

关于除草剂与杀虫剂或杀菌剂混用的问题，由于影响除草剂药效的因素较多，农作物与杂草本质上都属于植物的范围，杀虫剂与杀菌剂极易降低除草剂的药效或造成药害，所以原则上，除草剂不应与杀虫剂或杀菌剂混用，如果确实需要混用，则应先选小面积地块试验，在确定不会降低药效，尤其是不会产生药害的前提下，才可以现混现用。

四、主要农作物的除草剂混配组合

1. 大豆

播后苗前：①乙草胺＋噻吩磺隆；②乙草胺＋嗪草酮；③乙草胺＋豆磺隆；④乙草胺＋异噁草松；⑤乙草胺＋唑嘧磺草胺（阔草清）。

苗后：①精喹禾灵＋氟磺胺草醚＋灭草松；②精喹禾灵＋氟磺胺草醚＋异噁草松；③稀禾定＋氟磺胺草醚。

2. 玉米

播后苗前，杂草未出土或杂草3叶期以前：①乙草胺＋莠去津；②异丙草胺＋莠去津；③甲草胺＋乙草胺＋莠去津；④乙草胺＋噻吩磺隆；⑤乙草胺＋嗪草酮。

玉米苗后早期，杂草5叶期之前：烟嘧磺隆＋莠去津。

玉米生长发育中期，杂草6叶期以上：乙草胺＋莠去津＋百草枯（行间定向喷雾）。

3. 小麦

小麦2叶期至拔节前，杂草3叶期前：①苯磺隆＋精噁唑禾草灵（骠马）；②苯磺隆＋甲基二磺隆（世玛）；③乙草胺＋噻吩磺隆；④乙草胺＋氯磺隆（只限于稻麦轮作区）；⑤甲磺隆＋氯磺隆（只限于稻麦轮作区）。

4. 水稻

（1）秧田　播种前：丁草胺＋噁草酮。播后2天：①丁草胺＋苄嘧磺隆；②丁草胺＋禾草特；③丁草胺＋扑草净。

（2）移栽田　移栽前2天：丁草胺＋噁草酮。移栽后5～7天：①丁草胺＋苄嘧磺隆；②苄嘧磺隆＋哌草丹；③苄嘧磺隆＋禾草丹；④异丙甲草胺＋吡嘧磺隆（限于南方）。移栽后10～15天：禾草特＋灭草松＋麦草畏。

5. 花生

花生苗前或苗后，杂草3叶期以前：乙草胺（或二甲戊灵、异丙草胺）＋噁草酮（或乙氧氟草醚、扑草净）。

花生苗后，杂草3叶期前：①乳氟禾草灵（克阔乐）＋高效氟吡甲禾灵（高效盖草能）；②氟磺胺草醚（虎威）＋精吡氟禾草灵（或稀禾定、精喹禾灵、高效氟吡甲禾灵）。

第八节　除草剂常用类型及其品种

一、酰胺类除草剂

1. 乙草胺（acetochlor，禾耐斯）

【化学名称】　2′-乙基-6′-甲基-*N*-(乙氧甲基)-2-氯代乙酰替苯胺

【作用特点】　选择性内吸封闭性土壤处理剂，单子叶杂草主要通过胚芽鞘吸收，双子叶杂草主要通过下胚轴吸收，种子和根也可吸收传导，但吸收的量较少，传导速率也较慢。土壤湿润时，杂草出土前即被杀死；若土壤较干燥，则对杂草的防效降低。杂草3叶期前对乙草胺敏感，随着杂草叶龄增加，乙草胺的防效下降。

【制剂】　50%、90%、99%乙草胺乳油。

【适用范围】　大豆、花生、玉米、油菜、甘蔗、棉花、马铃薯、白菜、萝卜、甘蓝、花椰菜、番茄、辣椒、茄子、芹菜、胡萝卜、莴苣、豆科蔬菜、果园等。

【防除对象】　一年生禾本科杂草，例如，马唐、牛筋草、狗尾草、稗草、看麦娘、早熟禾、野燕麦、千金子、硬草、棒头草；小粒种子的阔叶杂草，例如，反枝苋、藜、酸模叶蓼、萹蓄、铁苋菜等。

【使用技术】　①大豆田：播后苗前，每亩用90%乙草胺90～120ml，沙质土壤，水分条件好的土壤用低剂量，反之用较高剂量，土壤有机质含量高于6%时，可用120～150ml。

②玉米田：播后苗前，每亩用90%乙草胺80～100ml；90%乙草胺50ml+38莠去津100～200ml。③花生田：华北地区每亩用90%乙草胺60～80ml；长江流域、华南地区用40～60ml。④油菜田：播后苗前，每亩用90%乙草胺80～150ml；移栽油菜田用45～50ml。⑤棉花田：华北地区每亩用90%乙草胺50～60ml；长江流域用40～50ml；新疆地区用80～100ml。

【注意事项】①乙草胺为封闭性除草剂，适宜使用的条件为雨后或浇过不久较湿的地面；干旱及地表面有较多坷垃及裂缝会影响除草剂的药效。

②大豆对使用乙草胺的时机有一定要求，一旦大豆子叶露出地表即不可再喷施乙草胺，否则会产生药害；花生相对来说要求不太严格，子叶出土后仍可使用；玉米适宜的施药期较宽，自玉米播后至3叶期前均可施用，3叶期以上的玉米田施用乙草胺时，喷雾器的喷头应尽量放低，减少玉米植株与药液的接触。

③对3叶期以前的杂草，乙草胺仍然有效，杂草较大时，乙草胺药效不理想。

2. 甲草胺（alachlor，拉索）

【化学名称】*α*-氯代-2′,6′-二乙基-*N*-甲氧基甲基乙酰替苯胺

【作用特点】选择性内吸封闭性芽前处理剂，可被植物幼芽吸收（单子叶植物为胚芽鞘，双子叶植物为下胚轴），在植物体内传导，通过种子和根吸收得较少，传导速率也较慢，抑制蛋白酶的活性，使植物根芽停止生长，不能产生不定根。水分适宜的条件下，杂草萌发后出土前即死亡；土壤干燥时，杂草能够出土，若遇雨或浇地，甲草胺作用能较好地发挥，杂草在短时间内死亡。

【制剂】48%甲草胺乳油。

【适用范围】大豆、玉米、花生、番茄、茄子、辣椒、豆科蔬菜、胡萝卜、棉花等。

【防除对象】一年生禾本科杂草，如马唐、牛筋草、稗草、狗尾草、看麦娘、早熟禾、千金子、画眉草等；莎草科杂草，如碎米莎草、异型莎草；阔叶杂草，如荠菜、酸模叶蓼、反枝苋、藜、龙葵、马齿苋、繁缕等。

【使用技术】①大豆田：播后苗前，每亩用药量275～350ml。②花生田：播后苗前，华北地区每亩用250～300ml，覆膜地块用150～200ml；长江流域每亩用200～250ml。

【注意事项】甲草胺对已出土的杂草无效，应掌握在杂草种子萌动但未出土前施用。

3. 异丙草胺（propisochlor）

【化学名称】2-氯-*N*-(2-乙基-6-甲苯基)-*N*-(1-异丙氧基甲基)乙酰胺

【作用特点】异丙草胺为选择性内吸传导型芽前处理剂，主要通过杂草幼芽吸收，破坏蛋白质的合成而致杂草死亡。土壤水分适宜的条件下，杂草在出土前杀死；土壤较为干燥时，出土的杂草在出现降雨或浇地后，短期内死亡。

【制剂】50%、72%异丙草胺乳油。

【适用范围】大豆、玉米、向日葵、马铃薯、甜菜等。

【防除对象】一年生禾本科杂草，如牛筋草、马唐、稗草、狗尾草等；阔叶杂草，如马齿苋、反枝苋、藜、苘麻、龙葵等。

【使用技术】①大豆田：播后苗前，东北地区每亩用72%异丙草胺乳油100～150ml；其他地区用67～100ml。②玉米田：播后苗前，东北地区每亩用72%异丙草胺乳油133～167ml；其他地区用100～133ml。混用：72%异丙草胺乳油+38%莠去津70～100ml。

4. 异丙甲草胺（metolachlor，都尔）

【化学名称】2-乙基-6-甲基-*N*-(1′-甲基-2′-甲氧乙基) 氯代乙酰替苯胺

【作用特点】 异丙甲草胺是选择性内吸传导型芽前处理剂，禾本科杂草通过幼芽的胚芽鞘吸收药剂后，蛋白质的合成被抑制而死亡。对双子叶杂草的防效较差。

【制剂】 50%、72%异丙甲草胺乳油。

【适用范围】 玉米、大豆、花生、高粱、棉花、油菜、甜菜、甘蔗等。

【防除对象】 禾本科杂草，如马唐、狗尾草、稗草；阔叶杂草，如马齿苋、苋菜、藜、蓼、荠菜等。

【使用技术】 ① 玉米、大豆田：播后苗前，每亩用72%异丙甲草胺乳油。土壤有机质含量低于3%时，沙质土用100ml，壤土用140ml，黏土用185ml；土壤有机质含量高于3%时，沙质土用140ml，壤土用185ml，黏土用230ml。南方用药量一般为100～150ml。

② 花生田：播后苗前，每亩用72%异丙甲草胺乳油150～200ml，地膜覆盖田用量为100～150ml。

③ 棉花田：播后苗前或移栽后3天用药，每亩用72%异丙甲草胺乳油100～200ml。

④ 油菜田：移栽前，每亩用72%异丙甲草胺乳油100～150ml。

⑤ 马铃薯、甜菜田：播后苗前，每亩用72%异丙甲草胺乳油100～230ml。

⑥ 实芹、韭菜、大蒜田：播后苗前，每亩用72%异丙甲草胺乳油100～125ml。

【注意事项】 ① 异丙甲草胺防治禾本科杂草效果较好，如要防除阔叶杂草，扩大杀草谱，可与其他除草剂混用。

② 有些以小粒种子繁殖的一年生蔬菜，如香菜、西芹等对此敏感，不宜使用。

5. 精异丙甲草胺（s-metolachlor，金都尔）

【化学名称】 2-氯-6-乙基-*N*-(2-甲氧基-1-甲基乙基) 乙酰-邻-替苯胺；2-[[[[(4,6-二甲氧基嘧啶-2)氨基]羰基]磺酰基]甲基]苯甲酸甲酯

【作用特点】 杀草谱及杀草机理与异丙甲草胺相同，但杀草活性优于异丙甲草胺。

【制剂】 96%精异丙甲草胺乳油。

【适用范围】 同异丙甲草胺。

【防除对象】 牛筋草、狗尾草、稗草、早熟禾、野黍、画眉草、虎尾草、鸭跖草、荠菜、香薷、马齿苋、萹蓄、酸模叶蓼、反枝苋、藜、小藜、宝盖草等。

【使用技术】 ① 大豆、玉米田：播后苗前，使用96%精异丙甲草胺乳油的剂量。土壤有机质含量小于3%时，沙质土用50～60ml，壤土用70～80ml，黏土用100ml；土壤有机质含量大于3%时，沙质土用70ml，壤土用100ml，黏土用120～150ml。

② 花生田：播后苗前，每亩用96%精异丙甲草胺乳油50～100ml，地膜覆盖田用50～90ml。

③ 棉花田：播后苗前或移栽后3天，每亩用96%精异丙甲草胺乳油50～100ml。

④ 油菜田：播后苗前及移栽前用药，每亩使用96%精异丙甲草胺乳油50～80ml。

⑤ 马铃薯、甜菜田：每亩用96%精异丙甲草胺乳油50～115ml。

⑥ 实芹、韭菜、大蒜田：播后苗前，每亩用96%精异丙甲草胺乳油50～60ml。

【注意事项】 ①精异丙甲草胺为封闭性除草剂，施用前的地面应湿润，无明显缝隙，若土壤较干燥，在不增加用药量的前提下，应增加兑水量，向地面均匀喷雾。②以小粒种子繁殖的蔬菜，如苋菜、香菜、西芹等对精异丙甲草胺敏感，不宜使用。

6. 丙草胺（pretilachlor，瑞飞特、扫弗特）

【化学名称】 2-氯-2,6′-二乙基-*N*-(2-丙氧乙基)乙酰替苯胺

【作用特点】 丙草胺为选择性内吸传导型除草剂，不影响杂草种子发芽，但杂草种子一

旦萌发，丙草胺即发挥作用，主要经中胚轴、下胚轴和胚芽鞘进入杂草植株内，根部吸收较少，丙草胺通过影响细胞膜的渗透性，使离子吸收减少，膜渗漏，细胞的有丝分裂被抑制，同时蛋白质合成和多糖的形成也受抑制，则萌发不久的杂草的幼苗中毒后，初生叶不能出土或从芽鞘侧面伸出，扭曲不能正常伸展，生长发育停止，并且丙草胺间接地影响杂草的光合作用和呼吸作用，使杂草最终死亡。2～3 周后的水稻秧苗具有将体内的丙草胺迅速分解为无活性物质的能力，但幼芽状态的水稻这种能力较弱，无法解毒。丙草胺加入安全剂 CGA123407 后，对水稻幼苗的保护作用明显增强，但不保护其他的禾本科植物，扫弗特含有安全剂，可以用于直播田和秧田。

【制剂】 30%、50%丙草胺乳油。

【适用范围】 水稻。

【防除对象】 稗草（1.5 叶期前）千金子等一年生禾本科杂草，兼防治部分一年生阔叶杂草和莎草科杂草，例如，鳢肠、陌上草、鸭舌草、节节菜、丁香蓼、碎米莎草、异形莎草、牛毛毡、四叶萍、尖瓣花等。

【使用方法】 丙草胺不加安全剂，丙草胺为杂草芽前和苗后早期除草剂，可用于移栽稻田和抛秧稻田，杂草 1.5 叶期前药效显著，1.5 叶期后的杂草耐药性显著增强。北方稻区用药量为每亩施用 50%丙草胺乳油 60～80ml，有机质含量低时用 60～70ml，有机质含量高时用 70～80ml。

长江流域及淮河流域水稻田每亩施用 50%丙草胺乳油 50～60ml，珠江流域用 40～50ml。移栽稻田于移栽后 3～5 天，拌细土撒施，也可将药液加少量水，装入瓶中，用“瓶甩”法施药。抛秧稻田可在抛秧前 1～2 天或抛秧后 2～4 天施药。无论移栽田或抛秧田，施药时都应有 3cm 左右的水层，并保持水层 3～5 天。

丙草胺加安全剂，安全剂主要通过根吸收，所以直播田和育秧田播种前必须催芽，播后 1～4 天内施药。育秧田每亩施用 30%扫弗特乳油 75～100ml；直播田每亩施用 30%扫弗特乳油 100～115ml。加安全剂的丙草胺同样可应用于移栽田和抛秧田。

【注意事项】 ① 北方稻区水稻播种时气温较低，早期长势缓慢，使用扫弗特时应先做小面积的试验，掌握适应本地的使用方法然后再推广。瑞飞特不能用于直播田和秧田。② 渗漏性强的稻田不宜使用瑞飞特，因为渗漏会使药剂过多集中在根部，易对水稻产生轻度药害。

7. 苯噻酰草胺（mefenacet，苯噻草胺）

【化学名称】 2-苯并噻唑-2-基氧-*N*-甲基乙酰苯胺

【作用特点】 苯噻酰草胺为选择性内吸除草剂，用于防治萌芽期和苗后早期的杂草，以毒土法施药后，药剂被吸附于土表 1cm 以内形成药土层，对生长点处于土壤表层的稗草杀伤力很强，对由种子繁殖的多年生杂草也有抑制作用。

【制剂】 50%苯噻酰草胺可湿性粉剂。

【适用范围】 水稻（移栽田、抛秧田、直播田）。

【防除对象】 主要防治禾本科杂草，对稗草有特效，同时可防除牛毛毡、瓜皮草、泽泻、眼子菜、鸭舌草、节节草、萤蔺、异型莎草、扁穗莎草和多年生莎草科杂草。

【使用方法】 水稻移栽后 5～7 天，稗草 1 叶 1 心前，每亩施用 50%苯噻酰草胺可湿性粉剂 50～60g（南方）或 60～80g（北方），拌细土撒施，施药前整平稻田面，施药时及药后保持 3～5cm 的水层 5～7 天。

【注意事项】 ① 抛秧田应在稻苗扎根活棵后用药。

② 稗草叶龄小时用推荐药量的下限，稗草叶龄大时用推荐药量的上限。

8. 敌稗（propanil，斯达姆）

【化学名称】 3′,4′-二氯丙酰替苯胺

【作用特点】 敌稗为选择性触杀型茎叶处理除草剂，能够破坏杂草细胞膜的透性，使杂草茎叶失水干枯而死，同时敌稗对杂草的光合及呼吸都产生抑制作用，使2叶期前的稗草迅速死亡。水稻等抗性作物体内含有酰胺水解酶，可将其降解为无活性物质。敌稗接触土壤后很快分解失效，只能作为茎叶处理剂，无封闭效果。

【制剂】 20%敌稗乳油。

【适用范围】 水稻、旱稻、马铃薯、番茄、茄子、甘薯。

【防除对象】 稗、鸭舌草、水芹、水马齿、看麦娘、马唐、反枝苋、酸模叶蓼。

【使用方法】 稗草1.5～2叶期为适宜用药时期，每亩用20%敌稗乳油150～200g，施药前1天排干稻田的水。

【注意事项】 施药时气温不宜超过28℃，否则易对水稻产生药害。

9. 丁草胺（butachlor，马歇特）

【化学名称】 *N*-(丁氧甲基)-*α*-氯-2′,6′-二乙基乙酰替苯胺

【作用特点】 选择性内吸传导型芽前处理剂，可被杂草的幼芽及幼小的次生根吸收，阻碍蛋白质的合成，进而抑制细胞的分裂及生长，受害的杂草幼株表现为肿大、畸形、色深绿、最后死亡。

【制剂】 69%丁草胺乳油、5%丁草胺颗粒剂。

【适用范围】 水稻（移栽田、育秧田）、小麦。

【防除对象】 防除以种子萌发的禾本科杂草、一年生莎草科及部分一年生阔叶杂草，如稗草、千金子、异型莎草、碎米莎草、牛毛毡等。对鸭舌草、节节草、尖瓣花和萤蔺等防效较好。对多年生杂草，如水三棱、扁秆藨草、野慈姑等无明显防效。

【使用方法】 ① 移栽水稻田。北方移栽水稻于插秧后5～7天，每亩用69%丁草胺乳油100～150ml，南方于插秧后3～5天，每亩用69%丁草胺乳油85～100ml，喷雾或毒土法施药，施药时田间保持浅水层3～5cm，保水3～5天。

② 水稻育秧田。播前3～5天，田间保持浅水层，每亩用69%丁草胺乳油75～100ml，兑水喷雾，待田间水自然落干后，耙平，播入催芽的稻种。水稻苗后施药，可于秧苗1叶1心至2叶期，稗草2叶期前，每亩用69%丁草胺乳油60～80ml喷雾或毒土法施药，保持浅水层3～4天，水层不能浸没稻苗心叶，以免产生药害。

【注意事项】 丁草胺对3叶期以上的稗草防效较差，应掌握适宜的用药时期。

二、三氮苯类除草剂

1. 莠去津（atrazine，阿特拉津）

【化学名称】 2-氯-4-乙氨基-6-异丙氨基-1,3,5-三嗪

【作用特点】 莠去津为选择性内吸传导型除草剂，在杂草苗前苗后均可使用，药剂主要被杂草根部吸收，少部分被茎叶吸收，在杂草体内传导迅速，积累于叶内及分生组织内，干扰破坏光合作用，使杂草死亡。玉米等抗性植物能将莠去津分解为无毒物质。莠去津常与酰胺类除草剂混合使用。

【制剂】 38%悬浮剂，48%、50%、80%可湿性粉剂，90%水分散粒剂。

【适用范围】 玉米、甘蔗、高粱、谷子、果园、苗圃、林地。

【防除对象】 马唐、狗尾草、稗草、早熟禾、看麦娘、苋菜、铁苋菜、苍耳、苘麻、龙葵、酸浆、马齿苋、繁缕、牛繁缕、千里光、宝盖草、田芥、酸模叶蓼、藜等。

【使用方法】 玉米、高粱、甘蔗、谷子等禾本科作物于播后苗前，每亩用38%莠去津悬浮剂150～200ml，东北地区每亩玉米田用200～250ml。苗后使用时，玉米3～4叶期，杂草2～4叶期，每亩用38%莠去津悬浮剂200～250ml，兑水喷雾，尽量将喷头压低，减少玉米苗接触药液。果园、苗圃及林地用药可掌握在杂草萌动时，每亩用38%莠去津悬浮剂200～350ml喷地表。

【注意事项】 桃树对莠去津较敏感，慎用。

2. 扑草净（prometryn，割草佳）

【化学名称】 4,6-双异丙氨基-2-甲硫基-1,3,5-三嗪

【作用特点】 扑草净为选择性内吸传导型除草剂，被杂草的根茎叶吸收，抑制杂草的光合作用，杂草的叶绿素被破坏，植株叶片失绿而死亡。抗性植物通过水解和氧化反应使体内的扑草净分解为无毒化合物。

【制剂】 25%、40%、50%、80%可湿性粉剂，50%悬浮剂。

【适用范围】 水稻、棉花、大豆、花生、小麦、向日葵、马铃薯、蔬菜、果树。

【防除对象】 鸭舌草、眼子菜、马唐、狗尾草、稗草、牛筋草、看麦娘、千金子、早熟禾、画眉草、匍匐剪股颖、牛毛毡、野慈姑、四叶萍、藻类、藜、反枝苋、凹头苋、酸模叶蓼、柳叶刺蓼、繁缕、荠菜、苘麻、鼬瓣花、野芝麻、水苏、假酸浆、龙葵、婆婆纳、豚草、鬼针、苍耳、辣子草、苣荬菜、千里光、车前、甘薯属等。

【使用方法】 ① 稻田：南方移栽田于移栽后5～7天用药，每亩用50%扑草净可湿性粉剂30～40g；中后期防除眼子菜，于移栽后15～25天施用，每亩用50%扑草净可湿性粉剂50～70g；水稻收割后马上施药防除眼子菜，每亩用50%扑草净可湿性粉剂200g；北方防除眼子菜可于移栽后20～25天施药，此时眼子菜由红变绿色，每亩用50%扑草净可湿性粉剂70～100g。

② 大豆田：播后苗前，每亩用50%扑草净可湿性粉剂100g。

③ 花生田：播前或播后苗前，每亩用50%扑草净可湿性粉剂150g。

④ 棉花田：播前或播后苗前，每亩用50%扑草净可湿性粉剂200～250g。

⑤ 冬小麦田：小麦2～3叶期，杂草1～2叶期，每亩用50%扑草净可湿性粉剂70～100g。

⑥ 甘蔗田：移栽成活后，每亩用50%扑草净可湿性粉剂150～200g。

⑦ 胡萝卜、芹菜、大蒜、洋葱：播前、播后苗前或苗后1～2叶期，每亩用50%扑草净可湿性粉剂100g。

⑧ 果园：一年生杂草萌发高峰期，每亩用50%扑草净可湿性粉剂250～300g。

【注意事项】 严格掌握用药量及用药时间，沙质土勿用扑草净，以免产生药害。

3. 西草净（simetryn）

【化学名称】 2-甲硫基-4,6-二乙氨基-1,3,5-三嗪

【作用特点】 西草净是内吸选择性除草剂，可通过杂草的根、茎、叶吸收，破坏光合作用中的电子传递过程，杂草先是在叶尖及叶边缘失绿，继而扩展至整个叶片，整株杂草死亡。

【制剂】 25%、50%西草净可湿性粉剂。

【适用范围】 水稻、麦类、大豆、玉米、花生。

【防除对象】 眼子菜、稗草、马唐、狗尾草、鸭舌草、野慈姑、看麦娘、千金子、早熟禾、画眉草、牛毛毡、凹头苋、反枝苋、酸模叶蓼、繁缕、荠菜、苘麻、野芝麻、龙葵、婆婆纳、豚草、苍耳、三棱草等。

【使用方法】 ① 水稻。移栽后至分蘖期，直播田在分蘖后期，每亩用25%西草净可湿性粉剂100～300g，拌细土撒施，施药后应保持2～5cm深的水层7天。为增加药效，可以与禾草丹混用。东北地区和内蒙古东部，在6月上旬至7月下旬，每亩用25%西草净可湿性粉剂200～250g。

② 旱田作物。播后苗前，每亩用25%西草净可湿性粉剂150～300g，兑水喷雾。温度较高，土壤湿润时，使用较低剂量，反之使用较高剂量。

【注意事项】 施药时温度不能超过30℃，否则易产生药害，所以主要在北方应用。

4. 嗪草酮（metribuzin，赛克）

【化学名称】 4-氨基-6-叔丁基-4,5-二氢-3-甲硫基-1,2,4-三嗪-5(4*H*)-酮

【作用特点】 嗪草酮为内吸选择性除草剂，主要由杂草根部吸收传至地上部分，也可由茎叶吸收在杂草体内进行有限传导，对杂草种子的萌发无影响，破坏杂草的光合作用，杂草叶片出现失绿、变黄、火烧状等现象，由于营养枯竭导致杂草死亡。

【制剂】 50%、70%嗪草酮可湿性粉剂，75%嗪草酮干悬浮剂。

【适用范围】 大豆、玉米、马铃薯、番茄、苜蓿等。

【防除对象】 主要防除一年生的阔叶杂草和部分禾本科杂草，对多年生杂草防效不理想。其杀草谱与用药剂量有关，苗前每亩用23g(a.i)，可防除早熟禾、看麦娘、反枝苋、鬼针草、狼把草、荠菜、矢车菊、藜、小藜、野芝麻、柳穿鱼、锦葵、萹蓄、酸模叶蓼、春蓼、红蓼、野芥菜、马齿苋、繁缕、遏蓝菜等；苗前每亩用35g(a.i)，可防治马唐、铁苋菜、刺苋、绿苋、三色堇、水棘针、香薷、曼陀罗、鼬瓣花、独行菜、柳叶刺蓼、苣荬菜等；苗前每亩用47g(a.i)，可防除鸭跖草、狗尾草、稗草、苘麻、卷茎蓼、苍耳等。

【使用方法】 ① 大豆。播前或播后苗前，每亩使用70%嗪草酮可湿性粉剂23～50g（南方），50～75g（东北），兑水喷雾。

② 马铃薯、番茄。播后苗前及番茄移栽后2周内，按每亩用70%嗪草酮可湿性粉剂，沙质土用25～35g，壤土用35～50g，黏土用50～75g。

③ 玉米。播后苗前，适用于有机质大于2%，pH值小于7的地块，每亩用70%嗪草酮可湿性粉剂27～33g。常与甲草胺、乙草胺、异丙草胺、异丙甲草胺、莠去津等混用。玉米3～5叶期，阔叶杂草2～4叶期，每亩用70%嗪草酮可湿性粉剂53～66g与玉农乐混用。

【注意事项】 在用药量过大或田间低洼积水、病虫害发生情况下，大豆田使用嗪草酮易产生药害。

三、磺酰脲类除草剂

1. 苯磺隆（tribenuron-methyl，巨星）

【化学名称】 2-[4-甲氧基-6-甲基-1,3,5-三嗪-2-基(甲基)氨基甲酰氨基磺酰基] 苯甲酸甲酯

【作用特点】 苯磺隆为内吸传导型除草剂，以杂草的茎、叶、根吸收并在体内传导，抑制氨基酸的合成，施药后杂草很快停止生长，后新叶出现黄化，约2～3周杂草死亡，温度较高，药剂量较大的情况下，杂草死亡速度较快。

【制剂】 10%、20%苯磺隆可湿性粉剂，75%苯磺隆水分散粒剂，75%苯磺隆干悬浮剂。

【适用范围】 小麦、大麦。

【防除对象】 主要防除麦田一年生及越年生阔叶杂草，如荠菜、麦蒿、繁缕、宝盖草、婆婆纳、麦瓶草、猪秧秧、地肤、泥胡菜、大巢菜、藜等。

【使用方法】 麦类作物2叶期至拔节期均可使用，冬小麦区以秋季使用效果最好，此时杂草植株较小，耐药性差，每亩用10%的苯磺隆可湿性粉剂10g，或75%的苯磺隆1g，春季使用时，一过分蘖，麦苗较为稠密，杂草也已较大，用药量应增加0.5～1倍。猪秧秧对苯磺隆耐药性较强，应加大用药量。苯磺隆对麦家公、刺儿菜及旋花科等多年生杂草效果不理想。

【注意事项】 ① 苯磺隆虽为茎叶处理剂，由于其持效期可长达60天，且麦田杂草多为越年生，80%以上杂草在冬前萌发出土，所以麦田化学除草应尽可能在秋季用药。

② 苯磺隆对多数1年生双子叶植物有杀伤作用，若后茬种植花生、大豆、西甜瓜等双子叶作物，则苯磺隆的施药时间不能过晚，以免对后茬双子叶作物的生长产生不利影响。

③ 对麦棉间作的地块，应选择无风的天气施药，并尽可能压低喷头，以减轻对棉花生长的影响。

2. 甲磺隆（metsulfuron-methyl，合力）

【化学名称】 2-[(4-甲氧基-6-甲基-1,3,5-三嗪基-2-基)脲基磺酰基]苯甲酸甲酯

【作用特点】 甲磺隆为内吸传导型除草剂，以杂草的根、茎、叶吸收后，传导至杂草的幼芽及根的生长点，抑制缬氨酸及异亮氨酸的合成，造成杂草组织坏死而死亡。甲磺隆在偏酸性土壤中降解迅速，而在偏碱性土壤中降解缓慢。

【制剂】 60%甲磺隆水分散粒剂。

【适用范围】 小麦。

【防除对象】 荠菜、麦蒿、繁缕、苋菜、大巢菜、水花生等阔叶杂草及看麦娘、日本看麦娘、早熟禾等禾本科杂草。

【使用方法】 在小麦播后苗前或苗后早期（冬前），用60%甲磺隆水分散粒剂7.2～16.8g/hm²(a.i) 喷雾。

【注意事项】 ① 由于南北方的土壤酸碱度不同，甲磺隆仅限于长江流域及南方地区的稻麦轮作区使用。

② 甲磺隆对小麦的安全性较差，使用时应严格控制用药量，不可随意增加用量。

③ 应用甲磺隆进行化学除草的麦田，后茬不能种植双子叶作物及玉米，否则易产生药害。

3. 噻吩磺隆（thifensulfuron-methyl，阔叶散）

【化学名称】 3-(4-甲氧基-6-甲基-1,3,5-三嗪-2-基氨基甲酰氨基磺酰基)噻吩-2-羧酸

【作用特点】 杂草接触噻吩磺隆十几小时后即受害，虽然仍保持绿色，但生长已经停止，后逐渐表现出新叶失绿黄化，其他叶片呈暗红色，植株萎缩，约1～3周死亡。用药剂量加大会加快杂草死亡速率。持效期约30天。

【制剂】 10%、75%噻吩磺隆可湿性粉剂，75%噻吩磺隆干悬浮剂，75%噻吩磺隆水分散粒剂。

【适用范围】 小麦、大麦、大豆、玉米。

【防除对象】 防除一年生阔叶杂草，如麦蒿、荠菜、猪秧秧、麦瓶草、繁缕、牛繁缕、

宝盖草、酸模叶蓼、藜、鸭跖草（3 叶前）、麦家公、婆婆纳等。

【使用方法】 小麦自 2 叶期至抽穗期均可使用，冬前使用效果更好，使用时气温应在 5℃以上，22.5～33.8g/hm²(a.i) 喷雾。

【注意事项】 ① 噻吩磺隆的安全性较好，适当增加用药量时，对小麦无副作用，且对小麦的后茬作物无影响。

② 猪秧秧的耐药性比荠菜、麦蒿等杂草要强，所以，若猪秧秧为优势杂草时，可考虑增加用药量。

③ 若同时防除麦田的阔叶杂草及禾本科杂草，可将噻吩磺隆与骠马或世玛混用。

④ 若冬前使用噻吩磺隆时的气温较低，则杂草的死亡时间会推迟至翌年春季。

4. 苄嘧磺隆（bensulfuron-methyl，农得时、威农）

【化学名称】 2-{[(4,6-二甲氧基嘧啶-2-基)氨基羰基氨基]磺酰基甲基}苯甲酸甲酯

【作用特点】 苄嘧磺隆在水中迅速扩散，通过杂草的根茎叶吸收，并在体内传导，抑制杂草体内侧链氨基酸的合成，阻止细胞的分裂和生长，杂草心叶黄化，根、芽生长点逐渐坏死而导致杂草死亡。苄嘧磺隆进入水稻、小麦体内后，很快被分解成无毒物质，所以对水稻、小麦安全。

【制剂】 10％、32％、35％苄嘧磺隆可湿性粉剂。

【适用范围】 水稻、小麦。

【防除对象】 雨久花、野慈姑、慈姑、眼子菜、泽泻、陌上菜、花蔺、萤蔺、莎草、碎米莎草、异型莎草、田叶萍、水马齿、荠菜、麦蒿、宝盖草、猪秧秧、麦瓶草、婆婆纳等。

【使用方法】 ①水稻直播田：播前至播后 20 天内均可施药，以早期用药防效较好，防除一年生阔叶杂草及莎草时，每亩用 10％的苄嘧磺隆可湿性粉剂 20～30g 或 32％可湿性粉剂 10g，兑水 30kg 喷雾或混细土 20kg 撒施，应保持 5～7 天的时间有 3～5cm 深的水层。②移栽田：移栽前至移栽后 20 天内均可施药，移栽后 7 天内施药最为适宜，用药量、施药方法及田间持水情况与直播田相同；为增加对多年生杂草及稗草的防效，10％苄嘧磺隆的用药量可增至 30～50g。

5. 吡嘧磺隆（pyrazosulfuron-ethyl，草克星）

【化学名称】 5-(4,6-二甲氧基嘧啶基-2-氨基甲酰氨基磺酰基)-1-甲基吡唑基-4-甲酸乙酯

【作用特点】 吡嘧磺隆为高活性内吸选择性除草剂，可被杂草的根茎叶吸收并在体内传导，抑制氨基酸的生物合成，杂草的根和芽的生长很快停止，然后杂草整株死亡。有时施药后杂草植株仍呈绿色，但是其生长发育已经受到抑制，失去与水稻的光竞争能力。

【制剂】 7.5％、10％、20％吡嘧磺隆可湿性粉剂。

【适用范围】 水稻直播田、移栽田、抛秧田。

【防除对象】 稗草、稻李禾、牛毛毡、水莎草、异型莎草、雨久花、窄叶泽泻、泽泻、鸭舌草、矮慈姑、野慈姑、萤蔺、眼子菜、紫萍、狼把草、浮生水马齿、母草、轮藻、小茨藻、鳢肠、三萼沟繁缕、节节菜、水芹。此外，北方二次施药对防除扁秆藨草、日本藨草(三江藨草)、藨草有较好的效果。

【使用方法】 (1) 移栽田 水稻移栽前到移栽后 20 天的时间均可施药，若防治稗草，应在稗草 1.5 叶期前施药，并用较高剂量，插秧后 5～7 天，稗草 1.5 叶期前施药，每亩用 10％吡嘧磺隆可湿性粉剂 10～20g，拌细土撒施，施药后应保持 3～5cm 深的水层 5～7 天，水不足时可缓慢补水，但不可排水，南北方可根据当地稻田的实际情况适当增减用药量。直播田可在播后 3～10 天施药，施药量施药方法及水层管理等措施与移栽田相同。

(2) 多年生莎草科杂草的防除　扁秆藨草、日本藨草及藨草是较难防除的莎草科杂草，防治最佳时期在其刚出土到株高 7cm 之前，防治过晚则只能短暂对其生长控制，10～15 天即可恢复生长，且仍能开花结果。采用二次施药法可获得较好的防效。

① 移栽田。可于抽秧前整地结束后，插前 5～7 天，每亩用 10%吡嘧磺隆可湿性粉剂 10～15g；插秧后 10～15 天，莎草科杂草长至 5～7cm 时，再用 10%吡嘧磺隆可湿性粉剂 10～15g，也可与除稗剂混用。如果插秧较早，杂草发生较晚，第一次用药在插秧后 5～8 天，每亩用 10%吡嘧磺隆可湿性粉剂 10～15g，第二次用药在第一次药后的 10～15 天，莎草科杂草株高 4～7cm 时，再用同剂量的吡嘧磺隆。

② 直播田。在播种催芽后 5～6 天，每亩用 10%吡嘧磺隆可湿性粉剂 10～15g，然后于晒田灌水后 3～5 天，每亩再用 10%吡嘧磺隆可湿性粉剂 10～15g；也可于晒田灌水后 1～3 天，每亩用 10%吡嘧磺隆可湿性粉剂 10～15g，间隔 10～20 天，每亩再用 10%吡嘧磺隆可湿性粉剂 10～15g。

【注意事项】 吡嘧磺隆易对阔叶作物产生药害，施药时应注意药液雾滴飘移问题，还应注意稻田的排水不要影响附近阔叶作物的生长。

6. 烟嘧磺隆（nicosulfuron，玉农乐）

【化学名称】 2-(4,6-二甲氧基嘧啶-2-基氨基甲酰氨基磺酰基)-*N*,*N*-二甲基烟酰胺

【作用特点】 烟嘧磺隆为内吸传导型除草剂，杂草可通过叶、茎、根吸收烟嘧磺隆，并在体内迅速传导，杂草氨基酸合成受到抑制，心叶黄化、失绿、白化，其他叶片由上到下依次变黄，一般施药后 3～4 天可见到杂草受害症状，20～25 天杂草死亡。进入玉米植株内的烟嘧磺隆能被迅速分解代谢为无活性物质，所以对玉米是安全的。通常作为茎叶处理剂使用，同时也具有一定的封闭效果。

【制剂】 4%烟嘧磺隆悬浮剂、80%烟嘧磺隆可湿性粉剂。

【适用范围】 玉米。

【防除对象】 马唐、牛筋草、狗尾草、稗草、野燕麦、马齿苋、酸模叶蓼、卷茎蓼、反枝苋、龙葵、香薷、荠菜、苍耳、苘麻、问荆、刺儿菜、大蓟、苣荬菜。

【使用方法】 施药适期为玉米 3～5 叶期，一年生杂草 2～4 叶期，多年生杂草 6 叶期之前。每亩使用 4%的悬浮剂的药量：东北春玉米区 100ml，华北夏玉米区 60～80ml，南方玉米 33.3～66.6ml，兑水 45kg 喷雾。

【注意事项】 ① 不同类型玉米对烟嘧磺隆的敏感性不同，其安全性顺序为：马齿型＞硬质型＞爆裂玉米＞甜玉米，爆裂玉米、甜玉米及糯玉米对烟嘧磺隆非常敏感，勿用本除草剂。

② 无论土壤干湿，烟嘧磺隆均能发挥较好的除草效果，但在土壤湿润情况下，其封闭性更好，持效期更长。

③ 有机磷农药与本药的使用间隔期应在 7 天以上，否则易产生药害；菊酯类农药较为安全，可与本剂混合使用。

7. 甲基二磺隆（mesosulfuron-methyl，世玛）

【化学名称】 甲基-2-[3-(4,6-二甲氧基嘧啶-2-基)-脲基磺酰基]-4-甲磺酰基氨基甲基苯甲酸酯

【作用特点】 甲基二磺隆为苗后选择性内吸传导型除草剂，主要通过杂草的茎叶吸收，抑制杂草体内支链氨基酸的合成，阻止细胞分裂，从而导致杂草死亡，能防除几乎所有的禾本科杂草，并对部分阔叶杂草有效。甲基二磺隆与安全剂同时使用，安全剂可促使甲基二磺

隆有小麦植株内迅速降解为无活性物质，所以对小麦安全。

【制剂】 3%甲基二磺隆油悬浮剂。

【适用范围】 小麦。

【防除对象】 野燕麦、早熟禾、看麦娘、雀麦、硬草、罔草、蜡烛草、荠菜、麦蒿、牛繁缕等。

【使用方法】 小麦苗后3～6叶期，禾本科杂草2.5～5叶期施药，以秋季用药防效较好，每亩用药25～30ml，同时使用安全剂（伴宝）60～90ml。

【注意事项】 ① 对小麦的某些品种有抑制生长作用，合理用药情况下，小麦返青起身后抑制作用消失，起到蹲苗增产的效果。

② 对干旱、水涝、冻害、盐害、病虫害等造成的弱苗小麦田，应避免使用本除草剂。

③ 甲基二磺隆最好在冬前使用，小麦生育期内只用一次，使用时间最迟不能晚于小麦拔节。

8. 氯嘧磺隆（chlorimuron-ethyl，豆磺隆）

【化学名称】 2-[(4-氯-6-甲氧基嘧啶-2基)-1-(2-乙氧基甲酰基苯基]磺酰脲

【作用特点】 氯嘧磺隆为广谱内吸选择性除草剂，被根茎叶吸收后在体内迅速上下传导，并于代谢旺盛的幼嫩部位发生作用，抑制支链氨基酸（缬氨酸、亮氨酸、异亮氨酸）的合成，造成杂草根尖生长点死亡，继而整株死亡。

【制剂】 20%、25%、50%氯嘧磺隆可湿性粉剂，25%氯嘧磺隆干悬浮剂。

【适用范围】 大豆。

【防除对象】 马齿苋、反枝苋、铁苋菜、鳢肠、苍耳、狼把草、香薷、蒙古蒿、牵牛、苘麻、荠菜、野薄荷、碎米莎草、香附子等。

【使用方法】 主要用于大豆田除草，通常作为封闭性除草剂，也可以苗后使用，苗前使用时，每亩的用药量为20%氯嘧磺隆可湿性粉剂5～7.5g。苗后使用可在大豆长出1片复叶、杂草3叶前茎叶处理，施药后大豆易出现皱缩发黄的现象，但以后会逐渐恢复正常，对产量无影响，对杂草的防效优于苗前处理，用药量为每亩4～7g。

【注意事项】 ① 土壤有机质的含量对氯嘧磺隆药效有较明显的影响，有机质含量较高的地块应增加用药量。

② 氯嘧磺隆在土壤中持效期较长，后茬不宜种植甜菜、水稻、马铃薯、瓜类、蔬菜、棉花等作物。

③ 使用氯嘧磺隆后若遇持续低温（12℃以下）、高温（30℃以上）、多雨，尤其是茎叶处理地块积水时，易出现药害症状。

9. 啶嘧磺隆（flazasulfuron，秀百宫）

【化学名称】 1-(4,6-二甲氧基嘧啶-2-基)-3-(3-三氟甲基-2-吡啶磺酰)脲

【作用特点】 啶嘧磺隆为内吸选择性处理剂，主要通过杂草茎叶吸收，传导至根、茎代谢及生长旺盛的尖端，4～5天心叶失绿枯死，杂草整株死亡需20～30天。

【制剂】 25%啶嘧磺隆水分散粒剂。

【适用范围】 结缕草、狗牙根类、暖季型草坪。

【防除对象】 看麦娘、早熟禾、狗尾草、马唐、荠菜、繁缕、反枝苋、马齿苋、大巢菜、麦瓶草、飞蓬、黄花酢浆草、碎米莎草、香附子。

【使用方法】 草坪休眠或生长季节均可使用，以杂草3～4叶期防效最好，每亩使用25%水分散粒剂10～20g，兑水30kg均匀喷雾。

【注意事项】 高温多雨季节使用时，可能草坪新叶及节部出现失绿状轻微药害，但短时间即可恢复。

10. 环丙嘧磺隆（cyclosulfamuron，金秋）

【化学名称】 1-{[O-(环丙酰基)苯基]氨磺酰}-3-(4,6-二甲氧基-2-吡啶基)-脲

【作用特点】 环丙嘧磺隆为选择性内吸传导型除草剂，能被杂草根和叶吸收，在体内迅速传导，阻碍缬氨酸、亮氨酸、异亮氨酸的生物合成，对细胞分裂和生长产生抑制作用，敏感杂草吸收药剂后，根、幼芽生长很快停止，幼嫩组织发黄，然后枯死。杂草接触药剂后到死亡要有一段时间，通常一年生杂草为5～15天，多年生杂草时间会长些。有时施药后杂草仍为绿色，多年生杂草不死，其实杂草此时已经停止生长，失去了与作物竞争的能力。

【制剂】 10%环丙嘧磺隆可湿性粉剂。

【适用范围】 水稻。

【防除对象】 雨久花、眼子菜、鸭舌草、节节菜、毋草、泽泻、慈姑、陌上菜、尖瓣花、野慈姑、狼把草、异型莎草、莎草、牛毛毡、碎米莎草、萤蔺、水绵、小茨藻。

【使用方法】 东北、西北水稻移栽田，插后7～15天，每亩用10%环丙嘧磺隆可湿性粉剂15～20g。南方地区，移栽田插后3～6天，直播田播后2～7天，每亩用10%环丙嘧磺隆可湿性粉剂10～20g。防除2叶期以内的稗草，每亩用10%环丙嘧磺隆可湿性粉剂30～40g，毒土法施药，施药后需保持2～3cm的水层5～7天。防除多年生的莎草科杂草，如扁秆藨草、日本藨草、藨草，每亩用10%环丙嘧磺隆可湿性粉剂40～60g。

【注意事项】 ① 草害发生较重时，可使用高剂量；稗草及多年生杂草或莎草为主要杂草时使用高剂量。

② 无论是移栽稻还是直播稻，保持水层都有利于药效的正常发挥，一般应在施药后保持3～5cm的水层5～7天。

11. 乙氧磺隆（ethoxysulfuron，太阳星）

【化学名称】 3-(4,6-二甲氧基吡啶基-2-基)-1-(2-乙氧砜基)脲

【作用特点】 乙氧磺隆是选择性内吸传导型除草剂，为乙酰乳酸合成酶抑制剂，通过杂草的根茎叶吸收，并在体内传导，阻碍氨基酸合成，使细胞分裂及生长不正常，分生组织被破坏，根茎生长点的生长停滞，最后导致杂草死亡。

【制剂】 15%乙氧磺隆水分散粒剂。

【适用范围】 水稻秧田、插秧田、直播田。

【防除对象】 一年生阔叶杂草、莎草科及藻类，如水绵、青苔、鸭舌草、雨久花、野荸荠、眼子菜、泽泻、鳢肠、矮慈姑、长瓣慈姑、狼把草、鬼针、丁香蓼、节节菜、耳叶水苋、水苋菜、小茨藻、苦草、谷精草。

【使用方法】 南方及长江流域，水稻移栽田移栽后3～6天施药，直播田播种后2～7天施药，抛秧田抛后4～10天施药，每亩施用15%乙氧磺隆水分散粒剂的量为：抛秧田5～7g，直播田、秧田4～6g（南方）；抛秧田5～7g，直播田、秧田6～9g（北方）。

长江以北水稻移栽田、抛秧田，每亩施用15%乙氧磺隆水分散粒剂9～14g，直播田，秧田用6～14.7g。东北地区水稻移栽后7～10天，播种后10～15天，每亩施用15%乙氧磺隆水分散粒剂10～15g。

为增强药效及扩大杀草谱，乙氧磺隆可以与丁草胺、禾草特、二氯喹啉酸等混用。采用毒土法施药时，每亩用细沙15kg，拌匀后均匀撒施，施药后保持3～5cm的水层7～10天。采用喷雾时，施药前放浅水层，使杂草露出水面，施药2天后，恢复常规水层管理。

【注意事项】① 施药后 10 天内不要使稻田水外流，也不可使水面淹没心叶。

② 防除多年生杂草及大叶龄杂草时可用推荐的上限药量。

四、二苯醚类除草剂

1. 乳氟禾草灵（lactofen，克阔乐）

【化学名称】2-硝基-5-(2-氯-4-三氟甲基苯氧基）苯甲酸-1-(乙氧羰基)乙基酯

【作用特点】乳氟禾草灵为选择性茎叶处理除草剂，药液经杂草的茎叶吸收，在杂草体内进行有限的传导，通过破坏细胞膜的完整性导致细胞内含物流失，使杂草干枯死亡。在温度适宜、光照充足的情况下，施药 2～3 天后，敏感阔叶杂草的叶面出现灼伤斑块，并逐渐扩大，整片叶干枯，最后杂草整株死亡。

【制剂】24%乳氟禾草灵乳油。

【适用范围】大豆、花生。

【防除对象】苍耳、苘麻、马齿苋、凹头苋、铁苋菜、龙葵、野西瓜苗、鬼针、地肤、荠菜、藜、小藜、鸭跖草、地锦、酸模叶蓼、卷茎蓼、豚草、田芥菜等一年生阔叶杂草，对多年生阔叶杂草，如苣荬菜、刺儿菜、大蓟有较强的抑制作用。在干旱条件下对苘麻、蓼、苍耳的药效不理想。

【使用方法】① 大豆田。大豆苗后 1.5～2 片复叶，阔叶杂草 2～4 片叶时，每亩使用 24%乳氟禾草灵乳油 30～35ml，兑水 30～45kg 茎叶喷雾。

② 花生田。花生长出 1～2.5 片复叶，大部分阔叶杂草在 2 叶期时，华北及南方地区，夏花生每亩使用 24%乳氟禾草灵乳油 20～30ml。温度较低时用药量可适当增加，或根据当地杂草特点按植保部门推荐用药。若同时防除单双子叶杂草，可将乳氟禾草灵与精喹禾灵、精吡氟禾草灵混用。

【注意事项】① 施药后，大豆叶片可能出现灼伤状斑点或黄化现象，这是暂时的接触性药斑，不影响大豆新叶生长，约 2～3 周后大豆即可恢复正常，对产量无影响。

② 乳氟禾草灵对生长旺盛的 4 叶期前的阔叶杂草活性高，杂草较大时则除草剂防效降低。温度过低、持续干旱影响药效的发挥。阴雨天、积水、作物遭受病虫害时易产生药害。

2. 乙氧氟草醚（oxyfluorfen，果尔、割地草）

【化学名称】2-氯-1-(3-乙氧-4-硝基苯氧基)-4-(三氟甲基)苯

【作用特点】乙氧氟草醚为触杀型除草剂，在有光条件下发挥杀草作用，其在土壤中半衰期为 30 天左右，主要经杂草的胚芽鞘中胚轴进入体内，通过根吸收的量很少，适宜用药时期为杂草苗前及苗后早期。

【制剂】24%乙氧氟草醚乳油。

【适用范围】水稻、大豆、棉花、花生、玉米、大蒜、洋葱、移栽大葱、果园、经济林等。

【防除对象】多种阔叶杂草、禾本科及莎草科杂草；水田主要用于防除稗草、碎米莎草、异型莎草、鸭舌草、节节菜、牛毛毡、泽泻、半边莲、千金子、水苋菜、三蕊沟繁缕；对水绵、水芹、萤蔺、矮慈姑、尖瓣花有较好的防效。旱田主要用于防除苍耳、马齿苋、龙葵、苘麻、藜、田菁、曼陀罗、酸模叶蓼、柳叶刺蓼、凹头苋、反枝苋、繁缕、辣子草、荨麻、龙葵、看麦娘、一年生苦苣菜。

【使用方法】① 移栽稻田：秧龄 30 天以上，苗高超过 20cm，于移栽后 4～6 天施药，每亩用 24%乙氧氟草醚 13～25ml，加水 200～500ml 配成母液，拌细土撒施，保持 3～5cm

的水层5～7天，遇大雨应及时排水，水层不能淹没稻苗，以免产生药害。

② 大豆、花生、玉米田：作物播后苗前，每亩用24%乙氧氟草醚乳油40～50ml，兑水将药液喷施于地表。

③ 大蒜田：播后至立针期或大蒜苗后2叶1心期以后，每亩用24%乙氧氟草醚乳油48～72ml喷雾，应避开1叶1心期。沙质土用较低剂量，壤质土及黏土用较高剂量，地膜覆盖栽培减少1/3的药量。

④ 洋葱：直播洋葱2～3叶期，每亩用24%乙氧氟草醚乳油40～50ml；移栽洋葱于移栽后6～10天，每亩用24%乙氧氟草醚乳油70～100ml，兑水喷雾。

⑤ 移栽大葱于大葱移栽后，每亩用24%乙氧氟草醚乳油40～50ml，兑水喷雾。

⑥ 果园、林地：杂草萌发前后至4～5叶期，每亩用24%乙氧氟草醚乳油40～60ml，兑水30kg喷雾。

【注意事项】 ①大葱幼苗对乙氧氟草醚敏感，勿用。②乙氧氟草醚无内吸传导性，施药时应均匀喷雾。

3. 乙羧氟草醚（fluoroglycofen-ethyl，克草特）

【化学名称】 *O*-[5-(2-氯-*a*-*a*-*a*-三氯-对-甲苯氧基)-2-硝基苯甲酰基]羟基乙酸乙酯

【作用特点】 乙羧氟草醚为原卟啉氧化酶抑制剂，被杂草吸收后，在有光照条件下发挥药效，破坏细胞膜，使细胞内含物渗漏，导致杂草死亡。本除草剂无内吸传导性，杂草自受药至死约需2～4天。

【制剂】 10%乙羧氟草醚乳油。

【适用范围】 大豆、花生、小麦、大麦、水稻。

【防除对象】 荠菜、麦蒿、猪秧秧、婆婆纳、苍耳等。

【使用方法】 大豆2～3片复叶期，小麦2叶至拔节期，对刚萌发至5叶期前的杂草防除效果较好，每亩使用10%乙羧氟草醚乳油40～60ml，兑水喷雾。

【注意事项】 为扩大杀草谱及增强药效，乙羧氟草醚多做成混剂使用。

4. 三氟羧草醚（acifluorfen，杂草焚）

【化学名称】 5-[2-氯-4-(三氟甲基)-苯氧基]-2-硝基苯甲酸(钠)

【作用特点】 三氟羧草醚为触杀型除草剂，苗后早期施用，通过杂草的茎叶吸收，促使气孔关闭，在光照条件下发挥除草活性，植物体温度升高引起坏死，抑制线粒体膜上电子传递过程，导致呼吸系统及能量生产系统的停滞，细胞分裂受阻，致使杂草死亡。进入大豆、花生体内的药剂能被迅速分解为无毒物质，所以对大豆及花生安全。

【制剂】 21.4%三氟羧草醚水剂。

【适用范围】 大豆、花生。

【防除对象】主要防除一年生阔叶杂草，如马齿苋、反枝苋、铁苋菜、苍耳、龙葵、藜、酸模叶蓼、鸭跖草、曼陀罗、香薷、裂叶牵牛、圆叶牵牛等；对多年生杂草，如苣荬菜、大蓟、刺儿菜、问荆有较强抑制作用；对1～3片叶期的禾本科杂草，如狗尾草、稷、野高粱等也有效果。

【使用方法】 在大豆、花生苗后至3片复叶期之前，阔叶杂草3～4叶期，每亩使用21.4%三氟羧草醚70～100ml，兑水喷雾。

【注意事项】 ①使用三氟羧草醚后，大豆易出现药害症状，表现为叶片皱缩，有灼伤状斑点，严重时则整片叶干枯，通常1～2周大豆即恢复正常生长，对产量基本无影响。②大豆3叶期后不宜使用三羧氟草醚，因为大豆叶面积增加时，由于接触到的除草剂相对增多，

药害易加重。

5. 氟磺胺草醚（fomesafen，虎威）

【化学名称】 5-[2-氯-4-(三氟甲基)苯氧基]-*N*-(甲基磺酰基)-2-硝基苯酰胺

【作用特点】 氟磺胺草醚是一种选择性除草剂，具有杀草谱宽、除草效果好、对大豆安全、对环境及后茬作物安全（推荐剂量）等优点。大豆苗后使用。可通过杂草的根茎叶吸收，破坏杂草的光合作用，叶片黄化或出现斑枯，迅速枯萎死亡。药后4～6h遇雨药效不降低，叶上残留的药液会被雨水冲入土壤中，喷洒在地表的除草剂仍可被杂草根部吸收进入杂草体内。进入大豆植株内的氟磺胺草醚可被大豆迅速分解为无毒物质，故对大豆安全，施药后大豆叶上偶尔见到暂时性的局部接触性药斑，对大豆的生长及产量均无影响。

【制剂】 25%氟磺胺草醚水剂。

【适用范围】 大豆、果园。

【防除对象】 反枝苋、凹头苋、刺苋、铁苋菜、鬼针、苘麻、马齿苋、苍耳、裂叶牵牛、田旋花、豚草、荠菜、酸模叶蓼、卷茎蓼、红蓼、萹蓄、曼陀罗、猪秧秧、酸浆、龙葵、三叶草、水棘针、香薷、刺儿菜、大蓟、鸭跖草等一年生和多年生阔叶杂草。

【使用方法】 大豆苗后，杂草2～4叶期，每亩使用25%氟磺胺草醚水剂70～100ml，兑水30kg均匀喷雾。若需要同时防除豆田中的禾本科杂草和阔叶杂草，可将氟磺胺草醚与精喹禾灵或精吡氟禾草灵混用。果园用药量与豆田用药量基本相同。

【注意事项】 施用过氟磺胺草醚的地块，后茬种植甜菜、白菜、油菜时，生长会受影响，深翻后种植可减轻影响。

五、氨基甲酸酯类除草剂

1. 禾草敌（molinate，禾大壮、草达灭）

【化学名称】 *N*，*N*-六亚甲基硫代氨基甲酸乙酯

【作用特点】 禾草敌是一种选择性内吸传导型专用除草剂，具有土壤处理兼茎叶处理剂活性，施于田中后，由于其密度大于水而下沉，在水与泥之间形成一个高浓度的药层，杂草萌发穿过药层时，药剂被初生根，尤其被芽鞘迅速吸收，在生长点的分生组织中积累，抑制蛋白质的合成。同时禾草敌抑制α-淀粉酶的活性，阻止或减弱淀粉的水解，使蛋白质合成及细胞分裂减少甚至失去物质和能量供给。受害的细胞膨大，生长点扭曲，最终杂草死亡。催芽后的稻种撒播后，稻根穿过药层吸收的药量少，芽鞘向上生长则不接触药层，故水稻是安全的。

【制剂】 90.9%禾草敌乳油。

【适用范围】 水稻。

【防除对象】 稗草。

【使用方法】 稗草萌发至3叶期为施药适期，对4叶期稗草仍然有效。在华南、华中、华东地区，防除3叶期前的稗草，每亩用90.9%禾草敌乳油100～150ml，防除4叶期杂草药量可增至250ml以上。华北及东北地区，防除3叶期前的稗草，每亩用90.9%禾草敌乳油166～220ml，防除4叶期杂草，药量可增至250ml以上。当稻田有多种杂草发生时，禾草敌可与其他除草剂混用，是稻田一次性除草配方中很好的除草剂，可与敌稗、2甲4氯、西草净、吡嘧磺隆、苄嘧磺隆、灭草松等除草剂混用。

【注意事项】 ① 禾草敌易挥发，应避免大风天气施药，在一天之中可选择早晚温度较低时施药，选用干燥的土或沙拌成毒土、毒沙，随拌随施，尽量减少药液挥发而降低药效。

覆膜秧田施药时，施药后立即用塑料薄膜严密覆盖。未用尽的禾草敌应密封保存。

② 施药后，水层保持的时间应适当延长，一般为 10 天左右，待杂草死亡后再进行其他栽培管理措施。漏水的田块除草效果会降低。

③ 禾草敌无腐蚀性，可以用金属或玻璃容器贮存，但禾草敌能溶解低密度塑料，故不可用低密度塑料容器盛装禾草敌，应将禾草敌存放于密闭、干燥、阴暗的环境中。

2. 禾草丹（thiobencarb，杀草丹）

【化学名称】 *N*,*N*-二乙基硫代氨基甲酸对氯苄酯

【作用特点】 禾草丹为选择性内吸传导型除草剂，抑制类脂的合成，杂草萌发生长阶段，通过幼芽及根吸收药剂后，α-淀粉酶的合成受阻，淀粉水解过程减弱或停止，致使正在萌发过程中的杂草幼苗死亡。禾草丹对杂草的种子无效，对 3 叶期以后的杂草幼苗作用明显减弱。

【制剂】 50%、90%禾草丹乳油，10%禾草丹颗粒剂。

【适用范围】 水稻、麦类、玉米、油菜、蔬菜、果园。

【防除对象】 稗草、牛毛毡、千金子、马唐、狗尾草、看麦娘、野慈姑、异型莎草、碎米莎草。

【使用方法】 ①水稻秧田期：播前或秧苗 1 叶 1 心至 2 叶期，每亩用 50%禾草丹乳油 150～200ml，兑水喷雾。②移栽稻田：稻苗移栽后 3～7 天，杂草种子萌动高峰至 2 叶期前，每亩用 50%禾草丹乳油 200～250ml，兑水喷雾，或使用 10%禾草丹颗粒剂 1～1.5kg，拌细土或化肥撒施。③小麦、油菜、玉米：播后苗前或小麦 1.5 叶期，每亩用 50%禾草丹乳油 200～300ml，兑水喷雾。

【注意事项】 施药时应掌握杂草在 2 叶期前，禾草丹对大叶龄的杂草防除效果不理想。

六、苯氧羧酸和苯甲酸类除草剂

1. 麦草畏（dicamba，百草敌）

【化学名称】 3,6-二氯-2-甲氧基苯甲酸

【作用特点】 麦草畏属苯甲酸类选择性内吸激素型除草剂，可被杂草的根茎叶吸收，积累于代谢旺盛的生长点、幼叶等部位，阻碍植物激素的正常活动，干扰植物体内核酸代谢，使细胞分裂异常，植物生长畸形，最终导致杂草死亡。禾本科植物能将体内的麦草畏迅速分解失活，所以对禾本科作物安全。一般施药后 24h 杂草即出现畸形卷曲的受害状，15～20 天死亡，温度较高时能加速杂草的死亡。

【制剂】 48%麦草畏水剂。

【适用范围】 小麦、玉米、谷子、芦苇、水稻等。

【防除对象】 一年生及多年生阔叶杂草，如荠菜、麦蒿、猪秧秧、繁缕、牛繁缕、藜、苍耳、香薷、问荆、萹蓄、酸模叶蓼、荞麦蔓、田旋花、刺儿菜等。

【使用方法】 ① 小麦。于麦 3 叶期至拔节前使用，温度降低至 5℃以下及休眠期应停止用药，每亩用 48%麦草畏 15～20ml，也可将麦草畏与 2,4-D 丁酯或 2 甲 4 氯钠混用，具有增效作用。

② 玉米。可于玉米 4～10 叶期，每亩用 48%麦草畏水剂 30ml，兑水喷雾。若进行土壤封闭处理，玉米种子的播种深度不能小于 4cm，以免除草剂与种子接触产生药害。为扩大杀草谱，可以与异丙甲草胺或烟嘧磺隆混用。

【注意事项】 ① 小麦在 3 叶期之前、拔节之后及玉米抽雄前 15 天时间内禁用麦草畏，

否则易发生药害。

② 麦草畏对阔叶作物易产生药害，若附近有阔叶作物，应考虑风向造成的雾滴飘移问题。

③ 正常施药情况下，小麦玉米苗期可能会出现倾斜弯曲的现象，通常1周后即恢复正常，对以后的生长及产量不会有影响。

2. 2,4-D丁酯（2,4-D butylate）

【化学名称】 2,4-二氯苯氧基乙酸正丁基酯

【作用特点】 2,4-D丁酯为激素型茎叶处理除草剂，低浓度时对生长有促进作用，高浓度时抑制生长，浓度更高时对敏感作物有杀伤作用，阔叶杂草及莎草科杂草对其非常敏感。杂草经根茎叶吸收2,4-D丁酯后，茎叶扭曲变形，杂草体内几乎所有的生理生化功能都受到严重干扰，最终杂草死亡。禾谷类作物在特定的生育期对其抵抗力较强。2,4-D丁酯由于存在残留期较长及对作物的安全性等问题，在生产中的使用下逐渐减少。

【制剂】 72% 2,4-D丁酯乳油。

【适用范围】 麦类、玉米、水稻、谷子、甘蔗等禾本科作物。

【防除对象】 荠菜、麦蒿、反枝苋、铁苋菜、苍耳、苘麻、裂叶牵牛、雨久花、野慈姑、苦荬菜、葎草、刺儿菜、三棱草等阔叶杂草及莎草科杂草。

【使用方法】 小麦在4叶期至拔节期前，玉米、高粱在4～6叶期，水稻在分蘖末期至拔节期前，每亩使用72%的2,4-D丁酯40～60ml。

【注意事项】 ① 棉花、豆类、瓜类、油菜等双子叶植物对2，4-D丁酯十分敏感，喷药时应注意风向，或设置隔离区，避免药液飘移产生药害。

② 2,4-D丁酯性质十分稳定，在土壤中残留期较长，在作物上喷施时间不宜过晚，以免影响后茬阔叶作物的生长，而且过晚使用也易对当季作物造成药害，影响抽穗。

③ 小麦4叶期前对2,4-D丁酯敏感，施药应避开此阶段。

④ 喷施过2,4-D丁酯的喷雾器在用完后应仔细彻底清洗，以免残留药液在下次使用时影响其他作物，喷施2,4-D丁酯的喷雾器最好专用。

3. 2甲4氯钠（MCPA-Na）

【化学名称】 2-甲基-4-氯苯氧乙酸钠

【作用特点】 2甲4氯钠为选择性内吸传导激素型除草剂，经杂草的根茎叶吸收，破坏杂草的正常代谢机能，导致杂草短时间内死亡，其杀草原理与2，4-D丁酯相同，防除对象、适用范围也与2，4-D丁酯相似，比2，4-D丁酯安全。

【制剂】 20% 2甲4氯钠水剂、56% 2甲4氯钠可溶性粉剂。

【适用范围】 小麦、玉米、水稻、高粱、甘蔗、黑麦、大麦、燕麦、禾本科草坪。

【防除对象】 马齿苋、反枝苋、凹头苋、荠菜、麦蒿、酸模叶蓼、红蓼、藜、小藜、苍耳、问荆、牛繁缕、地肤、鬼针、野萝卜、山芥、车前属、辣子草、猪秧秧、狼把草、豚草、大巢菜、刺儿菜、鸭跖草、异型莎草、荆三棱等阔叶及莎草科杂草。

【使用方法】 小麦4叶期至拔节前，玉米播后苗前，禾本科草坪4叶期后，每亩用20%的2甲4氯钠250～300ml，兑水喷雾。水稻秧田，秧苗5叶期至拔秧前7～10天，每亩用20%的2甲4氯钠100～150ml。水稻移栽田，水稻分蘖盛期至拔节前，每亩用20%的2甲4氯钠水剂200～300ml。水稻直播田，适宜在水稻分蘖盛期使用，每亩用20%的2甲4氯钠250～300ml兑水喷雾，北方用量为150～200ml，南方用量为100～150ml。

【注意事项】 ① 豆类、瓜类、棉花等双子叶作物对2甲4氯敏感，应在无风天气或相

距较远时使用。

② 用过2甲4氯钠的喷雾器，应彻底清洗，以免在其他作物上使用时产生药害。

七、芳氧苯氧基丙酸酯类除草剂

1. 精吡氟禾草灵（fluazifop-P-butyl，精稳杀得）

【化学名称】（*R*)-2-{4-[(5-三氟甲基)-2-基-吡啶基]氧基}丙酸丁酯

【作用特点】精吡氟禾草灵中有*R*-体和*S*-体两种结构型的光学异构体，*S*-体为非活性部分，精吡氟禾草灵为只含活性成分*R*-体的精制品，是选择性内吸传导型茎叶处理除草剂，对禾本科植物有很强的杀灭作用，而对除禾本科以外的其他植物安全。主要通过茎叶进入杂草体内并传导，也可通过根吸收，破坏植物体内高能物质腺苷三磷酸（ATP）的产生和传递，使光合作用不能正常进行，并对根、茎尖及茎节部的细胞分裂产生抑制作用，精吡氟禾草灵具有很强的内吸传导性，对多年生禾本科杂草的地下根状茎也具有强烈的破坏作用。杂草接触精吡氟禾草灵后很快停止生长，约2周时间杂草死亡。

【制剂】15%精吡氟禾草灵乳油。

【适用范围】大豆、甜菜、棉花、油菜、花生、马铃薯、西甜瓜、烟草、亚麻、豌豆、菜豆、蚕豆、阔叶蔬菜及果树、林业苗圃、幼林抚育等。

【防除对象】可防除绝大多数一年生及多年生禾本科杂草，如稗草、马唐、牛筋草、狗尾草、野燕麦、千金子、画眉草、早熟禾、看麦娘、雀麦、金色狗尾草、大麦属、黑麦属、狗牙根、假高粱、芦苇、双穗雀稗、匍匐冰草等。

【使用方法】当一年生禾本科杂草处于2～3叶期时，每亩用药量为30～50ml，4～5叶的一年生禾本科杂草，用药量为50～67ml，6叶期的一年生杂草，用药量为67～80ml；防除较大的一年生禾本科杂草以及多年生禾本科杂草，如芦苇、狗牙根等，可将药量增加至每亩133～167ml，兑水30～45kg喷雾。

【注意事项】土壤水分状况、温度高低对药效有一定影响，当土壤水分充足、温度较高时，有利于药效发挥，可用较低剂量，反之，则使用较高剂量。

2. 精喹禾灵（quizalofop-P-ethyl，精禾草克）

【化学名称】（*R*)-2-[4-(6-氯喹喔啉-2-基氧)苯氧基]丙酸乙酯

【作用特点】精喹禾灵是乙酰辅酶A羧化酶抑制剂，可通过杂草的茎叶吸收，在体内向上向下传导运输，积累在分生组织部位，主要是根茎顶端的生长点及节的居间分生组织，破坏细胞内脂肪酸的合成，使组织坏死，导致杂草死亡。

【制剂】5%、8%、8.8%、10%、10.8%精喹禾灵乳油。

【适用范围】大豆、甜菜、棉花、油菜、花生、马铃薯、西甜瓜、烟草、亚麻、豌豆、菜豆、蚕豆、阔叶蔬菜、果园、绿化苗圃等。

【防除对象】主要防除一年生、二年生及多年生的禾本科杂草，例如，马唐、牛筋草、狗尾草、金狗尾草、稗草、野燕麦、千金子、画眉草、早熟禾、看麦娘、雀麦、大麦属、黑麦属、狗牙根、假高粱、芦苇、白茅、双穗雀麦、匍匐冰草等。

【使用方法】阔叶作物在任何时期使用精喹禾灵都是安全的，对一年生禾本科杂草，防治的适宜时期为杂草3～5叶期，每亩使用5%精喹禾灵乳油50～80ml，超过5叶期的一年生禾本科杂草及二年生杂草，用药量为80～100ml，防除多年生的禾本科杂草时，使用5%精喹禾灵乳油100～133ml。

【注意事项】① 温度较低，土壤干旱的情况下，应适当增加用药量。

② 气温较高时，施药时间应避开中午，傍晚施药效果较好，有利于药剂被杂草茎叶吸收及传导，若早晨施药，应在田间露水消失后进行。

3. 高效氟吡甲禾灵（haloxyfop-R-methyl，高效盖草能）

【化学名称】 2-[4-(5-三氟甲基-3-氯-吡啶-2-氧基)苯氧基]丙酸甲酯

【作用特点】 高效氟吡甲禾灵为乙酰辅酶A羧化酶抑制剂，主要通过杂草的茎叶吸收，传导至代谢及细胞分裂旺盛的部位积累并发挥作用，喷雾时落入土壤的药液也可被杂草的根部吸收传导，杂草受药后生长很快停止，48h呈现受害症状，若剥开杂草的叶片，可见到节部及茎尖生长点变褐，继而心叶逐渐由绿变黄、变紫，然后老叶出现受害状，呈紫色或红色，自施药至杂草死亡约6～10天。高效氟吡甲禾灵杀除禾本科杂草的能力较强，当一般禾本科杂草的除草剂对草龄较大的一年生禾本科杂草及多年生禾本科杂草防效不理想时，使用高效氟吡甲禾灵仍有较好的防除效果。

【制剂】 10.8%高效氟吡甲禾灵乳油。

【适用范围】 大豆、甜菜、棉花、油菜、花生、马铃薯、西甜瓜、烟草、亚麻、豌豆、菜豆、蚕豆、阔叶蔬菜、果园、绿化苗圃、幼林抚育等。

【防除对象】 可用于防除绝大多数一年生、二年生及多年生禾本科杂草。

【使用方法】 防除一年生及二年生禾本科杂草的最佳施药时期为杂草的3～4叶期，使用剂量为10.8%高效氟吡甲禾灵乳油每亩25～30ml，杂草4～5叶期时，用药量为30～35ml，防除5叶期以上的杂草，药量可适当增加，防除多年生禾本科杂草的剂量可增加至40～60ml。

【注意事项】 ① 施用高效氟吡甲禾灵应后，1h内遇雨会影响药效，若施药时加入渗透剂如氮酮或有机硅，则20min后遇雨不降低药效。

② 高效氟吡甲禾灵对双子叶作物高度安全，为增加除草剂的防效可加大用药剂量，一般用药量增加数倍仍然对作物安全。

4. 精噁唑禾草灵（fenoxaprop-P-ethyl，威霸、骠马）

【化学名称】 (*R*)-2-[4-(6-氯-1,3-苯并噁唑-2-基氧)苯氧基]丙酸乙酯

【作用特点】 精噁唑禾草灵为乙酰辅酶抑制剂，通过杂草的茎叶吸收转运至禾本科杂草的细胞分裂旺盛部位：根尖的尖端分生组织及节部，阻碍脂肪酸的合成，使幼嫩分生组织无法进行正常的细胞分裂、变褐，最终导致杂草死亡。可防除大多数一年生、二年生及多年生禾本科杂草。精噁唑禾草灵在耐药性强的作物体内迅速降解为无活性物质，对双子叶植物及部分单子叶植物安全。精噁唑禾草灵中加入专用解毒剂后，对小麦安全，可用于防除麦田中常见的禾本科杂草。

【制剂】 6.9%水乳剂（骠马），6.9%浓乳剂（威霸）。

【适用范围】 威霸可用于双子叶作物，例如，豆类、花生、棉花、油菜、烟草、马铃薯、甜菜、亚麻、向日葵、甘薯、苜蓿、茄子、番茄、辣椒、瓜类、十字花科蔬菜、菠菜、香菜、芹菜、果树林业苗圃；百合科的洋葱、大蒜等。骠马为加入解毒剂后的精噁唑禾草灵，适用于小麦田。

【防除对象】 ① 威霸：马唐、牛筋草、狗尾草、金狗尾草、看麦娘、画眉草、虎尾草、千金子、自生玉米、自生麦苗、假高粱、剪股颖、苏丹草、稗草、狗牙根等。

② 骠马：防除麦田中的禾本科杂草，例如，野燕麦、看麦娘、稗草、狗尾草、硬草、罔草、棒头草、碱茅等。

【使用方法】 ① 威霸：用于双子叶作物田防除禾本科杂草时，宜在杂草出齐苗，多数

杂草3～5叶期进行，每亩可用6.9%水乳剂40～70ml，兑水30～45kg均匀喷雾，作物植株较大时，应将药液主要喷在杂草上，以增加杂草的受药量，提高药效。

② 骠马：小麦田专用除草剂，可在小麦3叶期至拔节期，禾本科杂草3叶期至分蘖期使用，用药量为每亩使用6.9%骠马水乳剂45～60ml，茎叶喷雾。

【注意事项】 精噁唑禾草灵对节节麦、早熟禾防效较差，因此，麦田中若这两种杂草较多时，不宜选用骠马，而应使用世玛对杂草进行防除。

5. 氰氟草酯（cyhalofop-butyl，千金）

【化学名称】（*R*）-2-[4(4-氰基-2-氟苯氧基)苯氧基]-丙酸丁酯

【作用特点】 氰氟草酯是目前芳氧苯氧丙酸酯类除草剂中唯一对水稻具有高度安全性的品种，为内吸传导型茎叶处理剂，经杂草的叶片及叶鞘吸收，通过韧皮部传导，在分生组织区域茎尖生长点及节部积累，抑制乙酰辅酶A羧化酶的活性，脂肪酸合成停止，破坏细胞内膜系统，细胞分裂不能正常进行，导致杂草死亡。自施药至杂草死亡一般为1～3周。氰氟草酯在水稻植株内可迅速降解成为无活性的二酸态，故对水稻安全。其对幼龄及大龄稗草都具有很好的防效。

【制剂】 1%乳油。

【适用范围】 水稻。

【防除对象】 稗草、千金子、马唐、牛筋草、看麦娘、狗尾草、双穗雀麦。

【使用方法】 氰氟草酯对各种栽培方式的水稻由苗期至拔节期使用都十分安全。秧田：于稗草1.5～2叶期，每亩用10%氰氟草酯乳油30～50ml，兑水喷雾。直播田、抛秧田、移栽田：于稗草2～4叶期，每亩用10%氰氟草酯乳油50～70ml，兑水喷雾。杂草较大时可适当增加用药量。

【注意事项】 氰氟草酯在土壤和水中能快速降解，无残留，对后茬安全。氰氟草酯不适宜用作土壤处理。

八、二硝基苯胺类除草剂

1. 二甲戊灵（pendimethalin，施田补）

【化学名称】 *N*-1-(乙基丙基)2,6-二硝基-3,4-二甲基苯胺

【作用特点】 主要抑制分生组织细胞分裂，不影响杂草种子的萌发，而是在杂草种子萌发过程中幼芽、茎和根吸收药剂后而起作用。双子叶植物吸收部位为下胚轴，单子叶植物为幼芽，其受害症状是幼芽和次生根被抑制。

【制剂】 33%二甲戊灵乳油。

【适用范围】 玉米、大豆、棉花、花生、烟草、马铃薯、甘蔗、果园、向日葵。

【防除对象】 马唐、牛筋草、狗尾草、稗草、早熟禾、画眉草、萹蓄、酸模叶蓼、马齿苋、繁缕、地肤、反枝苋、荠菜、猪秧秧。

【使用技术】 ① 玉米田：播后苗前，每亩用33%二甲戊灵乳油200ml。

② 大豆田：播后苗前，每亩用33%二甲戊灵乳油100ml～150ml。

③ 棉花、花生田：播后苗前，每亩用33%二甲戊灵乳油200～300ml。

④ 马铃薯田：播后苗前，每亩用33%二甲戊灵乳油260～400ml。

⑤ 甘蓝、花椰菜田：播后苗前，每亩用33%二甲戊灵乳油100～200ml；移栽后用药，每亩用33%二甲戊灵乳油150～300ml。

⑥ 果园：果树生长季节，杂草未出土或刚露出地面时，每亩用33%二甲戊灵乳油200～

400ml。

⑦ 向日葵田：播后苗前，每亩用33%二甲戊灵乳油200～350ml。

【注意事项】 在温室或大棚内使用时应适当减少用药量，以免产生药害。

2. 氟乐灵（trifluralin，氟特力）

【化学名称】 2,6-二硝基-*N*,*N*-二正丙基-4-三氟甲基苯胺

【作用特点】 氟乐灵是通过杂草种子发芽生长穿过土层的过程中被吸收的。主要被禾本科植物的幼芽和阔叶植物的下胚轴吸收，子叶和幼根也能吸收，但出苗后的茎和叶不能吸收。

【制剂】 48%氟乐灵乳油。

【适用范围】 大豆、花生、棉花、马铃薯、番茄、果园等。

【防除对象】 稗草、野燕麦、马唐、狗尾草、牛筋草、千金子及部分小粒种子的阔叶杂草。

【使用技术】 ① 大豆田：应在播前5～7天用药，每亩用48%氟乐灵乳油100～150ml，喷施后立即进行混土处理，深度约为5～7cm。

② 棉花田：直播时，于播前2～3天用药，每亩用48%氟乐灵乳油100～150ml，兑水45kg喷雾，然后混土；移栽棉田用药量与直播田相同，也需进行混土处理。

③ 蔬菜田：每亩用48%氟乐灵乳油70～100ml，兑水喷雾并混土，深度为4～5cm。对于胡萝卜、芹菜、香菜等，在播种前或播种后均可用药；对于十字花科蔬菜，如白菜、油菜、花椰菜等，应在播前3～7天用药；移栽的蔬菜在移栽前后均可用药。

【注意事项】 ①氟乐灵挥发性强并易光解，所以使用时应进行混土。②土壤有机质含量高时，由于有机质对除草剂的吸附作用会降低部分药效，应适当增加用药量，在进行地膜覆盖栽培时，应适当减少用药量。

九、有机磷类除草剂

1. 草甘膦（glyphosate，农达、农民乐）

【化学名称】 *N*-(膦酸甲基)甘氨酸

【作用特点】 草甘膦为广谱灭生性内吸传导型茎叶处理除草剂，通过植物绿色部位吸收，有很强的内吸传导性，可传至深根性杂草的根部，也可传至相邻的分蘖中去，主要抑制植物体内的烯醇丙酮基莽草素磷酸合成酶，从而抑制莽草素向苯丙氨酸、酪氨酸及色氨酸的转化，使蛋白质合成受到抑制，导致植物死亡。

【制剂】 10%、41%水剂，74.7%水溶性颗粒剂。

【适用范围】 果园、林地、休耕地、田边等。

【防除对象】 藻类、蕨类、灌木、一年生及多年生含叶绿素的杂草。

【使用方法】 防除一年生杂草，每亩用41%草甘膦水剂180～250g或74.7%水溶性颗粒剂100～140g；防除多年生杂草，每亩用41%草甘膦水剂300～400g或74.7%水溶性颗粒剂150～200g。

【注意事项】 ① 温度较低时影响草甘膦药效的发挥，早春及深秋灭草效果不理想。

② 百合科、旋花科和豆科的部分杂草对草甘膦抗性较强，可通过增加用药剂量，加入渗透剂，多次用药的方法有效杀灭杂草。

③ 草甘膦主要通过杂草的茎叶吸收，对于地下部分如根状茎、球茎、块茎较发达及深根性的多年生杂草，地上部的茎叶表面积较小时，吸收的药量不足以杀死杂草，应在杂草

5～6 片叶以上时施药。

④ 草甘膦的雾滴飘移易使邻近的作物受药害，玉米田中期行间定向喷雾除草，不宜选用草甘膦，否则易受药害。

⑤ 草甘膦接触到植物的非绿色部分，如种子、非绿色的树干等部位后，对植物的生长无影响。

⑥ 草甘膦接触地面后，很快钝化失去活性，所以不具备封闭除草的特性，也不影响作物种子的萌发出土。

2. 莎稗膦（anilofos，阿罗津）

【化学名称】 *S*-4-氯-*N*-异丙基苯氨基甲酰基甲基-*O*,*O*-二甲基二硫代磷酸酯

【作用特点】 莎稗膦为选择性内吸传导型除草剂，主要通过杂草幼芽和茎被吸收，抑制细胞分裂及伸长，对正在萌发的杂草效果好，对大龄的杂草效果差。施药后杂草生长停止，叶片深绿，有时褪色，叶片短而厚，易被折断，心叶不易抽出，最后干枯死亡。

【制剂】 30%莎稗磷乳油、1.5%颗粒剂。

【适用范围】 主要用于水稻田，也可用于棉花、大豆、花生、油菜、玉米、小麦、黄瓜田。

【防除对象】 一年生禾本科杂草和莎草科杂草，例如，稗草、马唐、牛筋草、狗尾草、野燕麦、千金子、鸭舌草、水莎草、异型莎草、碎米莎草、节节菜、藨草、日照飘拂草、牛毛毡等。

【使用方法】 ① 水稻田：插秧后 4～8 天，稗草 2 叶 1 心前，每亩用 30%莎稗膦乳油 60～75ml（北方）或 50～60ml（南方），加水 30～45kg 喷雾。施药前 1 天排干田中的水，施药 24h 后灌水，并保持 3～5cm 的水层 5～7 天。

② 旱田：可在播后苗前或中耕后，每亩用 30%莎稗膦乳油 100～150ml，加水 30～45kg 均匀喷雾。

【注意事项】 ①超过 3 叶 1 心的稗草对莎稗膦抗性增强，应掌握好用药时间。②对一年生的莎草科杂草防效好，对多年生莎草科杂草无效。

十、其他类别除草剂

（一）联吡啶类除草剂

百草枯（paraquat，克芜踪）

【化学名称】 1,1′-二甲基-4,4′联吡啶

【作用特点】 百草枯是触杀型灭生性除草剂，被绿色组织吸收后产生过氧化物，破坏光合作用的电子传递过程，进而破坏叶绿体构造，使光合作用停止，导致植物地上部分死亡。百草枯短时间内迅速发挥作用，天气温暖晴朗时，触药的叶片 2h 即呈现受害症状，如果天气炎热，最快半小时即可观察到受害症状，叶片颜色变暗褐色，继而呈水浸状并萎蔫下垂，2～3 天后杂草地上部分干枯死亡。由于百草枯能迅速渗透并发挥作用，施药后半小时遇雨不会降低药效，百草枯渗入绿色组织后并不具有传导性，未着药的部位不受害，对于根系不发达的一年生杂草或幼小的杂草，当地上部分死亡后，根系也会由于缺少有机营养的供给而死亡；对于多年生杂草或地下部分较发达的一年生杂草，地上部分死亡后，过段时间有可能地下部分会再长出新芽。百草枯接触土壤后很快钝化失活，不具有封闭性。

【制剂】 20%百草枯水剂。

【适用范围】 果园、桑园、橡胶园、茶园、林地杂草防除；玉米、甘蔗、高粱生长中后

期行间定向喷雾除草；棉花、向日葵等催枯落叶；非耕地的化学除草。

【防除对象】 含叶绿素的杂草，包括藻类、蕨类及单、双子叶杂草。

【使用方法】 杂草高度为10～15cm时，每亩用20%百草枯水剂100～200ml，兑水30kg喷雾；对于较大且较为浓密的杂草，则用药量可增大至200～300ml，兑水45kg喷雾；对玉米等高秆作物行间除草时，可在无风条件下，喷雾器装上防护罩定向喷雾。

【注意事项】 ① 百草枯通过破坏光合作用而杀死杂草，阴天时施药，杂草不会迅速出现受害症状，只有在阳光照射下，杂草才会死亡，但阴天施药只是推迟杂草死亡时间，并不降低除草剂的药效。

② 施药时气温较低会影响百草枯药效的发挥，早春和深秋季节百草枯除草效果不理想。

③ 百草枯只对绿色部位有破坏作用，木本植物的茎干如不含叶绿素则不受百草枯的影响。

④ 作物播后苗前地面喷施百草枯，不会影响作物种子的萌发出土。

（二）咪唑啉酮类除草剂

咪唑乙烟酸（imazethapyr，普施特）

【化学名称】 5-乙基-2-(4-异丙基-4-甲基-5-氧代-2-咪唑啉-2-基)烟酸

【作用特点】 咪唑乙烟酸为选择性内吸传导型苗前、苗后早期除草剂，可通过杂草的根茎叶吸收，经木质部、韧皮部传导并积累于分生组织中，抑制乙酰羟酸合成酶的活性，使蛋白质的合成不能进行，最终杂草死亡。大豆可将其分解代谢为无活性物质，故其对大豆安全。

【制剂】 5%咪唑乙烟酸水剂。

【适用范围】 大豆。

【防除对象】 一年生及多年生禾本科杂草及阔叶杂草，例如，狗尾草、马唐、稗草、龙葵、苘麻、酸模叶蓼、苍耳、香薷、水棘针、野西瓜苗、藜、小藜、鸭跖草（3叶期前）、马齿苋、反枝苋、地肤、豚草、曼陀罗、狼把草等。

【使用方法】 ①大豆播前或播后苗前土壤处理，每亩用5%咪唑乙烟酸水剂100～135ml，兑水30～45kg喷雾。②大豆苗后早期茎叶处理，每亩用5%咪唑乙烟酸水剂100ml，兑水喷雾。龙葵对咪唑乙烟酸非常敏感，用药量67ml时即对其有良好的药效。

【注意事项】 ① 对咪唑乙烟酸敏感的作物有玉米、高粱、水稻、西瓜、马铃薯、茄子、大葱、辣椒、番茄、白菜等，甜菜尤其敏感，微量即可致死，应注意施药时的飘移问题。

② 咪唑乙烟酸的降解速率受pH值、温度、水分条件的影响，降解速率随pH值增加而加快，在北方寒冷地区降解缓慢。在黑龙江省，pH值低于6.5的地块，咪唑乙烟酸的有效成分用量不宜超过5～6.6g。

（三）环己烯酮类除草剂

1. 稀禾定（sethoxydim，拿捕净）

【化学名称】 (±)-2-[1-(乙氧亚氨基)丁基]-5-[2-(乙硫基)丙基]-3-羟基-2-环己烯-1-酮

【作用特点】 稀禾定为选择性苗后茎叶处理除草剂，具内吸传导性，施药后经杂草茎叶吸收，积累于细胞分裂旺盛的生长点及节部，使细胞分裂受阻，分生组织坏死。一般施药后3天杂草停止生长，5天后用手容易把心叶拔出，7天后心叶褪色或变紫色，基部变褐色，10～15天后杂草干枯死亡。

【制剂】 12%、12.5%、20%乳油，12.5%、25%机油乳剂。

【适用范围】 棉花、大豆、花生、油菜、甜菜、马铃薯、亚麻、阔叶蔬菜、向日葵、果

园、苗圃等。

【防除对象】 一年生及多年生禾本科杂草，例如，马唐、牛筋草、野燕麦、看麦娘、狗尾草、稗草、野黍、臂形草、稷属、旱雀麦、自生玉米、自生小麦、狗牙根、芦苇、冰草、假高粱、白茅等。

【使用方法】 阔叶作物苗后，杂草2～7叶期均可用药，每亩用20%稀禾定乳油70～140ml，杂草较小时用较低剂量，杂草较大时用较高剂量。

【注意事项】 稀禾定几乎对所有双子叶植物安全，对百合科的洋葱、大蒜安全，对大多数单子叶作物易产生药害，施药时应注意飘移问题。

2. 烯草酮（clethodim，收乐通）

【化学名称】 (±)-2-[(*E*)-3-氯烯丙氧基亚氨基]丙基-5-[2-(乙硫基)丙基]-3-羟基环己-2-烯酮

【作用特点】 烯草酮为选择性内吸传导型茎叶处理剂，施药后被杂草茎叶吸收传导至分生组织积累并发挥作用，抑制支链脂肪酸和黄酮类的生物化学合成，细胞分裂不能正常进行，生长缓慢，施药3～5天后，虽然杂草叶子仍为绿色，但心叶可用手拔出，约1～3周内杂草死亡。

【制剂】 120g/L烯草酮乳油、240g/L烯草酮乳油。

【适用范围】 可用于大多数双子叶作物，例如，大豆、花生、油菜、棉花、甜菜、马铃薯、甘薯、向日葵、亚麻、烟草、菠菜、茄科蔬菜、十字花科蔬菜、西甜瓜、胡萝卜、莴苣、草莓、大蒜、洋葱、果园等。

【防除对象】 一年生及多年生禾本科杂草，例如，野燕麦、狗尾草、马唐、稗草、早熟禾、看麦娘、多花千金子、毒麦、洋野黍、牛筋草、匍匐冰草、自生玉米、芦苇、狗牙根等。

【使用方法】 双子叶作物生长的任何时期均可使用，一年生禾本科杂草3～5叶期药效最好，每亩用240g/L烯草酮乳油30～40ml。防除多年生禾本科杂草时药量可加倍。

【注意事项】 ① 为增强药效，可以在药液中加入氮酮、有机硅等渗透展着剂。

② 若烯草酮与防除阔叶杂草的除草剂混用，应注意施用适期，以免降低药效或产生药害。

（四）环状亚胺类除草剂

1. 噁草酮（oxadiazon，农思它）

【化学名称】 5-叔丁基-3-(2,4-二氯-5-异丙氧苯基)-1,3,4-噁二唑-2(3*H*)-酮

【作用特点】 噁草酮是一种土壤处理的触杀型选择性芽期除草剂，芽前及芽后早期都可使用。施于水田或地表后，即被表层土壤胶粒吸附形成稳定的药膜封闭层，萌发的杂草幼芽穿过此药膜层时，以接触吸收和有限传导，在有光条件下，触药部位的细胞组织及叶绿素遭受破坏，生长旺盛部位的分生组织停止生长，受害的杂草幼芽枯萎死亡。进行茎叶处理时，经杂草地上部分吸收并积累于生长代谢旺盛部位，光照条件下，杂草停止生长，进而杂草组织腐烂死亡。水稻田施药时若有部分杂草已经萌发但还未长出土面，则其茎叶即在水中吸收到足够量的药剂，也将导致杂草腐烂死亡。药剂被土壤表面胶粒吸附后，向下移有限，故根部吸收的药剂很少。

【制剂】 12%、25%噁草酮乳油。

【适用范围】 水稻、陆稻、花生、大豆、棉花、甘蔗、向日葵、大蒜、葱、韭菜、芦笋、芹菜、马铃薯、茶树、葡萄、仁果和核果、花卉、草坪。

【防除对象】噁草酮的杀草谱较广，可有效防除水稻田和旱田中的稗草、狗尾草、马唐、牛筋草、千金子、看麦娘、虎尾草、雀稗、苋、藜、铁苋菜、马齿苋、荠菜、龙葵、苍耳、酸模叶蓼、田旋花、鸭跖草、婆婆纳、酢浆草、鸭舌草、雨久花、泽泻、矮慈姑、节节菜、水苋菜、鳢肠、牛毛毡、萤蔺、异型莎草、日照飘拂草、小茨藻等一年生杂草及少部分多年生杂草。

【使用方法】（1）稻田

① 移栽田。最好在移栽前施用，即在最后一次整地后，趁水混浊时使用，可直接用12%噁草酮乳油均匀甩施或用25%噁草酮乳油每亩加水15L，搅拌均匀后泼浇。施药与插秧时间应间隔2天以上。北方地区，每亩用12%噁草酮乳油200～250ml或25%噁草酮乳油100～120ml，也可每亩用12%噁草酮乳油100ml与60%丁草胺乳油80～100ml，加水泼浇；南方地区，每亩施用12%噁草酮乳油130～200ml或25%噁草酮乳油65～100ml，也可每亩用12%噁草酮乳油65～100ml加65%丁草胺乳油50～80ml加水泼浇。

② 旱直播田、旱秧田和陆稻田。可在播后苗前或水稻1叶期、杂草1.5叶期左右，每亩用25%噁草酮乳油100～200ml，或25%噁草酮乳油70～150ml加60%丁草胺乳油70～100ml加水45kg，搅匀后喷施。

（2）花生田　露地种植，播后苗前，北方地区每亩施用25%噁草酮乳油100～150ml，南方地区用70～100ml，加水30～45kg均匀喷雾；地膜覆盖种植，覆膜前每亩施用25%噁草酮乳油70～100ml，加水30～45kg均匀喷雾。

（3）棉花田　露地种植，播后2～4天，北方地区每亩施用25%噁草酮乳油130～170ml，南方地区用100～150ml，加水30～45kg喷雾；地膜覆盖种植，覆膜前，每亩施用25%噁草酮乳油100～130ml，加水30～45kg均匀喷雾，

（4）甘蔗田　种植后出苗前，每亩施用25%噁草酮乳油150～200ml，加水30～45kg均匀喷雾。

（5）向日葵田　播后立即施用，每亩施用25%噁草酮乳油250～350ml，加水30～45kg均匀喷雾。

（6）马铃薯田　种植后出苗前，每亩施用25%噁草酮乳油120～150ml，加水30～45kg均匀喷雾。

（7）果园　杂草萌发出土前，每亩施用25%噁草酮乳油200～400ml，加水30～45kg均匀喷雾。

（8）草坪　在不敏感草种的定植草坪上，每亩施用25%噁草酮乳油400～600ml，掺细沙40～60kg制成药沙均匀撒施于草坪表面，对马唐、牛筋草的防效很好。紫羊茅、剪股颖、结缕草对噁草酮较敏感，故这几种草坪上不宜使用。

【注意事项】① 用于水稻移栽田，遇到弱苗、施药过量或水层没过稻苗心叶时，易产生药害。

② 在旱田使用时，若地表干旱，药效发挥不好，可在喷施时增加水量。

2. 氟烯草酸（flumiclorac-pentyl，利收）

【化学名称】戊烷基[2-氯-5-(环己烷-1-烯基-1,2-二羧甲酰亚氨基)-4-氟苯基]醋酸酯

【作用特点】氟烯草酸为触杀型选择性除草剂，药液可被杂草茎叶迅速吸收，叶绿素形成受抑制，细胞膜脂类过氧化增强，对细胞膜结构和功能造成不可逆转的损害，细胞内容物渗漏，杂草很快凋萎干枯。氟烯草酸可在大豆体内快速分解，故对大豆安全。

【制剂】10%氟烯草酸乳油。

【适用范围】大豆。

【防除对象】主要防除一年生阔叶杂草，例如，反枝苋、凹头苋、龙葵、香薷、藜、小藜、苍耳、酸模叶蓼、柳叶刺苋、节蓼、曼陀罗；对铁苋菜、鸭跖草有一定的防效；对多年生的苣荬菜、刺儿菜、大蓟等有抑制作用。

【使用方法】 大豆2～3片复叶期，阔叶杂草基本出齐，且大部分处于2～4叶期时施药较好，每亩用10%氟烯草酸乳油30～45ml，兑水喷雾。杂草较小、生长旺盛且土壤水分适宜时用较低剂量，反之用较高剂量。

【注意事项】温度较高时，施用氟烯草酸可能对大豆有较轻微的触杀型药害，但不影响新叶的长出，一周后生长恢复正常，对产量无影响。

（五）磺酰胺类除草剂

1. 唑嘧磺草胺（flumetsulam，阔草清、豆草能）

【化学名称】2-(2,6-二氟苯基磺酰氨基)-5-甲基-[1,2,4]-三唑[1,5*a*]嘧啶

【作用特点】唑嘧磺草胺是选择性内吸传导型除草剂，通过杂草的根和叶被吸收，经木质部和韧皮部传导并积累于分生组织部位，为乙酰乳酸合成酶抑制剂，能导致杂草体内的支链氨基酸（缬氨酸、亮氨酸、异亮氨酸）的合成终止，蛋白质无法合成，进而生长停滞，杂草死亡。施药时起至杂草死亡是一个较为缓慢的过程，施药后杂草表现为：叶片中脉失绿，叶脉和叶尖褪色，由心叶开始黄白化、紫化、节间变短、顶芽死亡，最后整株死亡。唑嘧磺草胺即可用作苗前土壤处理，也可苗后茎叶处理，而且土壤干旱对药效影响很小。

【制剂】80%唑嘧磺草胺水分散粒剂。

【适用范围】大豆、玉米、小麦、苜蓿。

【防除对象】 能防除大多数一年生及多年生阔叶杂草，如反枝苋、凹头苋、铁苋菜、繁缕、苘麻、藜、野萝卜、苍耳、龙葵、酸模叶蓼、香薷、猪秧秧、大巢菜、野西瓜苗、地肤、荠菜、麦蒿、遏蓝菜、风花菜、水棘针、毛茛、问荆、苣荬菜等，对狗尾草、铁荸荠有较好的防效。

【使用方法】 ① 大豆田。播前、播后苗前及大豆苗后均可使用，每亩用80%唑嘧磺草胺水分散粒剂4～5g。为扩大杀草谱，播前可将唑嘧磺草胺与氟乐灵、乙草胺、异丙甲草胺或异丙草胺混用，出苗后可与三氟羧草醚、氟磺胺草醚或灭草松混用。混用时可适当减少唑嘧磺草胺的用药量。

② 玉米田。播后苗前，每亩使用80%唑嘧磺草胺水分散粒剂2.5～4g，为扩大杀草谱，可与乙草胺、异丙甲草胺或异丙草胺混用。

③ 小麦。小麦3叶期至分蘖末期，每亩使用80%唑嘧磺草胺水分散粒剂1.5～2g。在东北地区，唑嘧磺草胺秋施与春施相比，对作物的安全性及对杂草的防效更好，用药量比春施增加10%，在9月下旬气温降至10℃以下时即可用药，10月中下旬气温5℃以下至封冻前这段时间最为适宜，施药后应结合混土处理。

【注意事项】 ① 唑嘧磺草胺不能与精吡氟禾草灵、精喹禾灵混用，因为混用后会导致对禾本科杂草的防效降低。

② 甜菜、油菜对唑嘧磺草胺敏感，不宜作为后茬作物种植。

2. 五氟磺草胺（penoxsulam，稻杰）

【化学名称】2-(2,2-二氟乙氧)-*N*-[5,8-二甲氧(1,2,4)三唑-(1,5-*C*)嘧啶-2-基]-6-三氟甲基-苯磺胺

【作用特点】 五氟磺草胺为选择性内吸除草剂，可被杂草的根茎叶吸收，在杂草植株内

经木质部传导并积累于分生组织，抑制支链氨基酸的合成，破坏细胞分裂，施药后杂草很快停止生长，2～4 天后，杂草生长点褪色，有时叶脉变红，7～14 天后，茎、叶、叶芽出现枯萎坏死，稗草茎基部颜色变黑，杂草完全死亡约需 2～4 周时间，处于萌发阶段的杂草，一般在出苗前死亡或苗后缓慢生长至 1～2 叶期死亡。五氟磺草胺的活性成分在水稻体内可被迅速分解，对水稻安全。

【制剂】 25g/L 五氟磺草胺油悬浮剂。

【适用范围】 水稻。

【防除对象】 可防除所有生物型的稗草、一年生莎草及阔叶杂草。水稻 1 叶期至成熟期均可使用，对磺酰脲类产生抗性的一些杂草，五氟磺草胺也有较好的防效。

【使用方法】 各种类型稻田，水稻 1 叶期至成熟期均可使用，施药前排干稻田水，药后 1 天灌水，保持 3～5cm 的水层 5～7 天，每亩用 25g/L 五氟磺草胺油悬浮剂40～80ml，杂草叶龄及密度小时用低剂量，反之用较高剂量。对大多数杂草 1～4 叶期药效最佳。

【注意事项】 喷药不均匀或施药时遇到低温，水稻可能出现短时间的黄化现象，通常 5～7 天即可恢复，不影响生长及产量。

（六）有机杂环类除草剂

1. 灭草松（bentazone，排草丹）

【化学名称】 3-异丙基-(1*H*)-苯并-2,1,3-噻二嗪-4-酮-2,2-二氧化物

【作用特点】 灭草松为苗后选择性触杀型茎叶处理剂，无内吸传导性，可通过破坏杂草的光合作用致其死亡。大豆植株接触药液 2h 后，光合作用受到抑制，8h 内即可将其分解代谢为无活性物质，光合作用及生长完全恢复正常。

【制剂】 480g/L 灭草松水剂。

【适用范围】 大豆、花生、水稻、玉米、小麦、禾本科牧草及草坪。

【防除对象】 苍耳、马齿苋、苘麻、麦蒿、荠菜、反枝苋、刺苋、凹头苋、酸模叶蓼、鬼针、猪秧秧、野西瓜苗、藜、小藜、龙葵、繁缕、鸭跖草（1～2 叶）、野萝卜、裂叶牵牛、泽泻、慈姑、大蓟、雨久花、鸭舌草、毋草、萤蔺、异型莎草、荆三棱等阔叶及莎草科杂草。

【使用方法】 大豆、花生在 2～3 片复叶期，阔叶杂草 2～5 叶期，每亩用 480g/L 灭草松水剂 100～200ml，兑水喷雾。秧田水稻苗 2～3 叶期，移栽水稻于移栽后 10～15 天，杂草出齐，大部分杂草 3～4 叶期，每亩用 480g/L 灭草松水剂 130～200ml，兑水喷雾。防除一年生杂草用低剂量，防除莎草科杂草用高剂量。

【注意事项】 ① 由于灭草松在杂草体内无移动性，喷药时应均匀。

② 晴天高温情况下灭草松活性高，对杂草防除效果好于阴天低温的天气。

2. 二氯喹啉酸（quinclorac，快杀稗）

【化学名称】 3,7-二氯-8-喹啉羧酸

【作用特点】 二氯喹啉酸为激素型除草剂，主要通过杂草的根部吸收，也可被发芽的种子吸收，少量通过叶部吸收，在杂草体内传导，中毒症状与生长素类除草剂造成的症状相似，最后杂草死亡。用药适期长，对 2 叶期后的水稻安全性高。是稗草的特效防除剂，能杀死 1～7 叶期的稗草，对 4～7 叶期的稗草有突出防效。施药后，稗草嫩叶呈轻微失绿，叶片出现纵向条纹并弯曲，夹心稗叶尖失绿变为紫褐色至枯死。阔叶杂草受药后，叶片扭曲变形，根部畸形肿大，生长停滞。

【制剂】 25%、50%二氯喹啉酸可湿性粉剂。

【适用范围】 稻田。

【防除对象】 主要防除稗草，对田菁、决明、雨久花、鸭舌草、水芹、茨藻等有一定防效。

【使用方法】 秧田和直播田：稻苗3叶期后，稗草1～7叶期均可施药，以稗草2.5～3.5叶期最佳。移栽田：插秧后5～20天均可施药。每亩用50%二氯喹啉酸可湿性粉剂30～50g（北方），20～30g（南方），兑水喷雾。稗草叶龄较大，基数较多时用药增加，反之则应用低药量，为使药剂与杂草茎叶接触，施药前1天应排干水，施药1天后灌水，保水5～7天。

【注意事项】 ① 浸种及露芽的稻种，2叶期前的秧苗对二氯喹啉酸敏感，施药应避开这些阶段。

② 对二氯喹酸敏感的作物有番茄、茄子、辣椒、马铃薯、莴苣、胡萝卜、芹菜、香菜、菠菜、瓜类、甜菜、烟草、向日葵、棉花、甘薯、紫花苜蓿等。施药时应注意雾滴的飘移问题，也不可用施过药的稻田水浇灌以上这些作物田。

③ 二氯喹啉酸在土壤中有积累作用，下茬及第二年不要种植敏感作物，可以种植水稻、小粒谷物、玉米、高粱等耐药作物。

3. 异噁草松（clomazone，广灭灵）

【化学名称】 2-(2-氯苄基)-4,4-二甲基异噁唑-3-酮

【作用特点】 异噁草松为选择性芽前处理除草剂，可通过杂草的根、幼芽吸收传至幼叶，抑制叶绿素和胡萝卜素的合成，杂草幼苗能够出土，但由于叶片是无光合色素的白化叶，短时间内杂草即死亡。进入大豆、花生等抗性作物体的异噁草松，能够被迅速分解为无毒物质。

【制剂】 360g/L异噁草松微囊悬浮剂、48%异噁草松乳油。

【适用范围】 大豆、花生、甘蔗、马铃薯、水稻、烟草、油菜等。

【防除对象】 主要用于防除一年生禾本科杂草及阔叶杂草，例如，狗尾草、稗草、马唐、牛筋草、马齿苋、苘麻、龙葵、香薷、水棘针、野西瓜苗、藜、小藜、酸模叶蓼、柳叶刺蓼、鸭跖草、鬼针、苍耳、豚草等；对多年生杂草，如刺儿菜、大蓟、苣荬菜、问荆等有较强的抑制作用。

【使用方法】 ① 大豆田。可以在播前、播后苗前土壤处理及苗后早期茎叶处理，每亩用48%异噁草松乳油50～70ml，土壤有机质含量高于3%时用较高剂量，低于3%时用较低剂量。异噁草松持效期较长，使用时每亩的有效成分应掌握在33g以下，在北方第二年春季种植小麦、玉米、甜菜、马铃薯、油菜等作物；若每亩使用的有效成分超过53g，则第二年春季不可再种植小麦、大麦、甜菜等作物。异噁草松在播前土壤处理，喷施后应浅混土。

② 甘蔗田。蔗芽出土前，每亩用48%异噁草松乳油70～80ml，兑水喷雾。

③ 水稻田。抛秧后3～5天，稗草1叶1心期，每亩用48%异噁草松乳油25～40ml，拌土撒施。直播田，北方在播前3～5天喷雾，南方可于播种后稗草萌发高峰期用药。

【注意事项】 使用异噁草松可能会使附近某些植物叶片发白、变黄，应注意雾滴飘移问题。

（七）丙炔氟草胺（flumioxazin，速收）

【化学名称】 7-氟-6-(3,4,5,6,-四氢)苯二甲酰亚氨基-4-(2-丙炔基)-1,4-苯并噁嗪-3(2*H*)-酮

【作用特点】 丙炔氟草胺为触杀型选择性除草剂，土壤处理时，药剂在土壤表面形成处

理层，杂草萌发时，幼芽接触到药剂处理层而枯死；对杂草茎叶处理时，药剂被杂草的幼芽及叶片吸收，在杂草体内传导，破坏叶绿素的合成，使杂草凋萎白化干枯以致死亡。

【制剂】 50%丙炔氟草胺可湿性粉剂。

【适用范围】 大豆、花生。

【防除对象】 马齿苋、反枝苋、酸模叶蓼、藜、萹蓄、鼬瓣花、苍耳、苘麻、黄化稔、鸭跖草、牛筋草、马唐，对稗草、狗尾草、野燕麦及苣荬菜有一定抑制作用。

【使用方法】 大豆、花生播后苗前，每亩用50%丙炔氟草胺8～12g，地表喷雾，最好播后立即施药，过晚会影响药效。为扩大杀草谱，可以与噻吩磺隆、乙草胺或异丙甲草胺等混用。

【注意事项】 在大豆拱土期施药，大豆易出现触杀性药害，但不会在体内传导，短时间内即可恢复正常生长。

（八）**丙炔噁草酮**（oxadiargyl，稻思达）

【化学名称】 5-叔丁基-3-[2,4-二氯-5-(2-丙炔基氧基)苯基]-1,3,4-噁二唑-2(3*H*)-酮

【作用特点】 丙炔噁草酮是用于水稻秧田作土壤处理的选择性触杀型芽期除草剂，主要是通过出苗前后敏感杂草的幼芽或幼苗接触吸收而起作用，丙炔噁草酮施于水中后经过沉降，逐渐被表层土壤胶粒吸附形成稳定的药膜封闭层，萌发的杂草幼芽穿过此药膜层时，经接触吸收和有限传导，在有光条件下，使接触部位的细胞膜破裂，叶绿素分解，致使生长旺盛部位的分生组织破坏，幼芽期的杂草枯萎死亡。丙炔噁草酮在土壤中的移动性较小，杂草根部不易接触到药剂。其持效期可维持30天左右。

【制剂】 80%丙炔噁草酮水分散粒剂、80%丙炔噁草酮可湿性粉剂。

【适用范围】 水稻。

【防除对象】 有效防除一年生禾本科杂草、莎草、阔叶杂草和水绵等，如稗草、千金子、野荸荠、异型莎草、碎米莎草、牛毛毡、节节菜、紫萍、萤蔺、鸭舌草、雨久花、泽泻、小茨藻。

【使用方法】 丙炔噁草酮在插秧前施用为宜，也可在插秧后施用。以杂草出苗前或苗后早期防效最好，每亩用80%丙炔噁草酮水分散粒剂6g，插秧前3～5天兑水泼浇。

【注意事项】 ① 丙炔噁草酮兑水稻安全幅度较窄，弱苗田、制种田、抛秧田及糯稻田不宜使用。

② 田面应仔细整平，施药不要超过推荐剂量，水面不要没过稻苗，拌药及撒施要均匀。

（九）**嘧啶肟草醚**（pyribenzoxim，韩乐天）

【化学名称】 *O*-[2,6-双[(4,6-二甲氧-2-嘧啶基)氧基]苯甲酰基]二苯酮肟

【作用特点】 嘧啶肟草醚为苗后选择性茎叶处理剂，经杂草茎叶吸收后在体内传导，抑制氨基酸的合成，幼芽和根停止生长，幼嫩组织如心叶变黄，然后整株枯死。杂草接触药剂后，一年生杂草通常5～15天死亡，多年生杂草所需时间较长些。若施时温度较低且施药量偏大，水稻易出现叶片发黄，生长受抑制的轻微药害，1天后即可恢复正常生长，对产量无影响。

【制剂】 1%嘧啶肟草醚乳油。

【适用范围】 水稻、小麦。

【防除对象】 禾本科杂草，例如，稗草、看麦娘、早熟禾、马唐、狗尾草、千金子；阔叶杂草，例如，反枝苋、决明、田旋花、藜、马齿苋、猪秧秧、大狼把草、苘麻、田皂角、田菁、蓼、龙葵、繁缕、紫花地丁、苍耳；莎草科杂草，例如，牛毛毡、鸭舌草、异型莎

草、水莎草、日本藨草。

【使用方法】 水稻苗后或移栽、抛秧后，田间稗草 3.5～4.5 叶期，每亩用 1%嘧啶肟草醚乳油 250～350ml，兑水喷雾。防除一年生杂草用低剂量，防除多年生杂草用高剂量，施药前应排水，使杂草露出水面，药后 1～2 天再灌水，1 周内保持 5～7cm 的水层。

【注意事项】 嘧啶肟草醚不具有封闭性，不能采用毒土的方式。

复习思考题

1. 简述除草剂的分类。
2. 施用除草剂的方法有哪些？
3. 为什么除草剂容易产生药害？
4. 除草剂的选择性原理有哪些？
5. 除草剂混用的基本原则。

第十章 杀 鼠 剂

知识目标

- 了解杀鼠剂的概念、分类、作用原理及使用方法。
- 了解杀鼠剂重要品种的生物活性及使用方法。

技能目标

- 能根据不同场所选择不同种类杀鼠剂进行防鼠。

杀鼠剂（rodenticides）是用于毒杀多种场合中各种有害鼠类的药剂。鼠类又称啮齿动物，所以杀鼠剂又可称为是控制有害啮齿动物的药剂。鼠类是人类的大敌，不仅种类多数量大，而且适应性强，分布广，除南极外，几乎遍布全球。其活动猖獗，危害方式多样，如传播鼠疫、流行性出血热、钩端螺旋体病、兔热病、恙虫病等传染病，家居中啃咬衣物、建筑物，咬吃食品，污染水源，严重威胁人们的生命安全。农业上，几乎所有的农作物都会遭受鼠类的危害，如盗食种子、果实、咬断苗木，所造成的损失是惊人的。据统计，全世界因鼠害每年减产粮食估计达5000万吨，足够1.5亿人吃1年，一般农田鼠害造成损失5%，中国每年鼠害损失至少150亿千克。农作物收获后贮粮、种子及饲料在贮存期间遭受鼠类危害损失也是巨大的。据FAO估计，全世界因鼠害贮粮的损失约占收获量的5%，其中发展中国家贮藏条件差的，损失高达15%～20%。畜牧业上，主要是采食牧草，破坏草场，盗食饲料，猎袭幼畜等，严重时草场上形成一块块斑秃，导制草原沙化或荒漠化，失去放牧价值。林业上，盗食树木种子，咬断树根，毁坏幼苗，从而影响人工造林及林木更新，甚至导致沙尘暴，恶化人类生存环境。再加上对商业、工业、电讯交通事业的危害，其损失更为惊人。因此，消灭鼠害是保障人类的生命、财产安全，确保国民经济可持续发展的重要措施。

防治鼠害的方法很多，可以利用生态灭鼠、生物灭鼠、器械灭鼠以及化学药物灭鼠。化学药物灭鼠就是利用杀鼠剂将鼠类杀死、驱避或使其失去繁殖能力的化学灭鼠法。在各种防治方法中，化学灭鼠法具有使用简便、效果显著、成本低、见效快等优点，容易为广大群众所接受。一个良好的杀鼠剂应具备以下条件：①用有效成分配成的毒饵，在各种条件下都有良好的稳定性，适口性好，无臭无味，鼠类不拒食；②对鼠类毒力强，且对鼠类动物具有选择性毒力，无二次中毒的危险；③不产生耐药性；④在使用浓度下对人、畜安全，无累积毒性，生物降解快，有特效解毒剂或治疗方法；⑤操作安全，使用方便，价格便宜。全部满足以上条件比较困难，但作为一种杀鼠剂，至少对鼠类要有较高的毒力和良好的适口性，以及一定程度的安全性，且价格便宜，才容易为广大群众所接受，才能被选用和推广。

第一节 杀鼠剂的分类

杀鼠剂按作用方式分为胃毒剂和熏蒸剂，按来源可分为无机杀鼠剂、有机杀鼠剂和天然

植物杀鼠剂，按作用速度可分为急性杀鼠剂和慢性杀鼠剂。

一、急性杀鼠剂

通常是1次取食有效剂量就中毒死亡，又称单剂量杀鼠剂。这类杀鼠剂毒性高，毒杀作用迅速，潜伏期短，取食后1～2天甚至几小时就表现出中毒死亡的现象，药效高，使用方便；但对人、畜毒性较大，使用过程中不安全，且鼠类中毒迅速，如果1次取食剂量不足，以后就会拒食，影响药效。如磷化锌、溴敌隆等。

二、慢性杀鼠剂

主要是抗凝血杀鼠剂，是一类慢性或多剂量杀鼠剂。这类杀鼠剂作用缓慢，潜伏期长，需要几天多次取食才能积累中毒死亡，连续小剂量给药比1次大剂量给药的毒力大。如利用杀鼠灵防治褐家鼠，一次给药的急性LD_{50}为186mg/kg，而每日一次连续5天给药的LD_{50}总量仅为5mg/kg，这样既符合鼠类的取食习性，又可减少对人、畜的中毒威胁，使用比较安全。同时由于其杀鼠作用缓慢，中毒症状轻，不会引起拒食，灭鼠效果好。所以这类杀鼠剂是比较理想的杀鼠剂。

抗凝血杀鼠剂的作用原理主要是阻碍肝脏凝血酶原的生成，竞争性地抑制维生素K的作用，破坏正常血凝功能，造成内出血死亡。如果人、畜中毒，可大量注射维生素K_1来解毒。

使用抗凝血剂灭鼠必须有足够的毒饵，使其取食无间隔，才能充分发挥药效。此外还应注意以下两点：①毒饵浓度不可随意加大，随意提高毒饵浓度有时反而引起鼠类拒食；②长期单一使用抗凝血剂会引起耐药性，最好和急性杀鼠剂交替使用。

第二节　杀鼠剂的使用

杀鼠剂常以毒饵、毒粉、毒水、毒糊等形式使用。

一、毒饵

毒饵是使用最普遍的毒鼠方法，由杀鼠剂、诱饵和添加剂三部分组成。诱饵是引诱害鼠取食的毒饵，所以毒饵中的诱饵应该具有很强的引诱力，才能使鼠类摄入足够的致死剂量。一般来说凡是鼠类喜欢吃的食物都可作诱饵，如谷物、蔬菜、薯类等。添加剂主要用于改善毒饵的理化性质，增加毒饵的引诱力，提高毒饵的适口性，增强对毒饵的警戒作用和安全感。

常用的添加剂主要有引诱剂、黏着剂、警戒剂等，有时还加入防霉防腐剂、催吐剂；常用的引诱剂有食糖、食物油、少量食盐等，常用的黏着剂主要有植物油、糨糊等。为了使用安全，在毒饵中可加警戒剂，鼠类是色盲动物，加入红色或蓝色染料如亚甲基蓝、曙红等，鼠类不能警觉，而对人尤其是鸟类可起警戒作用。鼠类无呕吐中心，毒饵中加入吐酒石可使误食毒饵的动物呕吐，不致中毒。另外夏季使用毒饵防鼠还需加防霉防腐剂，如硝基酚、苯甲酸等，但容易引起鼠类拒食，一般不用。

1. 毒饵的配制

常采用黏附、浸泡、混合等方法进行配制。

黏附法适用于不溶于水的杀鼠剂，使杀鼠剂均匀黏附在诱饵上即可，若诱饵用于小

麦、大米等粮食作物，适量加点植物油增加黏附性，适量加入 2%～5%的糖增加适口性，可提高灭鼠的效果。若诱饵用薯类、瓜果等块状食物，直接加入杀鼠剂，搅拌均匀即可。

浸泡法适用于可溶性杀鼠剂，杀鼠剂溶于适量的水制成药液后，倒入诱饵中浸泡，待诱饵全部吸收药液即可。

混合法适用于粉状诱饵，如面粉和杀鼠剂充分混合即可。

也可将配好的毒饵倒入熔化的石蜡中（毒饵和石蜡的比例为 2：1），搅拌均匀，冷却凝固后即可根据需要做成各种形状、不同大小的块状毒饵。这种毒饵不容易发霉变质，适于夏季使用。

2. 毒饵的使用方法

毒饵投放可采用点放、散放及利用毒饵器投放。鼠洞容易发现的，可见洞直接投药，每洞 1～2g，或把毒饵成堆点放在鼠道上；不易找到鼠洞的地区可放在鼠类活动的场所，采取等距离投毒方法，每 5～10m 投毒饵一堆，每堆 5～6g；也可利用木板或铁皮、竹管或塑料管做成毒饵器盛放毒饵，两端开口，便于鼠类出没。

二、毒粉

毒粉是利用鼠类的生活习性而达到灭鼠的方法。通常是将高浓度的杀鼠剂的粉状剂型撒于鼠类经常出没的地方，当药剂黏附于鼠爪或腹毛上时，鼠即用舌舔爪或整理腹毛，将药带入口中吞服，使其中毒死亡。但用量大，污染环境严重，特别是带药的鼠类活动时容易污染食物和水源，使用时应慎重选择。

三、毒水

毒水是利用有些家栖鼠类有喝水的习性将药剂配成毒水灭鼠的方法。这类鼠不喝水不能生存，因此夏天、干旱季节或缺水的环境如粮库、食品库房等，水对鼠类更具有引诱力。将杀鼠剂配成毒水，鼠类喝毒水后中毒而死，通常加入 5%食糖增加适口性，效果更好。另外需加 0.1%～0.5%的警戒剂以防其他非靶标动物中毒。

四、毒糊

毒糊主要用于鼠洞防治。将水溶性的杀鼠剂配成毒水，再加入面粉搅拌均匀成糊状即可。将配好的毒糊涂在高粱秆等的一端，将有药端插入鼠洞，害鼠取食中毒死亡。

第三节　常用的重要杀鼠剂

1. 杀鼠灵（warfarin，灭鼠灵）

【化学名称】 4-羟基-3-(3-氧代-1-苯基丁基）香豆素

【主要理化性质】 纯品为无臭无味的白色结晶，工业品略带粉红色。熔点 159～161℃，不溶于水，在碱性溶液中形成水溶性的钠盐，微溶于乙醇、乙醚和油类，易溶于丙酮、二噁烷。

【生物活性】 主要作用机制是破坏正常的凝血功能，降低血液的凝固能力，急性毒性低，慢性毒性高，需连续多次取食才能致死的第一代抗凝血杀鼠剂。大白鼠急性经口 LD_{50} 为 3mg/kg，对猪、狗、猫敏感，对狗 LD_{50} 为 20～50mg/kg，对猫 LD_{50} 为 5mg/kg，对牛、

羊、鸡、鸭毒性低。适口性好，一般不产生拒食。

【制剂】 98%原粉、2.5%粉剂、0.025%毒饵。

【使用范围】 该药适用于居住区、仓库、轮船、码头、家禽饲养场灭鼠，不适合田间灭鼠。

【使用方法】

(1) 毒饵灭鼠　用小麦、玉米、大米等作饵料，加适量糖作引诱剂，用植物油（约3%）作黏附剂，按一定比例混合均匀即成毒饵。一般防治褐家鼠的毒饵浓度为0.005%～0.025%，黄胸鼠和小家鼠的浓度为0.025%～0.05%。在鼠类经常活动的地方$1m^2$放3～5g，一般$5m^2$放一堆，一次放够3天食用，48h后检查，已经吃掉的及时补充，保证有充足的毒饵。药效可维持10～14天。

(2) 毒水灭鼠　可用0.025%～0.05%钠盐水溶液灭鼠。毒水适口性差，应加入2%～5%的食糖作引诱剂。

(3) 毒粉灭鼠　可用原粉或2.5%粉剂与面粉或滑石粉混拌均匀制成0.5%～1.0%的毒粉撒在老鼠经常活动的地方，作为舔剂灭鼠。

【注意事项】 ① 配制毒饵时要加蓝或红的食品色素作警戒色，以防人、畜误食中毒。

② 鼠尸要及时收集深埋，防止污染环境。

③ 误食中毒及时送医院抢救，维生素K_1是有效的解毒剂。

2. 敌鼠（diphacinone，敌鼠钠盐）

【化学名称】 2-(2,2-二苯基乙酰基)-1,3-茚满二酮钠盐

【主要理化性质】 敌鼠遇热碱形成敌鼠钠盐。纯品为淡黄色粉末，无臭无味，原药有一点气味，无明显熔点，加热至207～208℃则由黄色变成红色，至325℃分解。在20℃水中溶解度为0.005%，但溶于热水，100℃溶解度为5%，溶于酒精和丙酮，不溶于苯和甲苯。稳定性好，可长期保存。

【生物活性】 敌鼠是目前应用广泛的第一代抗凝血杀鼠剂品种，主要作用机制是抑制维生素K，在肝脏中能阻碍凝血酶原的合成，使之失去活力，并能使毛细血管变脆，减弱抗张能力，增强血液渗透性，损害肝小叶，促使出现内出血，如有外伤，很快出现流血直至死亡。原药大白鼠急性经口LD_{50}为1.4～2.5mg/kg，狗急性经口LD_{50}为3～7.5mg/kg，猫为14.7mg/kg。

【制剂】 1%、80%及90%以上的粉剂。

【使用方法】 适用于室内外和田野防除各类害鼠。敌鼠钠盐原粉一般用于配制毒饵防治害鼠，农田灭鼠毒饵的有效成分含量为0.05%～0.1%，消灭家栖鼠类毒饵的有效成分含量为0.025%～0.03%，浓度低，适应性好，使用中一般采用低浓度、高饵量的饱和投饵方法。具体配制方法如下：按需要的毒饵质量的0.05%～0.1%或0.025%～0.03%称取药物，溶于适量的酒精中，加入糖和警戒色，视稻谷的吸水情况加入适量的水，配制成敌鼠钠盐母液，将稻谷倒入药液中浸泡，翻动搅拌稻谷，待药液全部被吸收后，摊开晾干即可。室内晚上投放，一次投放1天的食量，每点10g左右，鼠多可适量多放，连续投放3～4天。野外一次性投饵，每鼠洞10～20g，或在鼠道上投放，每隔5～10m左右投放10～20g。

【注意事项】 ①加强保管，避免误食中毒。如发现中毒应立即送医院救治。解毒剂为维生素K_1。②对猫、狗敏感，有二次中毒的危险，因此死鼠要及时收集深埋。

第十一章　植物生长调节剂

知识目标

- 了解植物生长调节剂的概念、分类及主要作用。
- 了解影响植物生长调节剂作用的因素及使用方法。
- 了解植物生长调节剂常用品种的生物活性及使用方法。

技能目标

- 能根据生产需要选择不同种类植物生长调节剂并能科学使用。

第一节　植物生长调节剂的概念、分类和作用

一、概念

植物能够正常地生长发育，是因为植物体内存在一种化学物质，这种物质虽然含量很少，但对植物的发芽、生根、生长、开花、结果、休眠等主要生命活动起着重要的调控作用，植物如果缺少这种物质，植物体内的平衡被打破，就不能正常地生长发育，甚至死亡。这些来源于植物体内能够调节植物生长的化学物质即是植物激素。

为了控制植物生长，人们对植物激素进行了长期研究，并模拟植物激素的分子结构进行了人工合成，这些人工合成的化学物质也具有调控植物生长的作用，即植物生长调节剂是仿照植物激素的化学结构人工合成的具有植物激素活性的物质。它们在植物体内不一定存在或其化学结构和性质可能与植物激素不完全相同，但却具有与植物激素相似的作用，也能调节植物的生长发育过程。它的合理使用可以使植物生长发育朝着健康的方向或人为预定的方向发展；增强植物的抗虫性、抗病性，起到防治病虫害的目的；另外一些生长调节剂还可以选择性地杀死一些植物而用于田间除草；而不少农药品种特别是除草剂，在适当的剂量和植物生长期施用，也会不同程度地表现出生长调节活性。

早在 1928 年文特（F. W. Went）发现了植物体内存在生长素物质，1934 年柯格尔（F. Kogl）和哈根-史密特（A. T. Haagen-Smit）、1935 年西曼（K. V. Thimann）分别从人尿和根霉菌的培养基中提取出吲哚乙酸（IAA），不久，又人工合成了吲哚丁酸（IBA）和萘乙酸（NAA）。其后又先后发现了赤霉素、乙烯、细胞分裂素、脱落酸等多种植物激素。特别是 20 世纪 40 年代 2,4-D 类植物生长调节剂作用被发现和应用以后，对合成、筛选植物生长调节剂起了重要推动作用。从此人工合成的植物生长调节剂相继大量出现，并在农业、林业上得到广泛应用。至今已合成投入使用的植物生长调节剂已有百余种，农业生产中常用的也有几十种。

我国植物生长调节剂的应用研究开始于 20 世纪 30 年代末，用于插枝生根和无籽果实诱导。50 年代合成了吲哚丁酸、萘乙酸、2,4-D 等，直到 80 年代以后才得到了蓬勃发展，赤霉素、缩节胺、多效唑、乙烯利等形成大吨位生产能力，成为农业生产不可缺少的技术措

施。我国地少人多，必须走高产、高效、优质和持续发展的道路，植物生长调节剂在未来农业发展中会发挥越来越重要的作用。

近年来，以植物生长调节剂为中心发展起来的植物化学控制学，已成为一个新兴的学科，并与植物生理学、栽培学、育种学、化学等学科相互渗透、相互促进，成为农业生产的重要技术资源。

二、植物生长调节剂的分类

植物生长调节剂种类繁多，结构各异，生理效应和用途又各不相同。所以分类的标准有多种，如按化学结构分类，可分为吲哚类、萘类、苯氧乙酸类等，按生理效应和用途分类，可分为矮化剂、生根剂、催熟剂等，而常用的则是按植物激素类型分类。按植物激素类型可划分为以下几类。

(1) 生长素类　生长素类的主要作用特点是促进细胞分裂和伸长，促进生根，增加坐果，促进果实膨大，延迟器官脱落，形成无籽果实等作用。主要品种有萘乙酸、防落素、增产灵、2,4-D、吲哚丁酸、复硝酸钠（爱多收）和复硝铵（多效丰产灵）等。

(2) 赤霉素类　赤霉素是植物体内普遍存在的内源激素，到目前为止已分离鉴定的赤霉素有90多种，其中活性最高、应用最广的是赤霉素3(GA_3)即赤霉酸。赤霉素的主要作用特点是刺激茎叶生长、改变某些植物雌雄花比率，诱导单性结实，促进坐果，打破植物体某些器官的休眠，促进开花（长日植物），抑制成熟和衰老，提高植物体内酶的活性。

(3) 细胞分裂素类　细胞分裂素类广泛存在于放线菌、细菌、真菌和植物中。主要作用特点是促进细胞分裂，保持地上部绿色，诱导离体组织芽的分化，延缓衰老，促进侧芽萌发等。常见品种如激动素（kinetin)、玉米素（ZT)、6-苄基氨基嘌呤（6-BA)、异戊烯基腺嘌呤和PBA等。

(4) 乙烯类　高等植物的根茎叶花果实等在一定条件下都会产生乙烯。乙烯类植物生长调节剂都是乙烯释放剂，都是人工合成的能在植物体内释放乙烯的物质。其主要特点是促进果实成熟衰老，抑制细胞的伸长生长，引起横向生长，促进器官脱落，诱导花芽分化，促进发生不定根的作用。主要品种有乙烯利、乙二磷酸等。

(5) 脱落酸类　脱落酸（ABA）以前称为休眠素或脱落素，是一种抑制植物生长发育和引起器官脱落的物质。它在植物各器官都存在，尤其是进入休眠和将要脱落的器官中含量最多。这一类植物生长调节剂的主要作用特点是促进离层的形成，导致器官脱落，增强植物抗逆性。能促进休眠，抑制萌发，阻滞植物生长。主要品种有脱落酸和噻苯隆。

(6) 植物生长抑制剂类　这类物质对植物顶芽或分生组织都有破坏作用，并且破坏作用是长期的，不为赤霉素所逆转，即使在药液浓度很低的情况下，对植物也没有促进生长的作用。如青鲜素、增甘膦、草甘膦等。

(7) 植物生长延缓剂类　这类物质作用特点是抑制顶端优势，促进侧芽生长或抑制亚顶端分生组织活动，延缓生长，使节间缩短，植株矮化紧凑。过一段时间后，植物即可恢复生长，而且其效应可被赤霉素逆转。如矮壮素（CCC)、比久（B_9)、缩节胺、多效唑(PP_{333})。

(8) 油菜素内酯（BR)　20世纪70年代初在油菜花粉中发现的新一代植物生长调节剂。广泛存在于自然界的植物中，具有很高的活性，现已人工合成。其主要特点是促进作物生长，增加营养体收获量，提高坐果率，促进果实长大，增加粒重等。在小麦、大麦、水稻、马铃

薯、莴苣、菜豆、葡萄等作物上均有应用。应用的浓度极低，一般在 10^{-5}～10^{-1}mg/L。

三、植物生长调节剂的主要作用

植物生长调节剂的主要作用可分为以下几个方面。

1. 可以控制休眠，促进发芽

收获的马铃薯块茎、洋葱和大蒜的鳞茎在贮存期萌发，造成损失。为防止萌发可用萘乙酸甲酯（MENA）、青鲜素（MH）等在贮存时期处理，也可以在未采收前将生长调节剂喷在田间作物的叶面上，可以减低萌发率，延长贮存期。用 NAA 钠盐、MENA、MH 防止根菜类如胡萝卜、萝卜、芜菁、甜菜贮藏期间的萌发也有效。休眠期比较长或难以发芽的种子，经过某些植物生长调节剂的浸种处理，可以打破休眠，并且因种子内酶的活动而加快发芽。如萘乙酸、赤霉素等。

2. 促进扦插枝条快速生根

多用于扦插生根比较困难的植物，通过植物生长调节剂的处理，促进生根细胞分裂。如吲哚乙酸、萘乙酸、吲哚丁酸等。

3. 矮化防倒，控制株型

矮壮素（CCC）、调节啶、多效唑等能使植物节间缩短，茎秆粗壮，叶片变小，植株直立，造成很好的田间通风透光条件，因此降低了倒伏的危险，增加了产量。还可用于果树、草地的矮化生长，盆栽菊花、一品红的矮化等。B_9 用于果树，防止新梢生长，促进花卉矮化，增加观赏价值。高浓度的青鲜素、脂肪酸等可破坏顶芽生长，但不影响侧芽发生，可维持花卉、绿篱和树木的造型。

4. 控制抽薹开花

一些需低温春化的二年生蔬菜作物，如芥菜、甘蓝、芹菜、菠菜、萝卜等，用 GA 点滴在生长点上，能使在越冬前抽薹开花。对一些需长日照才能开花的作物，如白菜、莴苣、萝卜、芥菜等，GA 可使其在短日照下抽薹开花。许多松柏科植物很难开花，扦插枝条又不易生根，繁殖困难。GA 能诱导某些柏科和杉科的幼年苗木早熟开花。GA 还可延迟某些果树的花期，使之避免晚霜的危害，如梨、杏、李、柑橘等。

5. 促进坐果和果实发育

果实的发育受多种激素的调节。果实发育早期，生长素、赤霉素和细胞分裂素的含量迅速增加，此时果实体积增大。在果实生长后期，这几种激素水平下降，而脱落酸（ABA）和乙烯的含量迅速上升。果实发育中的激素主要是由种子供给的。促进坐果常用的生长调节剂是生长素和赤霉素。它们可以代替果实中的种子，供给果实生长所需的内源激素，所以，适当使用这类生长调节剂，就可刺激子房膨大，形成无籽果实，如番茄、黄瓜等。赤霉素可促进新疆无核白葡萄生长，增加果粒大小，增加产量。赤霉素（GA）用于有核的品种，可减少种子的数目。用两种或两种以上的生长调节剂处理果实，可以改变果实形状和大小。

6. 果树疏花疏果

为了解决果树大小年结果现象，使果树稳产高产。常用疏花疏果的措施来解决。过去用手工进行这项作业，费时费力，采用化学药剂进行疏花疏果，可节约劳力并得到更好的效果。常用二硝基甲酚（DNOC）、萘乙酸、萘乙酰胺（NAAM）、甲萘威、乙烯利等。

7. 防止器官脱落

用 2,4-滴或 PCPA 不但可防止落花，还可获得无籽果实。这两种药剂还可用来防止茄子、辣椒的落花现象。防止苹果采前落果最早是用 NAA，效果很好，但处理后的果实不耐

贮藏。用 B_9 后效果更好。

8. 促进成熟

果实自然成熟过程中，要产生“成熟激素”乙烯，调节果实的呼吸代谢，使果实的色泽、香味、甜度发生变化、果肉变软，而后成熟。乙烯利渗入到植物体内，促进乙烯释放，引起一系列成熟的代谢变化。用乙烯利催熟的果实有番茄、辣椒、香蕉、柿子、桃、梨、苹果、西瓜、菠萝、柑橘等。

9. 化学杀雄

其作用是依据花的雌雄性器官顺序发育的原理，在一定阶段使用化学药剂，破坏雄蕊的花粉，而不影响雌蕊发育，从而得到雄性不育花粉，使自花授粉植物实现异花授粉，获得杂交种子。如甲基胂酸盐、2,4-D丁酯、乙烯利等。

另外还在农产品贮存保鲜，调节性别分化，促进干燥和脱叶，抑制光呼吸和蒸腾作用等方面，起着重要的调节作用。

第二节　植物生长调节剂的使用

植物生长调节剂一般具有促进和抑制生长两种效应，使用技术性很强，其结果随用药浓度、剂量、时期、使用方法及植物种类、器官、生育期、生理状态、栽培条件和环境条件等的变化而有很大差异，甚至产生截然相反的结果。因此在实际应用过程中，要充分了解植物生长调节剂的性能特点，科学合理地使用，才能达到预期的目的。

一、影响植物生长调节剂作用的因素

1. 环境条件

(1) 温度　在一定温度范围内，植物使用生长调节剂的效果一般随温度升高而增加。温度升高会加大叶面角质层的通透性，加快叶片对生长调节剂的吸收。同时温度较高时，叶片的光合作用和蒸腾作用较强，植物体内的同化物质和水分的运输也较快，这也有利于生长调节剂在植物体内的传导。所以，叶面喷洒使用时，夏季往往比春季或秋季要好。

(2) 湿度　空气湿度高，喷在叶面上的药液不容易干燥，从而延长了叶片对生长调节剂的吸收时间，进入了植物体的药液量相对增加。所以较高的空气湿度，可以增强植物生长调节剂的效果。

(3) 光照　在阳光下，叶片气孔开放，有利于植物生长调节剂的渗入。同时一定的阳光强度，可促进植物的蒸腾和光合作用，加速水分和同化物质的运输，从而也加快了生长调节剂在体内的传导。因此，生长调节剂宜在晴天施用。若阳光过强，药液在叶面会很快干燥，不利于叶片的吸收，反而会影响效果。

此外，风、雨对植物生长调节剂的应用也有影响。风速过大或喷洒后不久遇雨都会降低药效。

2. 栽培措施

植物生长调节剂可以控制作物的生长发育，因而可以解决某些栽培措施难以解决的问题，但不能代替作物对肥料、水分、光照和温度等条件的需求，所以要使作物生长发育良好，离不开农业措施的综合应用，否则，应用植物生长调节剂再合理，也不可能达到应有的效果。如用乙烯利处理番茄，能多开雌花多结果，但要是不供给足够的营养，也不会增产。

3. 植物生长发育状况

植物生长发育的状况不同，对生长调节剂的反应也不一样。生长发育状况好的植株，使用生长调节剂的效果较好，反之，效果较差。如矮壮素调控棉花生长，只有在棉花长势旺盛的情况下才能取得良好的效果。

4. 使用时期

使用植物生长调节剂的时期十分重要。只有在植物适宜的生长时期内施用植物生长调节剂才能达到应有的效果。使用时期不当则效果不佳，甚至还有不良的副作用。植物生长延缓剂一般在作物生长发育的前期施用，如多效唑，在小麦上施用以单棱期至二棱期（返青期至起身期）效果较好。植物生长促进剂一般在作物生长的中后期施用，如用赤霉素防止棉花蕾铃脱落时，一般在盛花期施用效果最好。

5. 使用浓度

由于植物生长调节剂具有微量高效的作用特点，其应用效果与使用浓度密切相关。如果浓度过低，不能产生应有的效果；浓度过高，会破坏植物正常的生理活动，甚至伤害植物。如生长素类，在低浓度时，对茎和芽有促进作用，当浓度增加至一定程度后，则变为抑制作用。因此，在施用时应严格配制药液浓度。

6. 使用方法

农业上使用的方法主要有喷洒法、浸蘸法、涂抹法以及土壤处理法等，最常用的方法是喷洒法和浸蘸法。喷洒植物生长调节剂时，要尽量喷在作用部位上。如用赤霉素处理葡萄，要求均匀地喷在果穗上；用乙烯利催熟果实，要尽量用在果实上。在用浸蘸法处理苗木、插条、种子及催熟果实时，处理时间的长与短非常重要。果实催熟，一般是在溶液中浸几秒钟，取出晾干，堆放成熟。苗木插条生根，应将插条基部在低浓度生长素溶液中浸12～24h。

二、使用方法

只有掌握正确的使用方法，才能科学合理地应用植物生长调节剂，充分发挥其作用。目前生产上多采用以下几种使用方法。

1. 喷洒法

这是生产上最常用的一种方法。将植物生长调节剂按所需浓度配制成溶液，用喷雾器或其他工具，均匀喷洒到叶片及作物体表面。生产上为提高药效，增强药液的附着力，特别是像甘蓝、花椰菜等叶片表面有蜡粉的植物，配制溶液时常添加一些表面活化剂，如中性肥皂液、洗衣粉液等提高吸收质量，才能收到预期的效果。

2. 浸蘸法

将作物的种子、块根、块茎等浸在植物生长调节剂的溶液中进行浸渍处理，经一定的时间，取出晒干（或阴干）即可。这种方法省时、省工，有利于促苗早发、培育壮苗。林果业苗木扦插和农作物水稻、地瓜浸根，可促根早发、提高成活率，培育壮苗。浸的时间长短与浓度关系密切。用吲哚丁酸浸根，高浓度（1～2g/L）时浸数秒即取出；低浓度（100 mg/L）时要浸 12～16h。

3. 涂抹法

这种方法多用于保护地蔬菜的保花保果。如用2,4-D溶液，在日光温室茄子开花期涂抹花柄，温室西葫芦开花期涂抹柱头，番茄开花期涂花均有良好的保花保果作用。这样既可以减少用药量，又可以减少对敏感植物的药害。2,4-D易引起番茄的嫩芽、嫩叶变形，涂抹在

花上减少了药害。

4. 土壤浇施法

把植物生长调节剂按一定的浓度和数量浇到土壤中，由根系吸收而起作用的一种施药方法。多依株浇施，大面积应用也可随浇水施入。小麦田用矮壮素防止倒伏常用这种方法。

第三节　植物生长调节剂的常用品种

一、植物生长促进剂

1. 萘乙酸（α-naphthaleneacetic acid，NAA）

【化学名称】 α-萘乙酸

【主要理化性质】 纯品为白色无味结晶，熔点 130℃，易溶于丙酮、乙醚和氯仿等有机溶剂。几乎不溶于冷水，溶于热水。80%萘乙酸原粉为浅土黄色粉末，熔点 106～120℃，水分含量≤5%，常温下贮存，有效成分含量变化不大。遇碱能成盐，盐类能溶于水，因此配制药液时，常将原粉溶于氨水再稀释使用。

【生物活性】 萘乙酸为生长素类广谱植物生长调节剂，具有生长素的活性，它有内源生长素吲哚乙酸的作用特点和生理功能，如促进细胞伸长，促进生根，增加坐果，防止落果，改变雌雄花比率等。萘乙酸可经叶片、树枝的嫩表皮、种子进入植株体内，随营养流输导到起作用的部位。原粉对大鼠急性经口 LD_{50} 为 1000～5900mg/kg。

【制剂】 80%萘乙酸原粉。

【使用方法】 用 10～20mg/L 采收前全株喷洒苹果、梨可防止采前落果；开花期在番茄、西瓜上喷花可防落花，促坐果；用 10～20mg/L 处理水稻、棉花可增产；25～100mg/L 药液浸扦插枝基部，对茶、桑、侧柏、柞树、水杉等可促进生根。

【注意事项】 萘乙酸用量极低，要严格掌握使用浓度。萘乙酸药效发挥约 3～7 天，药效可达 21～30 天，喷施后短期遇雨，天晴后应重喷，中午前后气温较高也不宜使用，开花授粉作物花期一般不宜使用。可与碱性农药混合使用，不可与酸性农药混配。混合后不宜久存。

2. 2,4-D 钠盐（2,4-D Na,2,4-二氯苯氧乙酸钠盐）

【化学名称】 2,4-二氯苯氧乙酸钠盐

【主要理化性质】 纯品为白色结晶体，溶于水，微溶于乙醇。遇明火、高热可燃。受高热分解，放出有毒的烟气，分解温度为 215℃。

【生物活性】 低剂量使用时调节植物生长，高剂量可除草。它能促进番茄坐果，防止落花加速幼果发育。大鼠急性经口 LD_{50} 555mg/kg，小鼠急性经口 LD_{50} 375mg/kg。

【制剂】 95% 2,4-D 钠盐原粉。

【使用方法】 在番茄上使用 10～20mg/kg 涂花、点花。温度低、湿度大，则加大浓度；温度高、湿度小则降低浓度。一般情况下，严冬用 18～20mg/kg，早春用 14～16mg/kg，以后随着温度升高降为 10～12mg/kg，浓度过低保花效果不明显，浓度过高易导致僵果和畸形果。

【注意事项】 2,4-D 钠盐既可作植物生长调节剂又可作除草剂，使用时要严格控制用药量。

3. 对氯苯氧乙酸钠（sodium 4-CPA，番茄灵）

【化学名称】 4-氯苯氧乙酸钠

【主要理化性质】 纯品为白色针状晶体，工业品为钠盐，白色絮状固体。熔点157℃，略有酚味，易溶于水，性质稳定，耐贮存。

【生物活性】 适用于番茄作物。能起到防止落花，刺激幼果膨大生长，提早果实成熟，改善果实品质及形成无籽或少籽果实的作用。原药雌大鼠急性经口 LD_{50} 1260mg/kg。

【制剂】 8%可溶性粉剂。

【使用方法】 主要用于番茄、茄子、辣椒等蔬菜以及苹果、葡萄等水果，常用0.003%～0.005%的药液于开花结实期喷雾；气温低时药液浓度可高些，气温高时，浓度可降低。水稻扬花灌浆期采用0.008%～0.01%的药液喷雾。

【注意事项】 使用浓度不宜过高，以免产生药害。本品对幼嫩新梢叶比较敏感，故不可喷在尚未老化新梢嫩叶上，以免产生药害。留种作物不可使用。

4. 赤霉素（gibberellic acid，九二零）

【化学名称】 2,4*a*,7-三羟基-1-甲基-8-亚甲基赤霉-3-烯-1,10-二羧酸-1,4*a*-内酯

【主要理化性质】 工业品为白色结晶粉末，含量在85%以上，熔点233～235℃（分解）。易溶于醇类、丙酮、乙酸乙酯及pH6.2的磷酸缓冲液，难溶于水、醚、煤油、苯等。遇碱易分解。

【生物活性】 赤霉素是一种广谱性植物生长调节剂。植物体内普遍存在着内源赤霉素，是促进植物生长发育的重要激素之一，是多效唑、矮壮素等生长抑制的拮抗剂。赤霉素可促进细胞茎伸长，叶片扩大，单性结实，打破种子休眠，改变雌、雄花比率，影响开花时间，减少花、果的脱落。外源赤霉素进入植物体内，具有内源赤霉素同样的生理功能。赤霉素主要经叶片、嫩枝、花、种子或果实进入植株体内，然后传导到生长活跃的部位起作用。小鼠急性经口 LD_{50} ＞25000mg/kg。

【制剂】 85%赤霉素结晶粉、4%赤霉素乳油。

【使用方法】 麦类用85%赤霉素结晶粉15g/hm^2兑水900kg喷洒穗部，可促进灌浆，提高产量。马铃薯切块浸在0.5～1mg/L药液中10min，可打破休眠，如使用浓度过高也会产生抑制作用。菊花在春化阶段用85%赤霉素结晶粉8500倍喷叶可促进开花。番茄用4%乳油800～4000倍开花期喷花可促进坐果。

【注意事项】 不能与碱性物质混用；其水溶液易分解，不宜久放，宜现配现用；纯品水溶性低，用前先用少量酒精溶解，再加水稀释至所需的浓度。

5. 乙烯利（ethephon，一试灵）

【化学名称】 2-氯乙基膦酸

【主要理化特性】 纯品为无色长针状结晶。工业品为淡棕色液体，熔点74～75℃，易溶于水、乙醇、丙酮等溶剂，微溶于苯、二氯乙烷、三氯甲烷，不溶于石油醚，呈强酸性，酸性介质中稳定，遇碱分解放出乙烯。

【生物活性】 乙烯利是促进成熟的植物生长调节剂。在酸性条件下，十分稳定，在pH4以上，则分解释放出乙烯，促进果实早熟齐熟，增加雌花，提早结果，减少顶端优势，增加有效分蘖，使植株矮壮，诱导雄性不育等。原药大鼠急性经口 LD_{50} 为4229mg/kg。

【制剂】 40%乙烯利水剂。

【使用方法】 主要用于棉花、番茄、西瓜、柑橘、香蕉、咖啡、桃、柿子等果实促熟，培育后季稻矮壮秧，增加橡胶乳产量和小麦大豆等作物产量，多用喷雾法常量施药。棉花、

香蕉、柿子稀释 400 倍液喷雾，水稻稀释 800 倍液喷雾，番茄 800～1000 倍液喷雾，橡胶树 5～10 倍液涂布割胶部位。

【注意事项】①乙烯利是酸性药剂，因此不能与碱性物质混用。②稀释后的乙烯利溶液，由于酸性下降，稳定性变差，故要现配现用。③使用时气温在 20℃ 以上，药效最佳，否则药效不太好。④乙烯利原液酸性很强，对皮肤、衣物有腐蚀作用，使用时应注意。

6. 芸苔素内酯（brassinolide，油菜素内酯）

【化学名称】（22*R*,23*R*,24*R*）-2*α*,3*α*,22,23-四羟基-*β*-均相-7-氧杂-54-麦角甾烷-6-酮

【主要理化性质】 原药有效成分含量不低于 95%，为白色结晶粉末，熔点 256～258℃，水中溶解度为 5mg/kg，溶于甲醇、乙醇、四氢呋喃、丙酮等多种有机溶剂。

【生物活性】 芸苔素内酯为甾醇类植物激素。具有使植物细胞分裂和延长的双重作用，在很低浓度下使用便能明显增加植物营养生长和促进受精作用，经本药液处理后，可以增加营养体收获量，提高坐果率，促进果实肥大，提高结实率，增加干重，增强抗逆性。原药大鼠急性经口 LD_{50} 大于 2000mg/kg，小鼠急性经口 LD_{50} 大于 1000mg/kg。

【制剂】 0.01%芸苔素内酯乳油

【使用方法】 ①小麦用 0.01%芸苔素内酯乳油 200～2000 倍稀释液对小麦浸种 24h，对根系（包括根长、根数）和株高有明显促进作用。分蘖期以此浓度进行处理，使分蘖数增加。小麦孕穗期用 2000～10000 倍的稀释液进行叶面喷雾处理的增产效果最为明显。②玉米田用 10000 倍的芸苔素内酯进行全株喷雾处理，能明显减少玉米穗顶端的败育率。

7. 复硝酚钠（爱多收）

【英文通用名称】 sodium ortho-nitrophenolate，sodium para-nitrophenolate，sodium 5-nitroguaiacolate

【化学名称】 邻硝基苯酚钠，对硝基苯酚钠，5-硝基邻甲氧基苯酚钠

【主要理化性质】

① 邻硝基苯酚钠。原药为红色晶体，具有特殊的芳香烃气味，熔点 44.9℃（游离酸），易溶于水，可溶于甲醇、乙醇、丙酮等有机溶剂。常规条件下贮存稳定。

② 对硝基苯酚钠。原药外观为黄色晶体，无味，熔点 113～114℃，易溶于水，可溶于甲醇、乙醇、丙酮、等有机溶剂。在常规条件下贮存稳定。

③ 5-硝基邻甲氧基苯酚钠。橘红色片状晶体，无味，熔点 105～106℃（游离酸），易溶于水，可溶于乙醚、乙醇、丙酮等有机溶剂。常规条件下贮存稳定。

【生物活性】 爱多收为单硝化愈创木酚钠盐植物细胞赋活剂。能迅速渗透到植物体内，以促进细胞的原生质流动，加快植物发根速度，促进生长、生殖和结果。尤其是对花粉管伸长、帮助受精结实的作用尤为明显。另外还有提早开花、打破休眠、促进发芽、防止落花落果、改良产品品质等作用。大鼠急性经口 LD_{50} 为 2050mg/kg。

【制剂】 1.4%、1.8%复硝酚钠水剂

【使用方法】 复硝酚钠广泛适用于粮食作物、蔬菜作物、瓜果、茶树、棉花、油料作物及畜牧、渔业等一切有生命力的动植物。在植物的整个生命期均可使用。可用于浸种、拌种、苗床灌注、叶面喷施、浸根、涂茎、人工催花、果面喷施等处理，从播种到收获均可使用。水稻和小麦播种前，用 1.8%复硝酚钠水剂 3000 倍液浸种 12h，幼穗形成和穗出齐时 3000 倍液进行叶面喷洒。果树如葡萄、李、柿、龙眼、木瓜、柠檬等品种在发新芽后，花前 20 天至开花前夕、结果后，用 5000～6000 倍分别喷洒 1～2 次。但在梨、桃、柑橘、橙、荔枝等品种用 1500～2000 倍。蔬菜类如番茄、瓜类等可在生长期及花蕾期用 6000 倍药液喷

3. 氟鼠灵（flocoumafen，杀它仗）

【化学名称】 3-[3-(4′-三氟甲基苄基氧代基-4-苯基)-1,2,3,4-四氢-1-萘基]-4-羟基香豆素

【主要理化性质】 纯品为灰白色或淡黄色结晶，常温下微溶于水，水中溶解度 1.1 mg/L，溶于大多数有机溶剂，250℃以下对热稳定。

【生物活性】 作用机制和其他抗凝血杀鼠剂类似。原药大鼠急性经口 LD_{50} 为 0.25mg/kg，急性经皮 LD_{50} 为 0.54mg/kg，对皮肤和眼睛无刺激作用。对鱼、鸟、狗高毒。属于第二代抗凝血杀鼠剂，适口性好，毒力强，使用安全，对第一代抗凝血杀鼠剂产生抗性的鼠也有效。

【制剂】 0.005%饵剂、0.1%粉剂。

【使用方法】 ①家栖鼠类防治，每间房设 1～3 个饵点，每点放 3～5g 毒饵。②野栖鼠类防治，5～10m 等距离投饵，每点放 5～10g 毒饵。

4. 溴鼠灵（brodifacoum，大隆）

【化学名称】 3-{3-[4′-溴-(1,1′-联苯基)4-]基]-1,2,3,4-四氢-1-萘基}-4-羟基香豆素

【主要理化性质】 原药为白色结晶粉末，无臭无味，有效成分含量＞98%，熔点 223～232℃，20℃时水中溶解度小于 10mg/L(pH7)，可溶于三氯甲烷，微溶于丙酮、苯、丙二醇、乙酸乙酯、甘油、聚乙二醇等，在一般条件下不易分解，对金属不具腐蚀性。

【生物活性】 溴鼠灵是目前国际上公认第二代抗凝血杀鼠剂中毒力最强的一种。作用机制主要是阻碍凝血酶原的合成，损害微血管，导致大出血而死。原药大鼠急性经口 LD_{50}＜0.72mg/kg，兔急性经皮 LD_{50} 为 50mg/kg，毒力强大，具有急性和慢性杀鼠剂的双重优点，既可作为急性杀鼠剂，一次投毒使用，又可作为小剂量多次投毒使用。对抗性鼠有良好的防效。本品适口性好，鼠类不拒食，杀鼠广谱，可以有效地杀死对第一代抗凝血杀鼠剂产生抗性的鼠类。但对狗、猪、猫、鸡、鸭、鱼、鸟等畜禽剧毒，对其他动物则比较安全。

【制剂】 0.005%饵剂、0.005%蜡块。

【使用方法】 一般使用浓度为 0.001%～0.005%毒饵。一次投毒或一周投毒一次。农田灭鼠毒饵应放在鼠洞附近或鼠类经常活动的地方，每隔 5～10m 一堆，每亩用 0.005%毒饵 65～200g，每堆 5～10g。一般一次投饵即可取得良好的效果，若鼠害严重，可于 7～14 天后再投放第二次。仓库、住宅防治大鼠，投饵点相距约 5m，每点放 20～30g，置于鼠洞和老鼠经常出没的地方。若防治小鼠，投放距离可适当缩短，投放饵料可适当减少。

【注意事项】 ①溴鼠灵有累积毒性，有二次中毒现象，使用时要注意安全。毒死老鼠要深埋。②灭鼠后收回余饵及盛器，集中烧毁或深埋。③发现中毒要及时送医院治疗，或服用维生素 K_1 解毒。

5. 溴敌隆（bromadiolone，乐万通）

【化学名称】 3-{3-[4′-溴-(1,1′-联苯)-4-基]-3-羟基-1-苯基丙基}4-羟基-2*H*-1-苯并吡喃-2-酮

【主要理化性质】 原药为白色至黄白色粉末，工业品呈黄色，熔点 200～210℃。20℃时溶解度：水中为 19mg/L，乙醇中 8.2g/L，醋酸乙酯中 25g/L，二甲基甲酰胺中 730g/L。常温下贮存稳定在两年以上。

【生物活性】 是一种适口性好、毒性大、杀鼠谱广的高效杀鼠剂，是第二代抗凝血杀鼠剂。它不但具备敌鼠钠盐等第一代抗凝血剂作用缓慢、不易引起鼠类惊觉、灭鼠彻底的特点，而且具有急性毒性强的突出优点，单剂量使用对各鼠都能有效地防除。同时，它还可以

有效地杀灭对第一代抗凝血剂产生抗性的害鼠，原药大鼠急性经口 LD_{50} 雄性为 1.75mg/kg，雌性为 1.125mg/kg。对鱼类、水生昆虫等水产生物有中等毒性，对鸟类低毒，动物取食中毒死亡的老鼠后，会引起二次中毒。

【制剂】 0.5%粉剂、0.5%液剂、0.005%颗粒剂、0.005%饵剂。

【使用方法】 溴敌隆可用于不同环境杀灭多种害鼠。可直接投放 0.005%的颗粒剂毒饵，亦可现配现用。饵料可选用小麦、大米、玉米碎粒等谷物，直接倒入溴敌隆稀释液中，待谷物将药水吸收后摊开稍加晾晒即可。如果选用萝卜、马铃薯块配制毒饵，可将饵料先晾晒至发蔫，然后按比例加入充分搅拌均匀。防治家鼠，每间房设 1～3 个饵点，每点 3～5g。防治田鼠，可在鼠类出没频繁的地方投饵，每亩投饵 15 堆，每堆 5g；或每鼠洞投饵 5～10g，1 次投药可收到良好效果。必要时，隔 7～10 天再补投一次效果更好。

【注意事项】 溴敌隆对人高毒，且有二次中毒的危险，使用时要特别注意安全。若发生中毒，可在医生指导下服用解毒剂维生素 K_1。

附：我国明令禁止生产、经营、使用的剧毒杀鼠剂有 5 种。

(1) 毒鼠强　化学名称为四亚甲二砜四胺，也叫没鼠命、424。于 1949 年合成，1953 年用于灭鼠。

(2) 灭鼠硅　也叫氯硅宁、RS150。于 1970 年用于灭鼠。

(3) 氟乙酸钠　也叫 1080。于 1944 年用于灭鼠。

(4) 氟乙酰胺　也叫敌蚜胺、1081。1968 年用于灭鼠。

(5) 甘氟　于 1965 年用于灭鼠。

复习思考题

1. 何谓杀鼠剂？
2. 一个良好的杀鼠剂需具备什么条件？
3. 杀鼠剂根据作用速度可以分为哪两大类？作用特点有何不同？
4. 简述杀鼠剂的使用方法。
5. 第一代和第二代抗凝血杀鼠剂有何不同？

洒1～2次。此外经济价值高的作物发生药害时，可用6000～12000倍药液喷洒处理数次，有利于恢复正常生长。

【注意事项】 爱多收浓度过高，对幼芽及生长有抑制作用；可与一般农药混用，包括波尔多液等碱性药液；对结球性叶菜和烟草，应在结球前和收烟叶前一个月停止使用，否则会推迟结球，使烟草生殖生长过于旺盛。

二、植物生长延缓剂

1. 矮壮素（chlormeguat，CCC）

【化学名称】 2-氯乙基三甲基胺氯化物

【主要理化性质】 纯品为白色结晶，原粉为浅黄色粉末。纯品在245℃分解，原粉在238～242℃分解，易吸潮，20℃水中溶解度为74%，溶于低级醇，难溶于乙醚及烃类有机溶剂，遇碱分解。

【生物活性】 矮壮素是赤霉素的拮抗剂。可经叶片、幼枝、芽、根系和种子进入植株体内。其作用机理是抑制植株体内赤霉素的生物合成。它的生理功能是控制植株的徒长，促进生殖生长，使植株节间缩短而矮壮粗，根系发达，抗倒伏。同时叶色加深，叶片增厚，叶绿素含量增多，光合作用增强，从而提高坐果率，改善品质，提高产量。矮壮素还有提高某些作物的抗旱、抗寒、抗盐碱及抗某些病虫害的能力。原粉雄性大鼠急性经口 LD_{50} 为883mg/kg，大鼠急性经皮 LD_{50} 为4000mg/kg。

【制剂】 50%矮壮素水剂、50%矮壮素乳油。

【使用方法】 适用于棉花、小麦、玉米、水稻、花生、番茄、果树等作物。20～40mg/L药液叶面喷雾，1500～3000mg/L药液浸种，可使小麦增产。用500～1000mg/L药液在番茄开花前喷洒，可促进坐果、增产。用150～500mg/L药液在葡萄开花前15天全株喷洒，提高坐果率，增加果重。50%水剂稀释50～250倍药液在杜鹃生长初期淋土表，可使之矮化、早开花。

【注意事项】 ①当矮壮素作为矮化剂使用时，其栽培作物的水肥条件要好，群体有徒长趋势时使用效果好。②当矮壮素作坐果剂使用时，果实的甜度会有下降，可与硼混用，既可提高产量，又不会降低含糖量。③长期接触对皮肤有害，如有污染立即清洗。

2. 丁酰肼（daminogide，比久，B_9）

【化学名称】 *N*,*N*-二甲基琥珀酰肼酸

【主要理化特性】 纯品为白色结晶。熔点154～156℃。溶解度（25℃）：水10g/100g，甲醇5g/100g，丙酮2.5g/100g，不溶于一般的碳氢化合物。贮存稳定性好。

【生物活性】 丁酰肼可以抑制内源赤霉素的生物合成，也可以抑制内源生长素的合成。主要作用是抑制新枝徒长，缩短节间长度，增加叶片厚度及叶绿素含量，防止落花，促进坐果，诱导不定根的形成，刺激根系生长，提高抗寒力。原药大鼠急性经口 LD_{50} 8400mg/kg。

【制剂】 85%丁酰肼水溶性粉剂。

【使用方法】 主要用于花生、果树、大豆、黄瓜、番茄及蔬菜等作物上，用作矮化剂、坐果剂、生根剂及保鲜剂等。一般使用浓度为0.1%～0.5%。苹果上用0.1%～0.2%药液喷雾利于早结果，桃、葡萄、李等用0.1%～0.4%可促进矮壮，防止倒伏；番茄使用0.25%～0.5%药液可增加坐果率。

【注意事项】 ①水肥条件越好，使用效果越好。水肥严重不足时使用，可能会导致大幅度减产。②比久的作用温和，当使用浓度成倍提高时，只会增加对茎生长的抑制程度，不会

有杀死的危险。

3. 多效唑（paclobutrazol，氯丁唑，PP_{333}）

【化学名称】(2*RS*,3*RS*)-1-(4-氯苯基)-4,4-二甲基-2-(1*H*-1,2,4-三唑-1-基)-戊-3-醇

【主要理化性质】 原药为白色固体，熔点165～166℃，相对密度1.22，水中溶解度(20℃) 35mg/L，溶于甲醇、丙酮等有机溶剂。可与一般农药混用。20℃下贮存稳定期在2年以上。

【生物活性】 多效唑是内源赤霉素合成的抑制剂，可明显减弱顶端生长优势，促进侧芽滋生，茎变粗，植株矮化紧凑；能增加叶绿素蛋白质和核酸的含量；可降低植物体内赤霉素物质的含量，还可降低吲哚乙酸的含量和增加乙烯的释放量。多效唑主要通过根系吸收而起作用。自叶吸收的量少，不足以引起形态变化，但能增产。原药大鼠急性经口LD_{50}为2000mg/kg。

【制剂】 25％多效唑乳油、15％多效唑可湿性粉剂。

【使用方法】 适用于谷类，特别是水稻田，对连作晚稻有控长促蘖、培育壮苗、防止倒伏、增穗增产作用。也可用于大豆、棉花、花卉，还可用于桃、梨、苹果等果树的控梢保果，使树型矮化。多效唑处理的菊花，一品红以及一些观赏灌木，株型明显受到调整，更具有观赏价值。对大棚蔬菜如番茄、黄瓜等也有明显作用。主要以常量喷雾法使用，移栽油菜培育矮壮苗在苗床3叶期，每公顷用15％的多效唑450～750g，兑水600kg喷雾。小麦在播种时，用15％多效唑可湿性粉剂225～300g（麦种约150kg）掺等量水拌种处理，出苗整齐健壮。拔节期10～50g加水50kg喷雾处理可防止倒伏。

【注意事项】 多效唑施药田收获后必须耕翻，以防止对后茬作物有抑制作用；一般情况下，使用多效唑不易产生药害，若用量过高、秧苗抑制过度时，可增施氮肥或赤霉素；长势强的作物品种需多施药，长势弱的作物品种少施药；温度高时多施药，反之少施。

三、植物生长抑制剂

1. 氟节胺（flumetralim，抑芽敏）

【化学名称】*N*-(2-氯-6-氟苄基)-*N*-乙基-α,α,α-三氟-2,6-二硝基-对甲苯胺

【主要理化性质】 纯品为黄色至橙色晶体，熔点101～103℃，蒸气压3.2×10^{-5}Pa(25℃)，相对密度1.54。溶解度：水0.07mg/L（25℃），丙酮560mg/L，甲苯400mg/L，乙醇18mg/L。pH5～9时稳定。

【生物活性】 本品为接触兼局部内吸型高效烟草侧芽抑制剂。主要抑制烟草腋芽发生直至收获。作用迅速，吸收快，施药后只要2h无雨即可奏效，雨季中施药方便。药剂接触完全伸展的烟叶不产生药害。对预防花叶病有一定作用。原药大鼠急性经口$LD_{50}>$5000mg/kg。

【制剂】 25％氟节胺乳油。

【使用方法】 烟草抑制腋芽生长用10mg/株，用25％氟节胺乳油900～1050ml/hm^2，采用杯淋法、涂抹法或喷雾法均可。

2. 抑芽丹（maleic hydrazide，青鲜素，MH）

【化学名称】 6-羟基-3-(2*H*)-哒嗪酮

【主要理化性质】 原药为白色固体，熔点298～300℃，蒸气压<1×10^{-5}Pa(25℃)，相对密度1.61(25℃)，水中溶解度4.417g/L(25℃)，见光分解，不易水解，遇氧化剂和强酸分解，25℃时保存1年不分解。

【生物活性】 从植物的根部或叶面吸入，由木质部和韧皮部传导至植株体内，通过阻止细胞分裂，抑制植物生长。抑制程度依剂量和作物生长阶段而不同。原药大鼠急性经口 LD_{50} ＞5000mg/kg。

【制剂】 30.2%抑芽丹水剂

【使用方法】 烟草抑制腋芽生长用 40～50 倍液杯淋法。

复习思考题

一、写出下列符号的中文名称

GA_3，CCC，B_9，PP_{333}，IAA，IBA，NAA，2,4-D。

二、问答题

1. 何谓植物生长调节剂？
2. 为什么 2,4-D 既可作植物生长调节剂又可用作除草剂？
3. 植物生长调节剂有哪些使用方法？
4. 影响植物生长调节剂作用的因素有哪些？
5. 植物生长延缓剂和植物生长抑制剂有什么区别？

实验实训

实验一　常用农药性状观察及质量检查

一、目的要求

了解农药剂型的特性和简易鉴别方法，辨识常见农药的物理性状。

二、材料及用品

1. 天平、牛角匙、试管、量筒、烧杯、玻璃棒等。

2. 当地常用的农药品种。如2.5%敌百虫粉剂、白僵菌粉剂、80%敌敌畏乳油、40.7%乐斯本乳油、2.5%溴氰菊酯、1.8%阿维菌素乳油、3%辛硫磷颗粒剂、90%晶体敌百虫、25%灭幼脲Ⅲ号悬浮剂、磷化铝片剂、Bt乳剂、73%克螨特乳油、20%哒螨灵乳油、10%吡虫啉可湿性粉剂、72.2%普力克水剂、45%百菌清烟剂、72%克露可湿性粉剂等（可根据当地具体情况自行选择，但剂型要尽量全，所给材料也可随着当年农药市场采购品种确定）。

三、实验内容与方法

1. 常见农药物理性状的辨识

利用给定的上述农药品种，正确地辨识粉剂、可湿性粉剂、乳油、颗粒剂、水剂、烟雾剂、悬浮剂等剂型在物理外观上的差异。

2. 粉剂、可湿性粉剂的简易鉴别

取少量药粉轻轻撒在水面上，长时间浮在水面的为粉剂，在1min内粉粒吸湿下沉，搅动时可产生大量泡沫的为可湿性粉剂。另取5g可湿性粉剂倒入盛有200ml水的量筒内，轻轻搅动放置30min，观察药液的悬浮情况，沉淀越少，药粉质量越高。如有3/4或更多的粉剂颗粒沉淀，表示可湿性粉剂的质量不高。

3. 乳油质量简易测定

将2～3滴乳油滴入盛有清水的试管中，轻轻振荡，观察油水融合是否良好，稀释液中有无油层漂浮或沉淀。稀释后油水融合良好，呈半透明或乳白色稳定的乳状液，表明乳油的乳化性能好；若出现少许油层，表明乳化性尚好；出现大量油层、乳油被破坏，则不能使用。

四、作业

1. 列表叙述所给农药的剂型、物态、颜色及在水中的反应等性质特点和主要防治对象。

2. 测定1～2种可湿性粉剂及乳油的悬浮性和乳化性，并记录观察结果。

农药品种	剂型	物态	颜色	水中反应	主要防治对象

实验二　波尔多液的配制及质量检测

一、目的要求

通过实验掌握波尔多液的配制方法，了解原料质量和不同配制方法与波尔多液质量的关系，掌握波尔多液的性质及其防病特点。

二、实验原理

波尔多液是用硫酸铜和生石灰配制的天蓝色胶悬状悬浮液，呈碱性，质量好的波尔多液沉降慢，黏附性强。其有效成分为碱式硫酸铜，$CuSO_4 \cdot XCu(OH)_2 \cdot YCa(OH)_2 \cdot ZH_2O$。这些碱式硫酸铜以胶粒形式悬浮于水中，其表面吸附一层 SO_4^{2-}，使胶粒具有更大的稳定性。但是由于配制所用原料的质量不同，配制的方法不同，反应时的温度不同，以及石灰和硫酸铜的比例不同制得的波尔多液的理化性状有很大差别。

三、仪器与试剂

1. 烧杯、量筒、试管、试管架、托盘天平、玻璃棒、研钵、试管刷、石蕊试纸、电炉、铁丝等。

2. $CuSO_4 \cdot 5H_2O$（硫酸铜）、CaO（生石灰）。

四、实验方法与步骤

1. 10%石灰乳的配制

称取生石灰 10g，放入烧杯中，加少量水，使石灰化成粉状，再加水配成 10%石灰乳 100ml。

2. 10%$CuSO_4$ 溶液的配制

称取 $CuSO_4 \cdot 5H_2O$ 13.7g，加少量水使其溶解，然后加水配制成 10%的硫酸铜溶液 100ml。

3. 不同比例和方法波尔多液的配制

分别取一定量 10%的硫酸铜溶液和 10%石灰乳，加水稀释成下表所指定的体积和含量，并按表中规定的方法配成波尔多液。

配制方法编号	硫酸铜溶液		石灰乳		总体积/ml	配制方法
	含量/%	体积/ml	含量/%	体积/ml		
①	1.25	80	5	20	100	冷液，硫酸铜溶液注入石灰乳中，适量搅拌
②	2	50	2	50	100	冷液，硫酸铜溶液注入石灰乳中，适量搅拌
③	5	20	1.25	80	100	冷液，硫酸铜溶液注入石灰乳中，适量搅拌
④	2	50	2	50	100	冷液，石灰乳注入硫酸铜溶液中，适量搅拌
⑤	2	50	2	50	100	冷液，石灰乳和硫酸铜溶液同时注入第3方器皿中，适量搅拌
⑥	2	50	2	50	100	各液体分别加热至60℃同时注入第3方器皿中

4. 质量检查

药液配好以后，用以下方法鉴别质量。

① 物态观察：观察比较不同方法配制的波尔多液，其颜色质地是否相同。质量优良的波尔多液应为天蓝色胶状悬浮液。

② 石蕊试纸反应：用石蕊试纸测定其碱性，以红色试纸慢慢变为蓝色（即碱性反应）为好。

③ 铁丝反应：用磨亮的铁丝插入波尔多液片刻，观察铁丝上有无镀铜现象，以不产生镀铜现象为好。

④ 滤液吹气：将波尔多液过滤后，取其滤液少许置于载玻片上，对液面轻吹约1min，液面产生薄膜为好。或取滤液10～20ml置于三角瓶中，插入玻璃管吹气，滤液变混浊为好。

⑤ 将制成的波尔多液分别同时倒入100ml的量筒中静置15min、30min、60min、90min，按时记录沉淀情况，沉淀越慢越好，过快者不可采用。

将上述鉴定结果记入下表。

鉴别方法 / 配制方法编号	悬浮率/% 时间/min				颜色	石蕊试纸反应	铁丝反应	滤液吹气反应
	15	30	60	90				
①								
②								
③								
④								
⑤								
⑥								

注：悬浮率可用以下公式计算，悬浮率=（悬浮液柱的容量/波尔多液柱的总容量）×100%。

五、注意事项

1. 原料生石灰和硫酸铜均应选择优质的，特别是生石灰要用质量好的、烧透的、无杂

质的块状生石灰，已风化的石灰无效。

2. 生产中硫酸铜溶液与石灰乳的温度应冷却到室温，切忌将硫酸铜溶液倒入石灰液中，这样配成的波尔多液品质较好。

3. 不能用金属容器溶解硫酸铜，以防腐蚀。

4. 波尔多液要现用现配，不可久贮。

六、作业

将上述实验结果写成实验报告，并对不同方法配制的波尔多液质量进行比较。

实验三 石硫合剂的熬制及质量检查

一、目的要求

掌握石硫合剂的熬制方法，了解熬制高质量石硫合剂的条件。

二、实验原理

石硫合剂是由硫黄粉、生石灰、水按一定的比例煮制而成的，母液是一种透明褐色液体，具有臭鸡蛋气味，呈碱性，遇酸易分解，主要成分是 $CaS \cdot S_x$。石硫合剂具有杀虫、杀菌活性，可用于防治白粉病、锈病、炭疽病、红蜘蛛等。

$$CaO + H_2O \longrightarrow Ca(OH)_2 + CO_2 \longrightarrow CaCO_3 + H_2O$$

$$3S + 3H_2O \longrightarrow 2H_2S + H_2SO_3$$

$$Ca(OH)_2 + xS + H_2S \longrightarrow CaS \cdot S_x + 2H_2O\text{(加热)}$$

$CaS \cdot S_x$ 的含量与液体的密度成正相关，所以，可用波美比重计测定其质量好坏。

三、材料和用具

1. 材料：硫黄粉、生石灰、水。

2. 用具：试管、天平、量筒、烧杯、试管架、研钵、试管刷、石蕊试纸、台秤、玻璃棒、铁锅（或1000ml烧杯）、灶（电炉）、木棒、水桶、波美比重计等。

四、实验方法与步骤

1. 原料及配方

常用的原料是：生石灰、硫黄、水。其配方比例是：生石灰∶硫黄∶水=1∶2∶10。

2. 熬制方法

① 称取硫黄粉100g，生石灰50g，水500g。将称好的生石灰放入容器中，倒入适量的热水溶解成粉状，再加入少量的热水搅拌成石灰乳。

② 用适量水将硫黄调成糊状，剩余的水全部倒入石灰乳中。

③ 把石灰乳烧开，将硫黄糊慢慢加入，边加热边搅拌（加完后记下水位线，熬制过程中蒸发的水量随时用热水补充）。继续熬煮45～60min，此过程颜色的变化是由黄-橘黄-橘红-砖红-红褐。待药液呈红褐色，渣子变为黄绿色，并有臭鸡蛋气味时，即停火，待稍冷却后进行过滤，其溶液即为原液。

3. 质量检测

① 色泽：优良的石硫合剂应为透明的红棕色溶液，残渣少呈草绿色。黑绿色则为熬得过时过火。

② 气味：有浓厚的硫黄气味。

③ 用石蕊试纸测试呈强碱性。

④ 把母液滴入清水中，母液立即散开表明熬好了，如母液下沉，还需要再熬。

⑤ 用波美比重计测其浓度：将冷却的原液倒入量筒，用波美比重计测定浓度，注意药液的深度应大于比重计的长度，使比重计能漂浮在药液中。观察比重计的刻度时，应以下面一层药液面所表明的度数为准。读数越大，其质量越好。熬制得当，可达到21～28°Bé。

4. 原液的稀释

在配制阶段要求适宜浓度的石硫合剂时，首先要用波美比重计测定原液浓度（用波美度数表示），然后根据需要加水稀释到所需浓度。加水稀释倍数可用下面公式计算：

$$\text{重量稀释加水倍数}=\frac{\text{原液波美度数}-\text{欲稀释液波美度数}}{\text{稀释液波美度数}}$$

如原液为22°Bé，配制成0.5°Bé，加水倍数为（22－0.5）÷0.5＝43，也就是1kg原液应该加水43kg。

五、注意事项

1. 原料的好坏直接影响到石硫合剂的质量。原料一定要用农用粉末硫黄粉，颜色黄色，要细；生石灰一定选用新烧制的，要洁白手感轻，块状无杂质。

2. 石硫合剂的理论配比是生石灰、硫黄、水按照1∶2∶10的比例，在实际熬制过程中，为了补充蒸发掉的水分，可按1∶2∶15的比例一次将水加足。

3. 石硫合剂对金属器具有腐蚀性，熬制和存放不能使用铜、铝器具，必须用瓦锅或生铁锅。贮存时在液面上滴少许煤油，可延长贮存期。

4. 熬制过程中火力要均匀，使药液保持沸腾而不外溢。蒸发的水要随时用热水补充，切忌加冷水或1次加水过多，且在反应时间的最后10min以前补充完毕。

5. 稀释药液应现配现用，不宜贮放。石硫合剂呈强碱性，不能与一般农药混用。

六、作业

1. 简述石硫合剂的熬制方法及注意事项。

2. 调查石硫合剂的防治对象、稀释和使用方法。

实训一 当地农药厂参观和农药市场调查

一、实训目标

通过参观农药厂，初步了解当地农药厂的生产状况、生产流程、工艺条件、设备等，理解和掌握农药的基本加工与农药制剂技术。通过农药市场调查，使学生掌握当地农药市场主要农药品种，能选择和掌握防治主要病虫草害的所用药剂。

二、材料和用具

记录本、笔。

三、操作方法和步骤

1. 农药厂参观

由农药厂管理人员或工程技术人员给学生介绍工厂情况，包括发展史、现状、发展前景、工艺、安全事项等；在有关人员的带领下去车间参观，了解工厂生产情况；在有条件的情况下与工人师傅见面，并在工人师傅的带领、指导下上岗操作。

2. 农药市场调查

将学生按5人一组分组，分别拿好记录本和笔，各找一家农药店进行调查，记录主要药剂品种的名称、剂型、特性及防治对象、注意事项，每组至少20种，并做好记录。

四、作业

1. 完成实习报告，就农药厂企业生存现状和发展前景、化工生产与安全意识的关系、生产发展与环境保护的关系等某一方面重点研究、总结，并提出自己的体会和建议。

2. 填写农药市场调查表（至少20种）

药剂名称	剂型	药剂特性	防治对象	注意事项
1				
2				
3				

实训二　作物病害田间喷药防治

一、实训目标

了解作物常发生病害种类及引起作物病害的病原种类，掌握作物病害综合防治技术，熟练掌握作物病害田间喷药防治技术，为指导农业生产和作物病害防治打下基础。

二、材料和用具

背负式喷雾器、天平、量筒（1000ml）、烧杯（1000ml）、塑料桶、75%三环唑可湿性粉剂。

三、操作方法和步骤

1. 作物病害发生为害情况的调查

进行调查作物病害发生为害情况的调查，根据发生病害的种类确定防治措施，选用农药的种类。

2. 喷药前的准备

检查各连接部件是否紧固，开关是否灵活；喷头类型与喷孔尺寸是否符合要求；各接头

是否漏水，管路是否畅通等。根据单位面积与喷药量，用清水试验，来确定喷幅与行走速度。

3. 田间实训操作

① 计算用药量和用水量：根据防治面积和农药规定的用量计算出实际用药量和用水量。

② 药液配制：称量药剂放入背负式喷雾器中，加入喷雾所需的用水量，混拌均匀。例如防治水稻叶瘟病在叶瘟初期或始穗期叶面喷雾，可选用75%三环唑可湿性粉剂375～450g/hm^2 加水900kg喷雾；防治小麦赤霉病在小麦扬花10%～50%时施药，防治穗腐的最适施药时期是小麦齐穗期至盛花期，施药应宁早勿晚。

③ 喷药操作：将手动背负式喷雾器背在身上，通过手摇杆在泵筒内上下移动，给空气室加压。打开喷杆上的开关，药液经喷头雾化成细小的雾滴喷洒到作物上。当空气室内的压力不足时，再通过手摇杆的上下移动，给空气室加压。

实训结束后，要用清水彻底冲洗药械。

四、注意事项

1. 因不同地区、不同季节和不同环境条件发生病害的种类不同，实训时可根据实际发生病害的种类，选择适宜的药剂进行实训。

2. 操作人员必须熟悉所使用农药的性质，详细阅读使用说明书后再操作，严格遵守操作技术规程。

3. 农药应妥善保管，绝不能随意乱放，洒在地头的农药必须随时用土埋好。盛装过农药的空瓶必须及时妥善处理，不能随手扔掉。

4. 操作人员应佩戴口罩和手套，穿长袖衣服并扎紧袖口；工作时不允许喝水、抽烟或吃东西，工作结束后要立即用肥皂水洗手洗脸。

5. 操作人员不要逆风操作，以免中毒；并要不断摆动喷头，防止因药量过大而造成药害。弥雾药液浓度大，雾点细，过量易造成药害，需细心观察，一般叶片轻轻摇动后，雾点就黏附植物叶面了。

6. 大风天应停止作业。温度高于27℃或低于15℃应停止施药。按用药量和用水量加药加水，药液接近喷洒完毕时，应切断搅拌回液管路避免因回液搅拌造成喷嘴流量不均。

五、作业

1. 怎样计算农药的用药量和用水量？
2. 在进行药液喷雾时为什么不能逆风操作？
3. 农药应如何进行妥善保管？

实训三　杀虫剂的田间药效试验及防治效果调查

一、实训目标

了解农药田间试验的常用方法和杀虫剂田间药效试验内容，掌握农药防治效果的调查和数据统计分析，为正确使用农药和防治虫害奠定基础。

二、实验材料与药剂

供试作物：根据需要和条件，供试作物可用水稻、小麦或蔬菜、棉花等，防治对象

应选择该种作物某一种重要害虫，试验时害虫的虫态，龄期应采用适期或已达到防治指标的。

供试药剂：根据不同作物及所发生的不同种类害虫，选择4～5个杀虫剂，采用常规剂量和方法，或仅用一种药剂设不同剂量，以比较不同种类药剂对一种害虫的不同效果或某一种药剂防治某一种害虫的最佳剂量。

三、操作方法和步骤

1. 供试田块的选择与田间试验设计

供试田块必须具有代表性，田平土碎，肥力一致，作物长势整齐均一，对害虫较敏感的品种。害虫发生量及为害程度应在中等偏上。确定田块后，根据药剂数量及重复数要求，划分若干个小区，如以水稻为供试作物，小区之间需作小田埂相隔。小区面积根据实际需要确定，一般应在30m^2为好，整个试验应设5个区组，每区组内的处理作随机排列。

2. 施药方法

根据药剂种类，作物和害虫的情况，可采用喷雾法或撒施法。

喷雾法：多使用乳油或可湿性粉剂（包括可溶性粉）以及胶悬剂等。可直接兑水喷雾。每亩喷药液量一般采用常量50～75kg。

撒施法：可将液态药剂混入泥土内拌成毒土或直接撒施颗粒剂。

3. 效果调查及结果分析

施药后调查时间可根据不同的作物和不同的害虫种类而确定。如以死亡率或虫口减退率为效果指标的，可于施药后24h或48h进行。如以作物被害率为指标的，应在被害作物的被害状明显表露并呈稳定后进行。

调查方法上可采用对角线五点取样法或平行线取样法。调查作物数应根据虫口密度及为害程度适当变动，即虫口密度大或为害严重的可适当少些，相反应多些。调查时应做详细记录并保存原始记录数据。

最后将全部数据进行计算并求平均防治效果，以各处理（或各剂量）的平均防治效果用邓肯新复极差检查法对试验数据进行统计分析，比较各处理间的效果差异并作出评价。

实例1　杀虫双等杀虫剂防治第二代三化螟效果（田间喷药）小区试验

1. 试验目的

比较几种常用杀虫剂防治第二代三化螟为害所造成的白穗效果和确定最优药剂及使用剂量。

2. 供试药剂及剂量（每亩用有效成分）

18%杀虫双水剂50g；40%乐果乳油40g；20%叶蝉散乳油20g。另设空白对照，共四个处理。

3. 田间试验设计

选择有代表性稻田1块约1亩，平均划分成4个区组，每区组内分成4个小区，每小区面积33m^2，小区与小区间用15cm×15cm的小田埂相隔，并且每小区做到排灌分开。小区按常规规格种植当地当家品种。

4. 施药

当第一代蛾发生高峰期过后，密切注意田间螟卵的分布及数量，并用竹签标定其位置，

如果自然卵块密度较低或每小区分布不均匀，应采摘同期卵块接入各个小区中，使各小区中的卵块数基本相同，并用竹签也同样标定位置。当卵块处于盛孵期即将药剂兑水后用552-丙型喷雾器喷雾，每小区喷药液2.5kg，或4小区总药量一起配成共10kg（每亩按50kg计）。

5. 效果调查及数据整理

(1) 杀卵作用　施药后5天左右，从田间各区组的小区分别收回卵块，分别放入5%氢氧化钠溶液煮沸片刻，用双目镜检查未孵化和孵化卵粒数，计算杀卵百分率。

(2) 防治效果　施药后15～20天，当对照区的白穗明显表露并不再发展后，即进行效果调查。①标定卵块周围10棵×10棵的白穗数及非白穗数，并统计白穗率。②如白穗少，可采用全田调查。白穗多，采用平行线取样法调查，计算白穗率%和防治效果（此法适用于不标定卵块田使用）。

$$白穗率=\frac{总白穗数}{总调查株数}\times 100\%$$

$$防治效果=\frac{对照区白穗率-处理区白穗率}{对照区白穗率}\times 100\%$$

(3) 数据整理　将每处理的平均白穗率，用邓肯新复极差检验法进行统计分析，比较各处理之间防治效果，根据差异显著性作出结论。

实例2　辛硫磷等杀虫剂防治菜青虫试验

1. 试验目的

学习田间试验方法，选择防治菜青虫的高效药剂。

2. 供试药剂及剂量

50%辛硫磷乳油1∶1500倍；20%氰戊菊酯乳油1∶10000倍；48%毒死蜱乳油1∶1000倍。另设空白对照，共四个处理。

3. 田间试验设计

选择菜青虫发生量较重，分布均匀的还没有包心的甘蓝菜地，按试验要求划分小区，每小区面积为0.1亩，随机排列，重复4次。

4. 施药

防治菜青虫一般选在幼虫低龄期较好，喷洒时间一天中以上午露水干后开始为好，每亩喷洒药液量可根据植株的覆盖情况，一般为75～150kg。

5. 效果调查和数据整理

施药前每小区用对角线五点取样法，每点查10～20株甘蓝上的幼虫数并记录。施药后1天、3天和7天分别检查其残存虫数，计算虫口减退率和校正防治效果。调查方法同施药前，按下式计算结果：

$$虫口减退率=\frac{施药前虫数-施药后虫数}{施药前虫数}\times 100\%$$

$$防治效果=\left(1-\frac{CK_0\times PT_1}{CK_1\times PT_0}\right)\times 100\%$$

最后用邓肯新复极差检验法进行统计分析，比较各处理的防治效果。

四、作业

实训结束后，将原始记录和数据归纳、整理，写出药剂试验报告。

实训四　农药对作物的药害试验及调查

一、实训目标

农药在消灭病、虫、草害中，为保护作物免遭危害起着重要作用。但因使用不当、由于农药对作物发生药害，往往给作物造成不可挽回的损失。本实训是通过数种常见的农药对一些作物的药害程度观察，使学生认识农药在使用过程中应特别注意药害的问题。

二、实验材料与药剂

供试药剂：敌磺钠、1%波尔多液、敌百虫、2，4-D、丁草胺、盖草能、敌稗。

供试作物：花生、白菜、高粱、黄瓜、水稻。

三、操作方法和步骤

用口径18cm的花盆装上约八成满的泥土，种植花生、白菜、高粱、黄瓜和水稻5种作物。当作物长至3～5片叶时，拔去多余的植株。如黄瓜每盆留下5株、白菜10～20株、高粱20株等。分A、B、C三个组，各组实验内容如下。

A组：同一种农药同一浓度对不同作物的药害观察。药剂为90%敌百虫1∶400倍液喷雾黄瓜、白菜、高粱、玉米、水稻和花生。

B组：不同药剂对同一种作物药害观察。药剂分别是1%波尔多液（等量式）、90%敌百虫1∶800、敌稗+敌百虫（1∶100+1∶1000）、70%敌磺钠（1∶300）、72%2，4-D钠盐（1∶1000）、12.5%盖草能乳油（1∶1000）对花生进行喷雾。

C组：同一种农药不同剂量对同一种作物药害观察。药剂为50%丁草胺乳油1∶2000、1∶1000、1∶500、1∶250、1∶125倍等。对三叶期水稻植株喷雾。

各组每处理6盆作物，其中5盆是处理的，1盆是空白对照。分别挂好标志后即进行喷药，定量喷雾每盆喷药液5ml。

施药后5～7天调查作物被害情况，调查死苗数、活苗数，计算死苗率、药害率和药害指数，比较最安全药剂或使用浓度。

药害株分级：

0级　完全无受害；

1级　植株被害在10%以下；

2级　植株被害>10%、≤20%；

3级　植株被害>20%、≤30%；

4级　植株被害>30%、≤40%；

5级　植株被害>40%以上。植株生长畸形也为被害之列。

四、作业

1. 敌百虫对不同作物为什么会发生药害？
2. 花生对不同药剂的敏感程度如何？二叶期的水稻秧苗，对丁草胺最高忍受浓度是多少？

参考文献

[1] 虞轶俊，施德．农药应用大全．北京：中国农业出版社，2008.

[2] 段留生，田晓莉．作物化学控制原理与技术．北京：中国农业大学出版社，2005.

[3] 慕立义等．植物化学保护研究方法．北京：农业出版社，1994.

[4] 叶钟音．现代农药应用技术全书．北京：中国农业出版社，2007.

[5] 屠豫钦．农药科学使用指南．北京：金盾出版社，2004.

[6] 屠豫钦．农药剂型与制剂及使用方法．北京：金盾出版社，2007.

[7] 赵善欢主编．植物化学保护．北京：中国农业出版社，2000.

[8] 赵善欢．植物化学保护．北京：中国农业出版社，2002.

[9] 彭志源主编．中国农药大典．香港：中国科技文化出版社，2003.

[10] 徐汉虹主编．植物化学保护学．北京：中国农业出版社，2007.

[11] 徐映明，朱文达．农药问答．北京：化学工业出版社，2005.

[12] 徐国淦．病虫鼠害熏蒸及其他处理实用技术．北京：中国农业出版社，2005.

[13] 李显春，王荫长．农业病虫抗药性问答．北京：中国农业出版社，1997.

[14] 黄建中．农田杂草抗药性．北京：中国农业出版社，1995.

[15] 黄彰欣主编．植物化学保护实验指导．北京：中国农业出版社，2001.

[16] 黄晓萱等编写，新农药科学使用手册．南昌：江西科学技术出版社，2000.

[17] 唐振华，黄刚．农业害虫抗药性．北京：农业出版社，1982.

[18] 唐韵．新特农药杀软体动物剂．四川农业科技，2005，(8)：35-36.

[19] 韩熹莱．农药概论．北京：北京农业大学出版社，1995.

[20] 沈晋良，吴益东．棉铃虫抗药性及其治理．北京：中国农业出版社，1995.

[21] 单正军等．农药对陆生环境生物的污染影响及污染控制技术．农药科学与管理，2007，28 (11)．

[22] 吴长兴，王强等．毒死蜱和甲氰菊酯对赤眼蜂毒性与安全评价．农药，2008，(2)：125-127.

[23] 吴文君，高希武主编．生物农药．北京：化学工业出版社，2004 年．

[24] 吴文君主编．农药学原理．北京：中国农业出版社，2000 年．

[25] 席敦芹．5 种药剂对异色瓢虫安全性测定试验．农药，2008，(1)：50-51.

[26] 余月书等．农药诱导害虫再猖獗的研究．昆虫知识，2008，(1) 15-19.

[27] 胡双庆等．吡虫清等 4 种新农药的水生态安全性评价．农村生态环境，2002，18 (4)：23-26，34.

[28] 杨赓，张晓强．多效唑对大型蚤的慢性毒性研究．现代农药，2003，2 (3)．

[29] 谭亚军，李少南等．几种杀虫剂对大型蚤的慢性毒性．农药学学报，2004，6 (3)：62.

[30] 岳永德主编．农药残留量分析．北京：中国农业出版社，2004 年．

[31] 蔡道基主编．农药环境毒理学研究．北京：中国环境科学出版社，1999 年．

[32] 王沫主编．农药管理学．北京：化学工业出版社，2003 年．

[33] 进口农药应用手册．北京：中国农业出版社，2003.

[34] 周忠实等．昆虫生长调节剂研究与应用概况．广西农业科学，2003，(1)：34-36.

[35] 沙家骏等．国外新农药品种手册．北京：化学工业出版社，1992.

[36] 苏少泉，宋顺祖．中国农田杂草化学防治．北京：中国农业出版社，1996.

[37] 潘瑞帜等．植物生理学．北京：高等教育出版社，1995.

[38] 张友军等．农药无公害使用指南．北京：中国农业出版社，2005.

[39] 张敬恒主编．新编农药商品手册．北京：化学工业出版社，2006.

[40] 张保民等．农药剂型及助剂应用．郑州：中原农民出版社，1998.

[41] 张一宾，张怿．世界农业新进展．北京：化学工业出版社，2007.

[42] 张玉聚等主编．除草剂应用技术与销售大全．郑州：中原农民出版社，2005.

[43] 刘长令等．世界农药大全：杀菌剂卷．北京：化学工业出版社，2006.

[44] 刘长令．世界农药大全：除草剂卷．北京：化学工业出版社，2002.

[45] 刘乾开主编．农田鼠害及其防治．北京：中国农业出版社，1996.

[46] 农业部农药检定所主编．新编农药手册：续集．北京：农业出版社，1998.

[47] 华南农学院主编．植物化学保护．北京：农业出版社，1983 年．
[48] 农药商品大全编委会．农药商品大全．北京：中国商业出版社，1998.
[49] 华南农业大学．植物化学保护．北京：农业出版社，1990.
[50] Chiu Shin-Foon. Principles of Insect Toxicology. Guangdong Science and Techhology Press，1993.
[51] Hassall K. The Biochemistry and Uses of Pesticides. Macmillan Press Ltd，1990.